H. K. Iben

Strömungslehre in Fragen
und Aufgaben

Strömungslehre in Fragen und Aufgaben

Definitionen - Sätze - Grundgleichungen

Von Prof. Dr.-Ing. habil. Hans Karl Iben
Otto-von-Guericke-Universität Magdeburg

 B. G. Teubner Verlagsgesellschaft
Stuttgart · Leipzig 1997

Prof. Dr.-Ing. habil. Hans Karl Iben

Geboren 1936 in Hirschberg/Riesengebirge. Von 1953 bis 1956 Fachschulstudium für Kfz-Bau in Zwickau. Anschließend bis 1962 Studium des Maschinenbaues an der TH Dresden in der Vertiefungsrichtung Strömungstechnik bei Herrn Prof. Dr.-Ing. Dr. h. c. mult. W. Albring. Ab 1962 Assistent an der TH Magdeburg am Institut für Strömungsmaschinen und Strömungstechnik bei Herrn Dr. phil. et. Dr.-Ing. R. Irrgang. 1967 Promotion. Von 1967 bis 1968 Zusatzstudium am Energetischen Institut in Moskau bei Herrn Prof. Dr. Deitsch. 1969 Oberassistent am Institut für Strömungsmaschinen und Strömungstechnik der TH Magdeburg. Ab 1970 Hochschuldozent für Gasdynamik an der TH Magdeburg. 1974 Habilitation. 1993 Berufung als Apl. Professor für Strömungslehre an der Otto-von-Guericke Universität Magdeburg am Institut für Strömungstechnik/Thermodynamik.

Gedruckt auf chlorfrei gebleichtem Papier.

Die Deutsche Bibliothek – CIP-Einheitsaufnahme

Iben, Hans Karl:
Strömungslehre in Fragen und Aufgaben : Definitionen - Sätze - Grundgleichungen / von Hans Karl Iben. -
Stuttgart ; Leipzig : Teubner 1997
  ISBN-13: 978-3-8154-3033-0   e-ISBN-13: 978-3-322-87375-0
  DOI: 10.1007/978-3-322-87375-0

Umschlaggestaltung: E. Kretschmer, Leipzig

Vorwort

Das vorliegende Buch entstand aus der Lehrveranstaltung „Einführung in die Strömungslehre für Maschinenbauer ", die ich über viele Jahre hinweg an der Universität Magdeburg gehalten habe. Mit der Veröffentlichung wird die Absicht verfolgt, den Studierenden der Fachhochschulen und der Universitäten, die sich erstmalig mit Strömungslehre beschäftigen, neben den grundlegenden strömungstechnischen Gleichungen eine Auswahl von Fragen und Aufgaben interessanter strömungstechnischer Vorgänge zur Lösung anzubieten. Die Fragen und Aufgaben behandeln den Lehrstoff einer einführenden einsemestrigen Vorlesung in die Strömungslehre. Sie orientieren sich deshalb an der Fadenströmung. Die Sachverhalte der ebenen und räumlichen Strömungsfelder werden hier nicht angesprochen; Aufgaben zu diesen Problemstellungen findet man in den umfangreichen Aufgabensammlungen von [Sp94] und [OeBö95].

Das Buch enthält zu jedem Kapitel einen Exkurs über wichtige Definitionen, über Sätze und über die Grundgleichungen. Die Erhaltungssätze in ihren verschiedenen Darstellungen bilden die Grundlage für das Verständnis und die Lösung der Aufgaben. Es werden die Voraussetzungen genannt, unter denen sie gelten, und es wird auf wichtige Sachverhalte und verschiedene Anwendungen hingewiesen. Aus diesem Grunde kann das Buch auch dem in der Praxis tätigen Ingenieur empfohlen werden. Da die Grundgleichungen nicht hergeleitet werden, kann die Aufgabensammlung natürlich nicht die Vorlesung und das weiterführende Lehrbuch ersetzen.

Jedes Kapitel enthält ein bis drei Aufgaben jeweils mit einem ausführlich kommentierten Lösungsweg. In der Regel wurden dafür die schwierigen Aufgaben ausgewählt. Die Antworten auf die Fragen und die Ergebnisse der restlichen Aufgaben enthält der Lösungsteil dieses Buches. Der Schwierigkeitsgrad der Fragen und Aufgaben nimmt innerhalb eines Kapitels fortlaufend zu.

Die vorgestellten Aufgaben stammen zum größten Teil aus der eigenen Sammlung. Neben typischen Lehrbeispielen wurden im Buch auch vereinfachte Praxisaufgaben aufgenommen, die in den zurückliegenden Jahren am Institut für Strömungstechnik/Thermodynamik bearbeitet wurden.

Zur Ergänzung des Lehrstoffes werden die Lehrbücher [Al88], [Be93], [Ec88],

[FoDo94], [Ha69], [Hu95], [Si91], [Sp89] und [Tr89] empfohlen.

Die Mehrzahl der Aufgaben dieses Buches habe ich mit meinen Studenten getestet. Für ihre Hinweise und Anregungen danke ich an dieser Stelle.

Mein besonderer Dank gilt meinem verehrten Kollegen, Herrn Prof.Dr.-Ing.habil. W. Lilienblum, Fachhochschule Magdeburg, für wertvolle Anregungen und Hinweise.

Weiterhin danke ich Herrn Prof.Dr.-Ing.habil. R. Vollheim und Herrn PD Dr.-Ing.habil. G. Schindler, beide Technische Universität Dresden, Institut für Strömungsmechanik, für ihre Hinweise.

Herrn Dr.-Ing. R. Pauer, Technische Universität Dresden, Institut für Strömungsmechanik, danke ich für die Überlassung des Programms „Gasdynamische Fadenströmung ", das an Stelle des Strömungsdiagramms genauere Werte liefert.

Meiner Frau Edith danke ich für die Hilfe beim Korrekturlesen und für das Verständnis, das sie meiner fachlichen Arbeit entgegengebracht hat.

Nicht zuletzt danke ich der B.G. Teubner Verlagsgesellschaft in Leipzig, insbesondere Herrn J. Weiß, für die freundliche und sehr gute Zusammenarbeit.

Magdeburg, im Juni 1997   Hans Karl Iben

Inhalt

Symbole und Einheiten

Größenart	Formelzeichen	Maßeinheit	Beziehungen zu Basiseinheiten
Fläche	A	m^2	
Beschleunigung	$\vec{b}$	m/s^2	
Bewegungsgröße	$B, \vec{B}$	kgm/s	
Schallgeschwindigkeit	c	m/s	
Carnot-Zahl	Ca		
Crocco-Zahl	Cr		
spezifische Wärme-kapazität bei konstan-tem Druck	c_p	J/(kg K)	m^2/(s^2 K)
spezifische Wärme-kapazität bei konstan-tem Volumen	c_v	J/(kg K)	m^2/(s^2 K)
Durchmesser	d	m	
Volumenelastizitäts-funktion	E	Pa	kg/(ms^2)
spezifische innere Energie	e	J/kg	m^2/s^2
orthogonale Basisvektoren	$\vec{e}_1, \vec{e}_2, \vec{e}_3$		
Eckert-Zahl	Ec		
Euler-Zahl	Eu		
Kraft	$F, \vec{F}$	N	kg m/s^2
Frequenz	f	Hz	1/s
freie Energie	F	J	Nm
Froude-Zahl	Fr		
Gibbs-Enthalpie	G	J	Nm
Gay-Lussac-Zahl	Gy		
Erdbeschleunigung	g	m/s^2	
Gradient	grad ()	1/m	
Höhe	h, H	m	
spezifische Enthalpie	h	J/kg	m^2/s^2
Kompressibilitäts-funktion	K_{isoth}, K_{isentr}	1/Pa	(m s^2)/kg
Rauhigkeit (Rauheit)	k	m	

Größenart	Formelzeichen	Maßeinheit	Beziehungen zu Basiseinheiten
Koeffizient des aktiven Erddruckes	k_a		
Kennzahl	Kz		
Impuls	$J, \vec{J}$	Ns	kg m/s
Masse	m	kg	
Mach-Zahl	Ma		
Molmasse	$\mathcal{M}$	kg/kmol	
Druck	p	Pa	$kg/(ms^2)$
Péclet-Zahl	Pe		
Prandtl-Zahl	Pr		
Energiestrom	$\dot{q}, \dot{\vec{q}}$	$Nm/(sm^2)$	kg/s^3
Gaskonstante	R	J/(kgK)	$m^2/(s^2\,K)$
universelle Gaskonstante	$\mathcal{R}$	J/(kmolK)	$kgm^2/(Ks^2kmol)$
Reynolds-Zahl	Re		
spezifische Entropie	s	J/(kg K)	$m^2/(s^2\,K)$
Strouhal-Zahl	Sr		
Wandtemperatur	T_w	K	
Zeit	t	s	
Potential	U	Pa	$kg/(m\,s^2)$
Geschwindigkeit	$v, \vec{v}, w$	m/s	
Weber-Zahl	We		
Raumkoordinaten	x, y, z	m	
Raumkoordinaten	x_1, x_2, x_3	m	
Volumenausdehnungsfunktion	α	1/T	
Spannungsfunktion	β	1/T	
Adiabatenexponent	κ		
Wärmeleitfähigkeit	λ_w	W/(m K)	$kg\,m/(s^3\,K)$
kinematische Zähigkeit (Viskosität)	ν	m^2/s	
Reibzahl	μ_0		
Dichte	ρ	$kg/(m^3)$	
dynamische Zähigkeit	η	Pa s	$kg/(s\,m)$
Oberflächenspannung	σ	N/m	kg/s^2
Zugspannungen	$\sigma_x, \sigma_y, \sigma_z$	Pa	$kg/(m\,s^2)$
Winkelgeschwindigkeit	ω	1/s	

Kapitel 1

Hydrostatik

Schwerpunkte

Schweredruck, Auftrieb, hydrostatisches Paradoxon, barometrische Höhenformel, Schornsteinsog, Kompressibilitätsfunktion, Volumenausdehnungsfunktion, Schallgeschwindigkeit, Schubspannung.

1.1 Physikalische Eigenschaften und Stoffwerte der Fluide

1.1.1 Hydrostatik im Absolut- und Relativsystem

Definitionen, Sätze und Formeln

Der Druck im Fluid

$$p = \frac{F}{A} \quad \text{bzw.} \quad \sigma_x = \sigma_y = \sigma_z = -p \tag{1.1}$$

ist der Quotient von Kraft F pro Fläche A. Die kinetische Gastheorie deutet den Druck als die Kraftwirkung der Molekülstöße auf die Wand.

> **Satz 1.1:** *In einer gegenüber der Berandung ruhenden newtonschen Flüssigkeit wird der Spannungszustand in jedem Punkt der Flüssigkeit eindeutig durch den Druck beschrieben.*

Die Differentialgleichung der Hydrostatik für die Änderung des Druckes mit dem Ort ist in einem Inertialsystem

$$\text{grad}\, p = \vec{F}_v\,. \tag{1.2}$$

Anmerkung: Ein Koordinatensystem, in dem bei fehlenden äußeren Kräften das Trägheitsgesetz $\frac{\mathrm{d}^2 \vec{x}}{\mathrm{d}t^2} = 0$ gilt, ist ein Inertialsystem [Ma62].

Der Ableitungsoperator lautet in kartesischen Koordinaten mit
$\vec{x} = (x_1 \equiv x, \, x_2 \equiv y, \, x_3 \equiv z)^T$ und $\vec{e_1} \equiv \vec{e_x}, \, \vec{e_2} \equiv \vec{e_y}, \, \vec{e_3} \equiv \vec{e_z}$

$$\mathrm{grad}() = \vec{e}_1 \frac{\partial()}{\partial x_1} + \vec{e}_2 \frac{\partial()}{\partial x_2} + \vec{e}_3 \frac{\partial()}{\partial x_3} \qquad (1.3)$$

und in Zylinderkoordinaten mit $\vec{x} = (x_1 \equiv r, \, x_2 \equiv \varphi, \, x_3 \equiv z)^T$ und mit $\vec{e_1} \equiv \vec{e_r}$,
$\vec{e_2} \equiv \vec{e_\varphi}, \, \vec{e_3} \equiv \vec{e_z}$

$$\mathrm{grad}() = \vec{e}_1 \frac{\partial()}{\partial x_1} + \vec{e}_2 \frac{1}{x_1} \frac{\partial()}{\partial x_2} + \vec{e}_3 \frac{\partial()}{\partial x_3} \, . \qquad (1.4)$$

In Gl.(1.2) ist $\vec{F}_v$ die Resultierende der äußeren Kräfte pro Volumeneinheit.
Wirkt nur die Erdbeschleunigung g entgegen der z-Koordinate, dann ist
$\vec{F}_v = -g\,\rho\,\vec{e}_z$. Wenden wir auf Gl.(1.2) die Rotation an, dann folgt wegen
rot grad() $\equiv 0$ die Forderung rot $\vec{F}_v = 0$, bzw. $\vec{F}_v = \mathrm{grad}\,U$, d.h., $\vec{F}_v$ muß
als Potential U einer skalaren Feldfunktion darstellbar sein. Das allgemeine
Integral der Differentialgleichung (1.2) lautet demnach

$$p - U = \mathrm{const}\,. \qquad (1.5)$$

Das Potential der Schwerkraft ist $U = -g\rho z$ im kartesischen Koordinatensystem. Die Ortsabhängigkeit des Druckes in einer ruhenden Flüssigkeit, die nur
unter dem Einfluß der Schwerkraft steht, ist demnach

$$p(z) = p_0 - g\rho z \, . \qquad (1.6)$$

Satz 1.2: *Gleichgewicht herrscht in einer gegenüber der Berandung ruhen-*
den newtonschen Flüssigkeit nur dann, wenn die äußeren Kräfte ein Potential
besitzen.

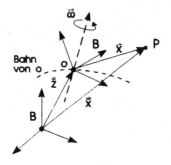

Bild 1.1 Inertialsystem $\overline{\mathcal{B}}$ (Absolutsystem) mit
beschleunigtem Relativsystem $\mathcal{B}$

Um das hydrodynamische Gleichgewicht in einem beschleunigt bewegten Relativsystem aufzustellen, benötigen wir den Zusammenhang zwischen der Beschleunigung im Inertialsystem (Absolutsystem) $\overline{\mathcal{B}}$ und im Relativsystem $\mathcal{B}$

$$\frac{\mathrm{d}^2\vec{x}}{\mathrm{d}t^2}\bigg|_{\overline{\mathcal{B}}} = \frac{\mathrm{d}^2\vec{z}}{\mathrm{d}t^2}\bigg|_{\overline{\mathcal{B}}} + \frac{\mathrm{d}^2\vec{x}}{\mathrm{d}t^2}\bigg|_{\mathcal{B}} + \frac{\mathrm{d}\vec{\omega}}{\mathrm{d}t}\bigg|_{\mathcal{B}} \times \vec{x} + 2\vec{\omega} \times \frac{\mathrm{d}\vec{x}}{\mathrm{d}t}\bigg|_{\mathcal{B}} + \vec{\omega} \times (\vec{\omega} \times \vec{x}) \qquad (1.7)$$

des betrachteten Massenpunktes P. In dieser Gleichung sind:

$$\frac{\mathrm{d}^2\vec{z}}{\mathrm{d}t^2}\bigg|_{\overline{\mathcal{B}}} = \frac{\mathrm{d}\vec{c_F}}{\mathrm{d}t}\bigg|_{\overline{\mathcal{B}}} \quad \text{die Beschleunigung, mit der der Koordinatenursprung } o$$

$$\text{des Relativsystems geführt wird},$$

$$\frac{\mathrm{d}^2\vec{x}}{\mathrm{d}t^2}\bigg|_{\mathcal{B}} = \frac{\mathrm{d}\vec{w}}{\mathrm{d}t} \quad \text{die Teilchenbeschleunigung im Relativsystem},$$

$$\frac{\mathrm{d}\vec{\omega}}{\mathrm{d}t}\bigg|_{\mathcal{B}} \times \vec{x} \quad \text{die Drehbeschleunigung}, \qquad (1.8)$$

$$2\vec{\omega} \times \frac{\mathrm{d}\vec{x}}{\mathrm{d}t}\bigg|_{\mathcal{B}} = 2\vec{\omega} \times \vec{w} \quad \text{die Coriolisbeschleunigung},$$

$$\vec{\omega} \times (\vec{\omega} \times \vec{x}) \quad \text{die Zentripetalbeschleunigung}.$$

Wir betrachten im Relativsystem hydrostatische Verhältnisse. Dann ruht das Fluid im Relativsystem. Folglich müssen $\vec{w} = 0$ und $\frac{\mathrm{d}\vec{w}}{\mathrm{d}t} = 0$ sein.

Die Teilchenbeschleunigung im Relativsystem und die Coriolisbeschleunigung verschwinden. Die Trägheitskräfte sind entgegen den Trägheitsbeschleunigungen gerichtet. Wir erhalten für die hydrostatische Grundgleichung in einem beschleunigt bewegten Relativsystem

$$\mathrm{grad}\,p = \rho\left[\vec{g} - \frac{\mathrm{d}\vec{c_F}}{\mathrm{d}t}\bigg|_{\overline{\mathcal{B}}} - \frac{\mathrm{d}\vec{\omega}}{\mathrm{d}t} \times \vec{x} - \vec{\omega} \times (\vec{\omega} \times \vec{x})\right]. \qquad (1.9)$$

Gl.(1.9) enthält als einzige Feldkraft die Schwerkraft. Elektrische und magnetische Feldkräfte werden nicht betrachtet. In dieser allgemeinen Darstellung wird Gl.(1.9) in der Regel nicht benötigt.

Als Beispiel betrachten wir einen teilweise mit Flüssigkeit gefüllten Kreiszylinder (Zentrifuge), der sich um seine Längsachse mit konstanter Winkelgeschwindigkeit $\vec{\omega} = \omega\,\vec{e_z}$ dreht. Es verschwinden dann die Beschleunigungsterme $\frac{\mathrm{d}\vec{c_F}}{\mathrm{d}t}\bigg|_{\overline{\mathcal{B}}}$ und $\frac{\mathrm{d}\vec{\omega}}{\mathrm{d}t} \times \vec{x}$, und die Zentrifugalbeschleunigung ist

$$-\vec{\omega} \times (\vec{\omega} \times \vec{x}) = -\omega\,\vec{e_z} \times (\omega\,\vec{e_z} \times \vec{e_r}\,r) = \omega^2\,r\,\vec{e_r}.$$

Während die Zentripetalbeschleunigung zum Drehpunkt hin gerichtet ist, hat die Zentrifugalbeschleunigung die entgegengesetzte Richtung. Hydrostatisches

Gleichgewicht stellt sich ein, wenn

$$\text{grad}\,p = -g\,\rho\,\vec{e}_z + \omega^2\,\rho\,r\,\vec{e}_r \tag{1.10}$$

gilt. Gl.(1.10) wird in Aufgabe 1.15 integriert.

Zwei weitere Beispiele sind:

Die Druckverteilung in der Atmosphäre ist

$$\frac{p}{p_0} = \left[1 - \frac{(n-1)\,g\,\rho_0}{n\,p_0}(z-z_0)\right]^{\frac{n}{n-1}}, \quad n \approx 1.2 \quad \text{(Polytropenexponent)}. \tag{1.11}$$

Eine völlig anders geartete Druckverteilung als in einem Kontinuum stellt sich in kohäsionslosen, körnigen Massen wie Sand oder Getreide ein. Die Differentialgleichung für die Druckspannung p_v in vertikaler Richtung in einem stehenden zylindrischen Gefäß, das mit körnigem Gut gefüllt ist, lautet:

$$\frac{\mathrm{d}p_v}{\mathrm{d}z} = -4\,\mu_0\frac{k_a}{d}\,p_v + g\,\rho\,. \tag{1.12}$$

In Gl.(1.12) ist k_a der Koeffizient des aktiven Erddruckes, der die horizontale Druckspannung $p_h = k_a\,p_v$ mit der vertikalen Druckspannung verknüpft, und μ_0 ist die Reibzahl zwischen Behälterwand und körnigem Gut mit der die Wandschubspannung $\tau_W = \mu_0\,p_h$ gebildet wird.

1.1.2   Stoffwerte der Fluide

Unter der Kompressibilität versteht man die Fähigkeit eines Fluides, mit zunehmendem Druck das Volumen zu verringern. Ein Maß dafür ist die isotherme tangentiale Kompressibilitätsfunktion

$$K_{isoth}(p,T) = \frac{1}{\rho}\frac{\partial\rho(p,T)}{\partial p}\,. \tag{1.13}$$

Ist der p, T-Bereich, in dem sich die Zustandsänderung vollzieht, so geartet, daß sich die Kompressibilitätsfunktion in ihm nicht nennenswert ändert, also konstant bleibt, so spricht man von einem Kompressibilitätsmodul.

Entsprechend erhält man die isobare tangentiale Volumenausdehnungsfunktion

$$\alpha(p,T) = -\frac{1}{\rho}\frac{\partial\rho(p,T)}{\partial T}\,. \tag{1.14}$$

Definition 1.1:   *Die Schallgeschwindigkeit c ist die Ausbreitungsgeschwindigkeit von Druckänderungen, die vernachlässigbare Dichteänderungen zur Folge haben.*

Nach dieser Definition ist

$$c^2 = \frac{1}{\frac{\partial \rho(p,s)}{\partial p}} = \frac{\partial p(\rho,s)}{\partial \rho} \, . \tag{1.15}$$

Für die Schallgeschwindigkeit von Flüssigkeiten gilt näherungsweise:

$$c^2 = \frac{1}{\rho K_{isoth}} = \frac{E}{\rho} \, . \tag{1.16}$$

Die Schallgeschwindigkeit des idealen Gases ist

$$c^2 = \kappa\, R\, T = \kappa \frac{p}{\rho} \, , \quad \text{mit} \quad \kappa = \frac{c_p}{c_v} \approx 1.4 \quad \text{(für 2-atomige Gase)} \, . \tag{1.17}$$

Stoffwerte: Dichte ρ, kinematische Zähigkeit ν, Elastizitätsmodul E und Schallgeschwindigkeit c betragen im Normalzustand $(p = 1.01325 \cdot 10^5 \text{ Pa}, T = 273.15\,K)$:

	ρ kg/m^3	ν m^2/s	E Pa	c m/s
Wasser	998	$1.01 \cdot 10^{-6}$	$21050 \cdot 10^5$	1452
Luft	1.2	$1.51 \cdot 10^{-5}$	p	344

Die Schubspannung in einer ebenen Scherströmung ist

$$\tau = \eta \frac{\partial v}{\partial n}, \quad \eta = \nu\, \rho \tag{1.18}$$

mit der Wandnormalen n und der dynamischen Zähigkeit η.

1.2   Fragen zur Hydrostatik

Frage 1.1: Zwei Kaffeekannen haben gleichen Innendurchmesser, aber unterschiedliche Höhe.
Welche Kaffeekanne faßt
die größere Fluidmasse?

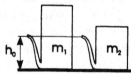

Frage 1.2: Zwei gleichgroße Eimer sind randvoll mit Wasser gefüllt. In dem einen Eimer schwimmt ein Holzklotz. Welcher Eimer ist schwerer?

Frage 1.3: Welche Gestalt nimmt eine Wassermasse m (z.B. sei $m = 10\,\text{g}$) im kräftefreien Raum an?

Frage 1.4: Wie mißt man nach Torricelli den Luftdruck?

Frage 1.5: Versuch zum hydrostatischen Paradoxon:
Zwei Gefäße mit gleicher Grundfläche, aber unterschiedlicher Gefäßform sind gleichhoch mit Wasser gefüllt. Die Bodenplatte jedes Gefäßes ist mit einem Waagebalken verbunden. Die Gefäßwand ist starr mit der Unterlage verbunden. Die beiden Waagen haben gleiche Abmessung. Das linke Gefäß enthält die Wassermasse m_1, das rechte Gefäß die Masse m_2, wobei ganz offensichtlich $m_1 > m_2$ ist. In welchem Verhältnis stehen die Kräfte F_1 und F_2 am Waagebalken? F_1 und F_2 sollten gerade so groß gewählt werden, damit kein Wasser zwischen Bodenplatte und Gefäßwand entweicht.

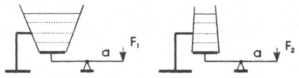

Frage 1.6: Mit einem U-Rohrmanometer soll der Druck p in einer Wasserleitung gegenüber dem Umgebungsdruck p_u gemessen werden. Warum muß die Dichte ρ_M der Manometerflüssigkeit größer sein, als die Dichte ρ_W des Wassers?

Frage 1.7: Von welchen Größen hängt der Sog eines Schornsteins ab?

Frage 1.8: Gibt es Schornsteine ohne Sog?

Frage 1.9: Warum hängt der Spannungszustand in einer ruhenden newtonschen Flüssigkeit nur vom Druck ab?

1.3   Aufgaben zur Hydrostatik

Aufgabe 1.1: Der Druck im Inneren zweier 'Magdeburger Halbkugeln' wird auf $p_i = 10^3$ Pa gesenkt. Wie groß ist die Kraft F, um die Halbkugeln vom Durchmesser $d = 0.368$ m zu trennen, wenn der Umgebungsdruck $p_u = 0.11$ MPa beträgt? Wieviel Pferde sind für den klassischen Magdeburger Versuch erforderlich? Ein Pferd bringt 1450 N Zugkraft auf.

Aufgabe 1.2: Ein Kanu ersetzen wir näherungsweise durch einen Halbzylinder mit dem Radius R und der Länge L. Das Kanu schwimmt in einem Gewässer der Tiefe $h > R$. Stellen Sie eine algebraische Beziehung zwischen dem Gesamtgewicht des Kanus einschließlich seinem Inhalt und der Eintauchtiefe t auf!

Aufgabe 1.3: Die beiden Kolben im angegebenen System sind leicht verschiebbar. Die Zylinder sind mit Wasser gefüllt. Der Absolutdruck p_1 auf der Zylinderachse im linken Zylinder wurde gemessen.

Gegeben:

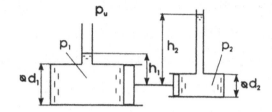

$$d_1 = 0.03\,\text{m}\,,$$
$$d_2 = 0.01\,\text{m}\,,$$
$$p_1 = 0.11\,\text{MPa}\,,$$
$$p_u = 0.1\,\text{MPa}\,,$$
$$\rho_W = 1000\,\text{kg/m}^3\,.$$

Gesucht:

p_2 und die Flüssigkeitshöhen h_1 und h_2.

Aufgabe 1.4: In einem Formkasten ist eine kreisförmige Scheibe mit dem Innendurchmesser d_1 und dem Außendurchmesser d_2 in trockenem Formsand eingeformt. Die Höhe h des Oberkastens und die Dichte ρ_G der Gußeisenschmelze sind bekannt.

Gegeben:

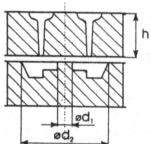

$$d_1 = 180\,\text{mm}\,,$$
$$d_2 = 550\,\text{mm}\,,$$
$$\rho_G = 7200\,\text{kg/m}^3\,,$$
$$h = 130\,\text{mm}\,.$$

Gesucht:

Die Kraft, die das flüssige Gußeisen bei vollständig gefüllter Gußform gegen den Oberkasten ausübt. Die Querschnittsabmessungen der Steiger werden vernachlässigt.

Aufgabe 1.5: Ein Wasserbecken wird seitlich mit einer rechteckigen Behälterklappe abgesperrt.

Gegeben:

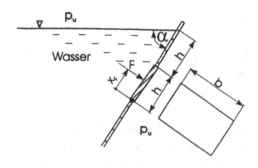

$$h = 3\,\text{m}\,,$$
$$b = 4\,\text{m}\,,$$
$$\rho_W = 1000\,\text{kg/m}^3\,,$$
$$\alpha = 60°\,.$$

Gesucht:

Die resultierende Kraft F auf die Behälterklappe und die Lage ihres Angriffspunktes x_F.

Aufgabe 1.6: Eine dünne Halbkugelschale mit der Masse m_s und dem Radius r_0 verschließt den Abfluß eines Wasserbehälters, der bis zur Höhe $h > r_0$ gefüllt ist. Welche Kraft F ist erforderlich, um den Abfluß zu öffnen?

Gegeben:

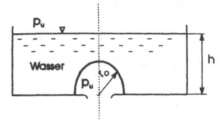

$$r_0 = 0.25\,\text{m},$$
$$h = 5\,\text{m},$$
$$m_s = 10\,\text{kg},$$
$$\rho_W = 1000\,\text{kg/m}^3.$$

Aufgabe 1.7: Ein Wasserbehälter hat einen Niveauregler. Das Bodenventil muß bei einer Wasserstandshöhe von $H = 2\,\text{m}$ öffnen, damit der Behälter nicht überläuft. Wie groß muß H_0 des Schwimmers sein, wenn die Gewichtskraft des Schwimmers, der Stange und des Bodenventils $F_G = 40\,\text{N}$ betragen?

Anmerkung: $A_{st} << A_2$ und damit vernachlässigbar.

Gegeben:

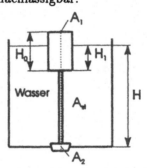

$$A_1 = 0.0314\,\text{m}^2,$$
$$A_2 = 2.827 \cdot 10^{-3}\,\text{m}^2,$$
$$H_1 = \tfrac{3}{4}H_0,$$
$$H = 2\,\text{m},$$
$$\rho_W = 1000\,\text{kg/m}^3.$$

Aufgabe 1.8: Hinter einem Walzenwehr der Breite b steht Wasser der Höhe $0 \leq h \leq 2R_o$. Berechnen Sie die Größe der resultierenden Kraft F auf das Wehr!

Gegeben:

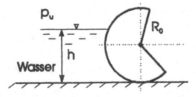

$$R_o = 2\,\text{m},$$
$$h = 3\,\text{m},$$
$$b = 10\,\text{m},$$
$$\rho_W = 1000\,\text{kg/m}^3.$$

Aufgabe 1.9: An einem Waggon ist ein U-Rohr zur Messung der Radialbeschleunigung angebracht. Der fahrende Waggon befindet sich in einer horizontalen Kurve mit dem Radius $R = 200$ m.

Es ist die Fahrgeschwindigkeit v des Waggons zu bestimmen, wenn die Niveaudifferenz $h = 0.02$ m, $\rho_{Hg} = 13.6 \cdot 10^3 \mathrm{kg/m^3}$ und $L = 0.2$ m beträgt.

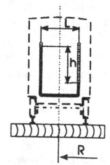

Aufgabe 1.10: Wie groß sind die Schallgeschwindigkeiten c in Luft bei $T = 20^\circ$ C und in Wasser, wenn der Volumenelastizitätsmodul von Wasser $E_W = 2105 \cdot 10^6$ Pa beträgt?

Aufgabe 1.11: Aus einem Schornstein mit der Höhe $h = 100$ m strömt Abgas (Gaskonstante $R_G = 260$ J/(kgK) mit einer mittleren Temperatur t_G von 200° C in die Atmosphäre ($t_u = 20^\circ$ C, $p_u = 0.101$ MPa, $R_L = 287$J/(kgK)). Berechnen Sie die Druckdifferenz (Schornsteinsog) zwischen dem Außendruck und dem Druck in der Feuerung!

Aufgabe 1.12: In einem zylindrischen Schüttsilo vom Durchmesser d soll eine maximale vertikale Druckspannung p_{vmax} am Boden nicht überschritten werden. Wie groß darf die Füllhöhe H_{max} des körnigen Gutes mit der Dichte ρ in dem Silo gewählt werden?
Gegeben:

$$\mu_0 = 1, \qquad k_a = \tfrac{1}{4}, \qquad p_{vmax} = 2 \cdot 10^4 \,\mathrm{Pa},$$
$$\rho = 800 \,\mathrm{kg/m^3}, \qquad d = 3\,\mathrm{m}.$$

Aufgabe 1.13: Bestimmen Sie die Schubspannungsverteilung einer laminaren Rohrströmung! Die Geschwindigkeitsverteilung genügt der Gleichung

$$v(r) = \frac{\Delta p}{4\eta L}(R^2 - r^2), \quad 0 \le r \le R.$$

Aufgabe 1.14: Eine Tauchstation in Gestalt eines Würfels mit der Kantenlänge L wurde h Meter tief in ein stehendes Gewässer abgesenkt. Der Innendruck in der Tauchstation sei Atmosphärendruck p_u. Die Tauchstation kann durch eine rechteckige Tür mit den Seitenlängen a und b verlassen werden. Die Drehachse der Tür liegt in a.
Gesucht:
1. Wie groß ist die zum Öffnen der Tür notwendige Kraft F_o, wenn F_o im Abstand $\tfrac{3}{4}b$ von der vertikalen Drehachse der Tür angreift?

2. Bis zu welcher Höhe x muß das Wasser in der Tauchstation steigen, damit ein Mann mit der Kraft F_M die Tür öffnen kann? Die Zustandsänderung der Luft in der Tauchstation beim Einströmen des Wassers verlaufe isotherm. Geben Sie die Gleichung für die Steighöhe x des Wassers an!

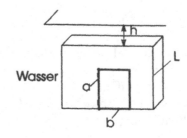

Lösung:

Um den ersten Teil der Aufgabe zu lösen, setzen wir p als Überdruck an. Die Druckverhältnisse auf der Außenseite der Tür sind im folgenden Bild dargestellt.

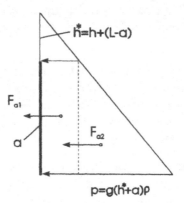

Es ist:

$$F_{a1} = g \rho h^* a b,$$
$$F_{a2} = g \rho a b \frac{a}{2}.$$

Die Kraft F_a des Wassers auf die Tür ist

$$F_a = F_{a1} + F_{a2} = g \rho a b \left(h^* + \frac{a}{2} \right).$$

Aus dem Momentengleichgewicht $F_a \frac{b}{2} = F_o \frac{3}{4} b$ folgt die notwendige Öffnungskraft

$$F_o = \frac{2}{3} F_a = g \rho a \frac{2}{3} b \left(h^* + \frac{a}{2} \right).$$

Um Teil 2 der Aufgabe zu lösen, müssen wir mit Absolutdrücken rechnen. Das in die Tauchstation eindringende Wasser erhöht den Innendruck. Bei isothermer Zustandsänderung der Luft gilt $\frac{p}{\rho} = $ const mit $\rho = \frac{M_g}{V}$. $V = L^3$ ist das Luftvolumen in der Tauchstation, wenn kein Wasser eingetreten ist. M_g ist die Luftmasse. Ist p_s der Luftdruck in der Tauchstation, nachdem das Wasser x Meter hoch steht, dann folgt aus der Isothermen

$$\frac{p_u L^3}{M_g} = p_s L^2 \frac{(L - x)}{M_g} \quad \text{bzw} \quad p_s = p_u \frac{L}{(L - x)}.$$

Die resultierende Kraft F_r auf die Tür ist dann

$$F_r = F_a - F_i = a\,b(p_u + g\rho h^*) + g\rho a^2\frac{b}{2} - \left(p_s a\,b + g\rho x\,x\frac{b}{2}\right),$$

$$F_r = g\rho a\,b\left[h^* + \frac{a}{2} - \frac{1}{g\rho}(p_s - p_u) - \frac{x^2}{2a}\right].$$

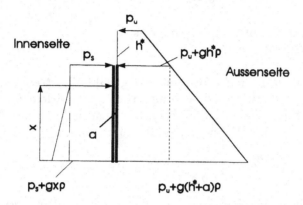

Das Momentengleichgewicht $F_r\frac{b}{2} = F_M b\frac{3}{4}$ ergibt die aufzuwendende Kraft

$$F_M = \frac{2}{3}F_r = \frac{2}{3}g\rho a b\left[h^* + \frac{a}{2} - \frac{p_u}{g\rho}\left(\frac{L}{L-x} - 1\right) - \frac{x^2}{2a}\right].$$

Da F_M vorgegeben ist, folgt hieraus eine kubische Gleichung für die Wasserhöhe x in der Station

$$x^2 = 2a\left[h^* + \frac{a}{2} - \frac{p_u}{g\rho}\left(\frac{L}{L-x} - 1\right)\right] - \frac{3F_M}{g\rho b}.$$

Für $0 < \frac{L}{L-x} - 1 \ll 1$ entsteht eine quadratische Gleichung, mit der wir die Abschätzung

$$x < x_{max} = \sqrt{2a\left(h^* + \frac{a}{2}\right) - \frac{3F_M}{g\rho b}}$$

erhalten.

Aufgabe 1.15: Ein nach oben offenes kreiszylindrisches Gefäß, daß bis zur Höhe H mit Wasser gefüllt wurde, rotiert um seine Längsachse. Nach langer Drehzeit hat sich ein stationärer Zustand gemäß folgendem Bild eingestellt. ω sei so begrenzt, daß das Wasser nicht über den Gefäßrand austritt.

Gegeben:

R	– Gefäßradius,	ω	– Winkelgeschwindigkeit,
H	– Wasserstandshöhe bei $\omega = 0$,	ρ	– Dichte.

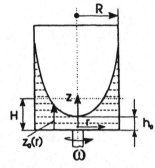

Gesucht:

1. Welche Spiegelform $z_0(r)$ stellt sich ein?
2. Wie groß darf ω_{max} werden, damit der Boden des Gefäßes für $r = 0$ gerade noch mit Wasser bedeckt ist?
3. Welcher Druckverlauf stellt sich im Wasser und am Gefäßboden ein?

Lösung:

Die Druckverteilung in der Flüssigkeit genügt Gl.(1.2). Gemäß obiger Abbildung führen wir Zylinderkoordinaten ein. Die am Fluidelement im Abstand r von der Drehachse angreifenden Beschleunigungen sind $r\omega^2$ in r-Richtung und $-g$ in z-Richtung. Gl.(1.2) bzw. Gl.(1.10) lautet somit

$$\vec{e}_1 \frac{\partial p}{\partial r} + \vec{e}_2 \frac{1}{r} \frac{\partial p}{\partial \varphi} + \vec{e}_3 \frac{\partial p}{\partial z} = \vec{e}_1 r\omega^2 \rho - \vec{e}_3 g\rho \,. \tag{1.19}$$

Durch Komponentenvergleich erhalten wir das partielle Dgl.-System

$$\frac{\partial p}{\partial r} = r\omega^2 \rho, \quad \frac{1}{r} \frac{\partial p}{\partial \varphi} = 0, \quad \frac{\partial p}{\partial z} = -g\rho \,. \tag{1.20}$$

Aus der zweiten Gleichung folgt, daß p unabhängig von φ ist. Wir integrieren nun die erste Gleichung partiell

$$p(r,z) = \frac{r^2 \omega^2}{2} \rho + f(z) \,. \tag{1.21}$$

Statt der üblichen Integrationskonstante muß jetzt eine Funktion $f(z)$ eingeführt werden, die es noch zu bestimmen gilt. Gl.(1.21) nach r differenziert ergibt wieder die Ausgangsgleichung. Wir differenzieren jetzt Gl.(1.21) nach z. Im Vergleich mit Gl.(1.20) erhalten wir für $f(z)$ die gewöhnliche Dgl. $f'(z) = -g z$ bzw.

$$f(z) = -g\rho z + C \,. \tag{1.22}$$

C ist eine echte Integrationskonstante. Für die Druckverteilung gilt also

$$p(r,z) = \frac{r^2 \omega^2}{2} \rho - g\rho z + C \,. \tag{1.23}$$

Obwohl die Gleichung der Spiegeloberfläche $z = z_0(r)$ und insbesondere $z_0(0) = h_0$ noch unbekannt ist, ersetzen wir C durch die Randbedingung

$$p(0, z(0)) = p_u \quad \text{zu} \quad C = p_u + g\rho h_0 \,. \tag{1.24}$$

Für die Druckverteilung (1.23) erhalten wir

$$p(r,z) = \frac{r^2\omega^2}{2}\rho + g\rho(h_0 - z) + p_u\,. \tag{1.25}$$

Wir stellen jetzt eine Kontinuitätsbilanz auf, aus der sich die Gleichung der Flüssigkeitsoberfläche ergibt. Das im Behälter befindliche Flüssigkeitsvolumen muß vor und während der Behälterdrehung konstant bleiben. Aus

$$V = \pi R^2 H = 2\pi \int_{r=0}^{R} r\, z_0(r)\mathrm{d}r \tag{1.26}$$

und Gl.(1.25) mit $p = p_u$ für $z = z_0(r)$, was

$$z_0(r) = h_0 + \frac{r^2\omega^2}{2g} \tag{1.27}$$

ergibt, folgt:

$$\pi R^2 H = 2\pi \int_{r=0}^{R} \left(rh_0 + \frac{r^3\omega^2}{2g}\right)\mathrm{d}r = \pi R^2\left(h_0 + \frac{R^2\omega^2}{4g}\right)$$

und damit der Scheitel der Oberfläche

$$h_0 = H - \frac{R^2\omega^2}{4g}\,. \tag{1.28}$$

Gl.(1.28) in (1.27) eingesetzt ergibt die Gleichung der Flüssigkeitsoberfläche, ein Rotationsparaboloid

$$z_0(r) = H + \frac{\omega^2}{2g}\left(r^2 - \frac{R^2}{2}\right)\,. \tag{1.29}$$

Aus Gl.(1.28) läßt sich die maximale Winkelgeschwindigkeit ω_{max} ermitteln. Nach der Aufgabenstellung soll der Behälterboden überall mit Flüssigkeit bedeckt sein. Folglich ist

$$\omega_{max} \leq \frac{2}{R}\sqrt{gH}\,. \tag{1.30}$$

Für die Druckverteilung folgt endgültig

$$p(r,z) = p_u + \frac{\omega^2}{2}\rho\left(r^2 - \frac{R^2}{2}\right) + g\rho(H - z)\,. \tag{1.31}$$

Die Flächen $p =$const sind Rotationsparaboloide. Insbesondere lautet die Druckverteilung am Behälterboden

$$p(r,0) = p_u + \frac{\omega^2}{2}\rho\left(r^2 - \frac{R^2}{2}\right) + g\rho H\,. \tag{1.32}$$

Kapitel 2

Ähnlichkeit der Fluide

Schwerpunkte

Begriffe der einfachen Ähnlichkeit, Bildung der Kennzahlen mit Hilfe der Dimensionsanalyse.

Definitionen, Sätze und Formeln

Größenarten wie z.B. der Weg s, die Geschwindigkeit v usw. dienen der Beschreibung physikalischer Gesetze.

Eine Größenart besteht aus der Maßzahl und der Maßeinheit. Ist z.B. $s = 5\,\mathrm{m}$; so ist $\{s\} = 5$ die Maßzahl und $[s] = \mathrm{m}$ ist die Maßeinheit.

Unabhängige Größenarten nennt man Basisgrößenarten.

Mit den Basisgrößen läßt sich ein Maßsystem aufbauen.

Satz 2.1: *Ist das Verhältnis von Maßzahl · Maßeinheit einer Größenart in zwei Maßsystemen gleich Eins, dann ist die betreffende Größenart invariant gegenüber der Maßeinheit.*

Satz 2.2: *Maßeinheiten, in deren Definitionsgleichung nur eine Eins vorkommt, heißen zusammenhängend oder kohärent.*

Beispielsweise sind 1 Nm = 1 J kohärent, aber 1° C = 274.15° K und 1 kcal = 4186.8 J sind nicht kohärent.

Das SI-Maßsystem benutzt für strömungstechnische Vorgänge die Grundeinheiten m (Meter), kg (Kilogramm), s (Sekunde) und K (Kelvin).

Voraussetzungen zur Anwendung der Ähnlichkeitstheorie:

1. Es müssen die den physikalischen Vorgang bestimmenden unabhängigen Größenarten bekannt sein.

2. Die Größenarten müssen invariant sein gegenüber der Änderung des Maßsystems, und die Maßeinheiten müssen kohärent sein.

> **Definition 2.1:** *Zwei Strömungen werden als ähnlich bezeichnet, wenn die geometrischen und die charakteristischen physikalischen Größen der Strömungsfelder, letztere in der Kombination der Kennzahlen, zu entsprechenden Zeiten jeweils ein festes Verhältnis miteinander bilden.*

Die Kennzahlen (Ähnlichkeitsparameter) lassen sich mit Hilfe der Methode der gleichartigen Größen bilden oder über die Skalierung der Differentialgleichungen und ihrer Anfangs-Randbedingungen oder über die Dimensionsanalyse. Mit Hilfe der Dimensionsanalyse lassen sich die Kennzahlen als Potenzprodukt der den Strömungsvorgang bestimmenden unabhängigen Größenarten bilden. Betrachten wir Strömungsvorgänge ohne Temperatureinfluß, so gilt:

$$Kz = v^\alpha \cdot l^\beta \cdot \rho^\gamma \cdot \varepsilon^\delta\,; \quad \text{mit} \quad [Kz] = m^0\, s^0\, kg^0\,, \tag{2.1}$$

wobei $\varepsilon \in [t, p, \nu, c, g, \sigma]$ eine Größenart mit der Dimension $m^a\, s^b\, kg^c$ ist .
Ähnlichkeitsparameter wichtiger strömungstechnischer Vorgänge:

$Re = \frac{v\,l}{\nu}$	Reynolds-Zahl	$Eu = \frac{\Delta p}{\rho v^2}$	Euler-Zahl
$Re \cdot Eu = Ha$	Hagen-Zahl	$Sr = \frac{l}{tv} = \frac{fl}{v}$	Strouhal-Zahl
$Ma = \frac{v}{c}$	Mach-Zahl	$Fr = \frac{v}{\sqrt{gl}}$	Froude-Zahl
$We = \frac{\rho v^2 l}{\sigma}$	Weber-Zahl	$Ec = \frac{v^2}{c_p T_w}$	Eckert-Zahl
$Pr = \frac{\eta c_p}{\lambda_w}$	Prandtl-Zahl	$Pe = Pr \cdot Re$	Péclet-Zahl

Π- Theorem: Die Anzahl der Kennzahlen, von denen ein physikalischer Vorgang abhängt, ist gleich der Anzahl der unabhängigen Größenarten, die den Vorgang beschreiben, abzüglich der Grundeinheiten, die die Dimension der Größenarten bilden.

Verhältnisse von gleichartigen Größenarten wie $\frac{d}{l}$, $Ca = \frac{T}{T-T_o}$ (Carnot-Zahl), $Cr = \frac{v}{v_{max}}$ (Crocco-Zahl) oder $Gy = \frac{1}{\alpha \Delta T}$ (Gay-Lussac-Zahl) nennt man Ähnlichkeitssimplexe.

Die einfache Ähnlichkeit [Ha72] verlangt, daß die Kennzahlen am Modell und Original gleich sind.

2.1 Fragen zur Ähnlichkeit

Frage 2.1: Ist die Temperatur in den Maßsystemen Kelvin und Celsius invariant gegenüber der Änderung der Maßeinheit? Prüfen Sie den Sachverhalt am Beispiel von $100°$ C !

Frage 2.2: Sind die Maßeinheiten Pa und N/m² kohärent?

Frage 2.3: Wann sind zwei Strömungsfelder ähnlich?

Frage 2.4: Welche Ähnlichkeit charakterisieren die Kennzahlen?

Frage 2.5: Mit welcher Größe wird die geometrische Ähnlichkeit erfüllt?

Frage 2.6: Was ist eine Strömungsgrenzschicht?

Frage 2.7: Wie groß ist die kritische Re-Zahl bei einer Durchströmung (Rohr), bei einer Umströmung (Platte) und einem Freistrahl?

2.2   Aufgaben zur Ähnlichkeit

Aufgabe 2.1:   In einem Wasserkanal sollen an einem Modelldraht die bei orkanartigen Winden an einer Hochspannungsleitung auftretenden Strömungskräfte modelliert werden.

Gegeben:

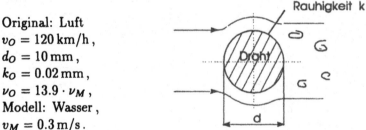

Original: Luft
$v_O = 120\,\text{km/h}$,
$d_O = 10\,\text{mm}$,
$k_O = 0.02\,\text{mm}$,
$\nu_O = 13.9 \cdot \nu_M$,
Modell: Wasser,
$v_M = 0.3\,\text{m/s}$.

Gesucht sind der Durchmesser d_M und die Rauhigkeit k_M des Modelldrahtes bei Einhaltung der Bedingung, daß dynamische Ähnlichkeit vorliegt.

Aufgabe 2.2:   Der Druckverlust Δp_v in einer horizontal liegenden öldurchströmten Leitung soll experimentell an einem Modell bestimmt werden. Die Modellflüssigkeit ist Wasser. Es werden gleiche relative Rauhigkeiten vorausgesetzt.

Gegeben:

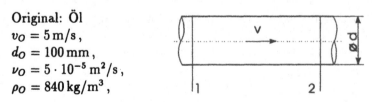

Original: Öl
$v_O = 5\,\text{m/s}$,
$d_O = 100\,\text{mm}$,
$\nu_O = 5 \cdot 10^{-5}\,\text{m}^2/\text{s}$,
$\rho_O = 840\,\text{kg/m}^3$,

Modell: Wasser,

$d_M = 5\,\text{mm}$, $\nu_M = 10^{-6}\,\text{m}^2/\text{s}$, $\rho_M = 1000\,\text{kg/m}^3$, $\Delta p_{vM} = 80\,\text{kPa}$.

Gesucht wird der Druckverlust Δp_{vO} der Originalausführung!

Aufgabe 2.3: An einem im Maßstab 1 : 3 verkleinerten Modell soll die Widerstandskraft F_{wO} einer im Fluß untergetauchten kugelförmigen Mine ermittelt werden.

Gegeben:

Original: Wasser
$v_O = 6\,\text{km/h}$,
$\nu_O = 0.13 \cdot 10^{-5}\,\text{m}^2/\text{s}$,
$\rho_O = 796\,\rho_M$,
Modell: Luft,
$\nu_M = 0.14 \cdot 10^{-4}\,\text{m}^2/\text{s}$,
$F_{wM} = 14\,\text{N}$.

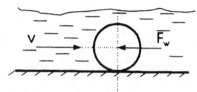

Bestimmen Sie die Widerstandskraft F_{wO} am Original!

Aufgabe 2.4: Die durch den Einbau mehrerer Brückenpfeiler in einem Fluß verursachte Wellenbildung soll durch einen Modellversuch bestimmt werden. Welche Geschwindigkeit v_M ist im Versuchsgerinne zu wählen, wenn die Geschwindigkeit des Flusses $v_O = 3\,\text{m/s}$ und der Modellmaßstab $m = 1{:}25$ betragen? Die für den Versuch notwendige Pumpe hat eine maximale Förderleistung von $\dot{V}_{max} = 0.2\,\text{m}^3/\text{s}$. Die lichte Weite der Brückenpfeiler beträgt $b_O = 18\,\text{m}$. Welcher Wasserstand des Flusses kann im Modellversuch dargestellt werden?

Aufgabe 2.5: Der Widerstand F_{wO} eines Schiffes soll an einem geometrisch verkleinerten Modell durch einen Schleppversuch im Wasserbassin bestimmt werden. Der Modellmaßstab beträgt $m = 1 : 30$.

Gegeben:

Original: Wasser
$v_O = 37\,\text{km/h}$,
$L_O = 50\,\text{m}$,
$\nu_O = 0.13 \cdot 10^{-5}\,\text{m}^2/\text{s}$,
Modell: Wasser,
$F_{wM} = 1.5\,\text{N}$.

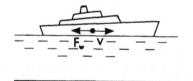

Bestimmen Sie die Schleppgeschwindigkeit v_M des Modells und die Widerstandskraft F_{wO} am Original!

Aufgabe 2.6: Eine physikalische Gesetzmäßigkeit läßt sich durch fünf unabhängige Größenarten in der Form $F(x_1, x_2, x_3, x_4, x_5) = 0$ beschreiben. Der funktionale Zusammenhang soll durch 10 Meßpunkte je Größenart in der Form von $x_1 = f(x_2, x_3, x_4, x_5)$ ermittelt werden. Wieviel Meßpunkte sind bei dieser experimentellen Aufgabenstellung aufzunehmen?

Bezug nehmend auf die gleiche Aufgabenstellung ist bekannt, daß die Dimensionen der fünf Größenarten sich durch drei Grundeinheiten darstellen lassen. Unter Zuhilfenahme der Dimensionsanalyse lassen sich Kz_i Kennzahlen bilden. Inwieweit reduziert sich damit der meßtechnische Aufwand zur Lösung dieses Problems unter der Voraussetzung, daß gleichfalls nur 10 Meßpunkte je Kennzahl erforderlich sind?

Aufgabe 2.7: Wird ein Störkörper, beispielsweise eine Kreisplatte, in eine Strömung gebracht, und zwar mit der Kreisfläche senkrecht zur Anströmung, so entsteht in einem bestimmten Re-Zahlenbereich im Nachlauf eine periodisch wechselseitige Ablösung der Strömung an der Körperberandung. Diese Erscheinung wird als Kármánsche Wirbelstraße bezeichnet. Mit Hilfe der Dimensionsanalyse sind die Kennzahlen herzuleiten, die die Frequenz f der abgehenden Wirbel bestimmen!

Es ist bekannt, daß die Frequenz f von der Anströmgeschwindigkeit v, der Dichte des Fluides ρ, der dynamischen Viskosität des Fluides η und dem Plattendurchmesser d abhängig ist.

Lösung:

Der strömungstechnische Vorgang hängt von 5 Größenarten ab. Die Dimension jeder Größenart ist ein Potenzprodukt der Gestalt $m^a\, s^b\, kg^c$, wobei a, b, c rationale oder ganze Zahlen sind. Beispielsweise gilt für die Maßeinheit von η: $[\eta] = m^{-1}\, s^{-1}\, kg$, also $a = -1$, $b = -1$, $c = 1$. Da sich die Maßeinheiten (Dimensionen) der genannten Größenarten durch 3 Grundeinheiten m, s und kg beschreiben lassen, existieren nach dem Π-Theorem $5 - 3 = 2$ Kennzahlen. Jede dieser Kennzahlen muß dimensionslos sein. Da sich die Maßeinheit einer Größenart als Potenzprodukt der drei Grundeinheiten m, s, kg darstellen läßt, muß sich die Kennzahl als Potenzprodukt von 4 Größenarten ergeben. Wir bilden daher die Kennzahl

$$Kz = v^\alpha\, d^\beta\, \rho^\gamma\, \varepsilon^\delta\,,$$

wobei für ε wahlweise die Frequenz f oder die dynamische Viskosität η gesetzt wird. Allgemein gilt für die Maßeinheit von $[\varepsilon] = m^a\, s^b\, kg^c$. Die Maßeinheit der Kennzahl ist

$$
\begin{aligned}
[Kz] = m^0\, s^0\, kg^0 &= m^\alpha s^{-\alpha}\, m^\beta\, kg^\gamma m^{-3\gamma} m^{a\delta} s^{b\delta} kg^{c\delta} \\
&= m^{\alpha+\beta-3\gamma+a\delta}\, s^{-\alpha+b\delta}\, kg^{\gamma+c\delta}\,.
\end{aligned}
$$

Der Exponentenvergleich ergibt das Gleichungssystem

$$
\begin{array}{rcrcrcrcl}
\alpha & +\beta & -3\gamma & +a\delta & = & 0 \\
-\alpha & & & +b\delta & = & 0 \\
& & \gamma & +c\delta & = & 0\,.
\end{array}
$$

Das homogene Gleichungssystem wird zu einem inhomogenen System für drei
Unbekannte, wenn wir eine Unbekannte willkürlich vorgeben. Das hat so zu
geschehen, daß die Koeffizientendeterminante stets ungleich Null ist, welche
Größenart für ε auch gesetzt wird. Wir setzen $\alpha = 1$, so daß $Kz \approx v^1$ ist. Das
Gleichungssystem lautet dann:

$$
\begin{array}{rcr}
\beta \quad -3\gamma \quad +a\delta &=& -1 \\
b\delta &=& 1 \\
\gamma \quad +c\delta &=& 0
\end{array}
$$

Für $b \neq 0$ erhalten wir die Lösung

$$\alpha = 1, \quad \beta = -\frac{1}{b}(a + b + 3c), \quad \delta = \frac{1}{b}.$$

Für ε setzen wir nun der Reihe nach $\varepsilon = f$ und $\varepsilon = \eta$. Mithin erhalten wir aus
dem Gleichungssystem für

$$
\begin{array}{llll}
\varepsilon &=& f \quad \text{mit} \quad [f] = s^{-1} \quad &\rightarrow a = 0,\, b = -1,\, c = 0, \\
\varepsilon &=& \eta \quad \text{mit} \quad [\eta] = m^{-1}\,s^{-1}\,kg \quad &\rightarrow a = -1,\, b = -1,\, c = 1
\end{array}
$$

und damit die Exponenten

$$
\begin{array}{ll}
\alpha = 1,\, \beta = 1,\, \gamma = 0,\, \delta = -1 & \text{für}\, \varepsilon = f, \\
\alpha = 1,\, \beta = 1,\, \gamma = 1,\, \delta = -1 & \text{für}\, \varepsilon = \eta.
\end{array}
$$

Es ergeben sich die Kennzahlen:

$$Kz = \frac{v\,d}{f} \quad \text{bzw.} \quad Sr = \frac{f}{v\,d} \quad \text{(Strouhal-Zahl)},$$

$$Kz = \frac{v\,d\,\rho}{\eta} \quad \text{bzw.} \quad Re = \frac{v\,d}{\nu} \quad \text{(Reynolds-Zahl)}.$$

Die Strouhal-Zahl kennzeichnet die Zeitabhängigkeit des Strömungsvorganges.
Ist $Sr \ll 1$, so ist die Strömung näherungsweise stationär. Gilt $0 < Sr < 1$,
so ist die Strömung quasistationär. Für $Sr > 1$ ist die Strömung ausgeprägt
instationär.

Kapitel 3

Kinematik der Fluide

Schwerpunkte

Kontinuitätsaxiome, Konfiguration des Körpers $\mathcal{B}$, Bewegung, Geschwindigkeit, Beschleunigung, Lagrangesche und Eulersche Koordinaten, materielle Beschreibung, Feldbeschreibung, Bahnlinie, Stromlinie, Streichlinie, Drehung (Rotation), Wirbellinie, Zirkulation, Geschwindigkeitspotential und Divergenz.

Definitionen, Sätze und Formeln

Die Kinematik ist die Lehre von der Bewegung der Fluide ohne Einbeziehung der Kräfte, die diese Bewegung verursachen.

Die Bewegung des Fluides beschreibt man im dreidimensionalen Raum (Euklidischer Raum $\mathcal{R}^3$) von einem Koordinatensystem aus.

Die zusammenhängende Menge der materiellen Fluidelemente bezeichnen wir als den Körper $\mathcal{B}$. Der Körper $\mathcal{B}$ ist danach ein mit Materie (Fluid) kontinuierlich ausgefülltes Gebiet $\mathcal{G}$.

Kontinuitätsaxiome:

1. Jedes Fluidelement wird zu einem beliebigen Zeitpunkt dem Raumpunkt zugeordnet, in dem es sich zu diesem Zeitpunkt befindet. Aber nicht jeder Raumpunkt ist auf ein Fluidelement abbildbar.

2. Ein Fluidelement kann sich nicht gleichzeitig in unterschiedlichen Raumpunkten befinden.

3. In einem Raumpunkt können sich nicht gleichzeitig mehrere Fluidelemente befinden.

Definition 3.1: *Unter einer Konfiguration des Körpers $\mathcal{B}$ versteht man eine stetige und ein- eindeutige Zuordnung von Ortsvektoren $\vec{x}_0 \in \mathcal{R}^3$ zu den Fluidelementen von $\mathcal{B}$ zum Zeitpunkt t_0.*

Das Fluidelement, das sich zum Referenzzeitpunkt t_0 am Ort $\vec{x}_0$ befindet, trägt den Namen $\vec{x}_0; t_0$.

Das Fluidelement mit dem Namen $\vec{x}_0; t_0$ befindet sich zum Zeitpunkt $t \neq t_0$ am Ort $\vec{x}$,

$$\vec{x} = f_x(\vec{x}_0, t; t_0) \,. \tag{3.1}$$

Gl.(3.1) ist nach mathematischer Sprechweise eine topologische Abbildung (bijektive Abbildung) der Fluidelemente auf Punkte des Raumes.

Definition 3.2:   *Hat das Fluid ortsunabhängige Eigenschaften, dann ist der Körper $\mathcal{B}$ homogen.*

Definition 3.3:   *Sind die physikalischen Eigenschaften des Körpers $\mathcal{B}$ richtungsunabhängig, so nennt man $\mathcal{B}$ isotrop, anderenfalls anisotrop.*

Definition 3.4:   *Eine stetige zeitliche Aufeinanderfolge $(t_1 < t_2 < \cdots < t_n)$ von Konfigurationen*

$$\begin{aligned}
\vec{x}_1 &= f_x(\vec{x}_0, t_1; t_0) \\
\vec{x}_2 &= f_x(\vec{x}_0, t_2; t_0) \\[4pt]
\vec{x}_n &= f_x(\vec{x}_0, t_n; t_0)
\end{aligned}$$

ist eine Bewegung des Körpers $\mathcal{B}$.

Die Geschwindigkeit des Fluidelementes $\vec{x}_0; t_0$ ist danach

$$\vec{v} = \frac{\mathrm{d}\vec{x}}{\mathrm{d}t}\bigg|_{\vec{x}_0; t_0} = \frac{\partial}{\partial t} f_x(\vec{x}_0, t; t_0) \,. \tag{3.2}$$

Ist Φ eine Eigenschaft des Fluides, z.B. die Temperatur, so nennt man Φ in Lagrangeschen Koordinaten $\vec{x}_0$

$$\Phi(\vec{x}_0, t; t_0) \quad \text{eine materielle Beschreibung}$$

und Φ in Eulerschen Koordinaten $\vec{x}$

$$\Phi(\vec{x}, t) \quad \text{eine Feldbeschreibung.}$$

Die zeitliche Änderung von Φ ist dann

$$\frac{\mathrm{d}\Phi}{\mathrm{d}t} = \frac{\partial}{\partial t}\Phi(\vec{x}_0, t; t_0) \quad \text{in der materiellen Beschreibung} \tag{3.3}$$

und

$$\frac{d\Phi}{dt} = \frac{\partial}{\partial t}\Phi(\vec{x}, t) + \vec{v} \cdot \mathrm{grad}\Phi \quad \text{in der Feldbeschreibung}. \tag{3.4}$$

Die Beschleunigung

$$\vec{b} = \frac{\partial \vec{v}}{\partial t} + \vec{v} \cdot \mathrm{grad}\vec{v} \tag{3.5}$$

eines Fluidelementes besteht in Eulerschen Koordinaten aus der lokalen Beschleunigung $\frac{\partial \vec{v}}{\partial t}$ und aus der konvektiven Beschleunigung $\vec{v} \cdot \mathrm{grad}\vec{v}$. Eine Strömung ist stationär, wenn die lokale Beschleunigung verschwindet. Strömungsvorgänge beschreibt man meist in Eulerschen Koordinaten.

Definition 3.5: *Die Bahnlinie ist die Kurve (Strecke), die ein Fluidelement in der endlichen Zeitdauer Δt zurücklegt (Lebenslinie eines Fluides).*

Die Dgl. der Bahnlinie ist

$$\frac{d\vec{x}}{dt} = \vec{v}(\vec{x}_0, t; t_0) \quad \text{bzw. in Eulerschen Koordinaten} \quad \frac{d\vec{x}}{dt} = \vec{v}(\vec{x}, t). \tag{3.6}$$

Das Integral obiger Dgl. läßt sich allgemein nur von der Lagrangeschen Darstellung ausgehend angeben:

$$\vec{x} = \vec{x}_0 + \int_{\xi=t_0}^{t} \vec{v}(\vec{x}_0, \xi; t_0)\, d\xi. \tag{3.7}$$

In ebener Strömung mit freier Oberfläche kann man z.B. die Bahnlinien aufgestreuter Schwebeteilchen durch eine Langzeitfotografie sichtbar machen.

Definition 3.6: *Die Stromlinie ist die Kurve, deren Tangenten in beliebigen Punkten mit der Richtung der Geschwindigkeitsvektoren der in diesen Punkten befindlichen Fluidelemente übereinstimmen (Integralkurve eines Isoklinenfeldes).*

Die Dgl. der Stromlinie ist

$$d\vec{x} \times \vec{v} = 0, \tag{3.8}$$

und in kartesischen Koordinaten gilt

$$v_3\, dx_2 - v_2\, dx_3 = 0, \quad v_1\, dx_3 - v_3\, dx_1 = 0, \quad v_2\, dx_1 - v_1\, dx_2 = 0.$$

Die Stromlinien kann man durch eine Kurzzeitfotografie aufgestreuter Teilchen sichtbar machen. In einer instationären Strömung unterscheiden sich in der Regel Stromlinien und Bahnlinien.

Definition 3.7:   *Die Streichlinie ist der geometrische Ort aller derjenigen Fluidelemente, die irgendwann ein und denselben Punkt im Raum passiert haben.*

Ist $\vec{x}_A$ der Punkt, den die Fluidelemente passieren, dann lautet die Gleichung der Streichlinie

$$\vec{x} = \vec{x}_A - \int_{\xi=t}^{t_A} \vec{v}(\vec{x}_A, \xi; t_A)\, d\xi\,, \tag{3.9}$$

und demzufolge erhalten wir für die Dgl.

$$\frac{d\vec{x}}{dt_A} = -\vec{v}(\vec{x}_A, t_A; t_A)\,. \tag{3.10}$$

In einer Ebene, die ganz in $\mathcal{B}$ liegt, betrachten wir eine geschlossene Kurve, die nicht notwendig ein Kreis sein muß. Die Flächennormale der von dieser Kurve berandeten Fläche sei Tangente an einer Stromlinie. Die durch die Randkurve führenden Stromlinien bilden den Mantel einer Stromröhre.

Zieht man die Randkurve einer Stromröhre auf einen Punkt zusammen, so entsteht ein Stromfaden.

Definition 3.8:   *Die Wirbellinie ist eine Kurve, deren Tangente in einem Punkt mit der Richtung des Wirbelvektors $\vec{\omega}$ des in diesem Punkt befindlichen Fluidelementes zusammenfällt.*

Die Dgl. der Wirbellinie ist

$$\vec{\omega} \times d\vec{s} = 0\,. \tag{3.11}$$

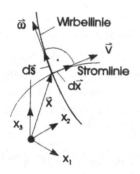
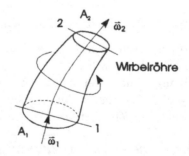

Definition 3.9:   *Die Gesamtheit aller Wirbellinien, die durch die Randkurve einer ebenen endlichen Fläche $\vec{A}$ hindurchgehen, bilden eine Wirbelröhre.*

Die mittlere Drehung $\vec{\omega}$ eines Strömungsfeldes ist gleich der Rotation des dazu-gehörigen Geschwindigkeitsfeldes. Es gilt

$$\vec{\omega} = \frac{1}{2}\text{rot}\,\vec{v} \tag{3.12}$$

und in kartesischen Koordinaten

$$\vec{\omega} = \frac{1}{2}\left[\vec{e}_1\left(\frac{\partial v_3}{\partial x_2} - \frac{\partial v_2}{\partial x_3}\right) + \vec{e}_2\left(\frac{\partial v_1}{\partial x_3} - \frac{\partial v_3}{\partial x_1}\right) + \vec{e}_3\left(\frac{\partial v_2}{\partial x_1} - \frac{\partial v_1}{\partial x_2}\right)\right].$$

Definition 3.10:   *Ein Maß für die Drehung eines fluiden Bereiches ist die Zirkulation*

$$\Gamma = \oint_\Lambda \vec{v} \cdot d\vec{s} = \int_O \text{rot}\,\vec{v} \cdot d\vec{o}. \tag{3.13}$$

Dabei ist $d\vec{s}$ das vektorielle Wegdifferential entlang der Randkurve Λ einer offenen Fläche O, und $d\vec{o}$ ist das Flächenelement.

Die rechte Seite der Gl.(3.13) folgt aus dem Stokesschen Integralsatz.

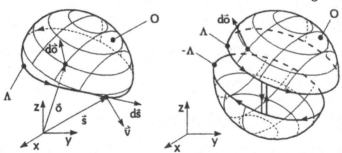

Offene Oberfläche mit Rand Λ und Volumen mit geschlossener Oberfläche

Wir betrachten die geschlossene Fläche, die das Volumen V berandet, rech-tes Bild. Durch einen Schnitt zerlegen wir sie in zwei Hälften, auf die jeweils Gl.(3.13) angewendet werden darf. Da Λ an der unteren Flächenhälfte entgegen-gesetzt wie an der oberen durchlaufen wird, verschwindet die längs der beiden Ränder gebildete Zirkulation. Man erhält den Helmholtzschen Wirbelsatz

---

Satz 3.1:   *Die Zirkulation eines stetigen Geschwindigkeitsfeldes $\vec{v}$ über der geschlossenen glatten Oberfläche eines einfach zusammenhängenden Volumens V ist stets Null.*

Satz 3.1 erlaubt folgende Schlußfolgerung: Da O eine geschlossene Oberfläche ist, kann das Oberflächenintegral der Gl.(3.13) mittels des Gaußschen Integralsatzes in ein Volumenintegral überführt werden

$$\int_O d\vec{o} \cdot \text{rot}\vec{v} = \int_V \text{div}\,(\text{rot}\vec{v})\,dV\,.$$

Wegen der Identität div rot $\vec{v} \equiv 0$ folgt mit dem Vektor $\vec{\omega} = \frac{1}{2}\text{rot}\vec{v}$ der Drehung für die Zirkulation

$$\Gamma = \int_O d\vec{o} \cdot \text{rot}\vec{v} = 2\int_O d\vec{o} \cdot \vec{\omega} = 2\int_V \text{div}\,\vec{\omega}\,dV = 0$$

bzw.

$$\text{div}\,\vec{\omega} = 0\,. \tag{3.14}$$

Gl.(3.14) ist der räumliche Wirbelerhaltungssatz in differentieller Form. Er ist rein kinematischer Natur und keinen physikalischen Einschränkungen unterworfen. Der Wirbelerhaltungssatz gilt in stationärer, instationärer, kompressibler und inkompressibler Strömung. Er steht somit in Analogie zur Kontinuitätsgleichung (3.18) inkompressibler Fluide. Satz 3.1 läßt auch folgende Formulierung zu:

> **Satz 3.2:**   *Im Inneren eines Strömungsbereiches kann kein Wirbelfaden beginnen oder enden.*

Ein Wirbelfaden muß sich also entweder bis an die Grenzen des Strömungsbereiches erstrecken oder in sich zurücklaufend einen geschlossenen Ring bilden.

> **Satz 3.3:**   *In einer drehungsfreien Strömung verschwindet die Zirkulation Γ längs jeder geschlossenen Kurve, die Rand einer offenen Fläche ist.*

Die Umkehrung des Satzes gilt nicht.

Die zeitliche Änderung der Zirkulation längs einer geschlossenen Kurve, die stets aus denselben Fluidelementen besteht, ist

$$\frac{d\Gamma}{dt} = \oint_\Gamma \frac{d\vec{v}}{dt} \cdot d\vec{s}\,. \tag{3.15}$$

In einer reibungsfreien Strömung, in der die Dichte eine eindeutige Funktion des Druckes ist (barotropes Fluid), also $\frac{dp}{\rho} = dP$ gilt, ergibt sich mit der Euler-Gl.(4.28) aus Gl.(3.15)

$$\frac{d\Gamma}{dt} = \oint_\Gamma -\text{grad}(P - U) \cdot d\vec{s} = 0 \tag{3.16}$$

die Aussage des Thomsonschen Zirkulationssatzes:

Satz 3.4: *Die zeitliche Änderung der Zirkulation längs einer geschlossenen Kurve, die stets aus denselben Fluidelementen besteht, ist in einer reibungsfreien Unterschallströmung eines barotropen Fluides gleich Null.*

Demgegenüber ist mit Gl.(4.26) in einer reibungsbehafteten Flüssigkeitsströmung

$$\frac{\mathrm{d}\Gamma}{\mathrm{d}t} = \nu \oint_\Gamma \Delta \vec{v} \cdot \mathrm{d}\vec{s} = -\nu \oint_\Gamma \operatorname{rot} \operatorname{rot} \vec{v} \cdot \mathrm{d}\vec{s} \neq 0 . \tag{3.17}$$

Das Ungleichheitszeichen gilt nicht in jedem Fall. Eine Ausnahme bilden zähe Strömungen mit $\operatorname{rot}\vec{v} = 0$ im gesamten Strömungsfeld. Der stationär drehende Kreiszylinder in einer ebenen unendlich ausgedehnten zähen Flüssigkeit, siehe Anmerkung in der Lösung zur Aufg.(5.37), ist ein solches Beispiel.
Dissipative Strukturen führen fast immer zu einer zeitlichen Änderung der Zirkulation. Die Aussage gilt natürlich auch für reibungsbehaftete Gasströmungen.

Satz 3.5: *In einem reibungsfreien newtonschen Fluid (ideales Fluid), in dem nur Normalspannungen auftreten, kann in einer Unterschallströmung kein Fluidelement in D⸱hung versetzt werden. Ist das Fluid drehungsfrei mit Ausnahme einzelner sinɡulärer Punkte oder Linien, so bleibt es auch künftig drehungsfrei und es gilt $\operatorname{rot}\vec{v} = 0$ außerhalb der Singularitäten.*

Satz 3.6: *Gilt in einem idealen Fluid mit Ausnahme singulärer Stellen $\operatorname{rot}\vec{v} = 0$, dann existiert ein Geschwindigkeitspotential Φ und es ist*

$$\vec{v} = \operatorname{grad} \Phi .$$

Die Gültigkeit dieser Aussage folgt unmittelbar aus der Identität $\operatorname{rot} \operatorname{grad}(\ ) \equiv 0$. Ein Strömungsfeld ist mit Ausnahme einzelner singulärer Punkte quell- und senkenfrei, wenn außerhalb der Singularitäten die Divergenz des Geschwindigkeitsvektors im Strömungsgebiet verschwindet, also

$$\operatorname{div} \vec{v} = 0 \tag{3.18}$$

gilt. Gl.(3.18) ist die Kontinuitätsgleichung des inkompressiblen Fluides in differentieller Form.
In kartesischen Koordinaten mit $\vec{x} = (x_1 \equiv x,\ x_2 \equiv y,\ x_3 \equiv z)^T$ und $\vec{v} = (v_1 \equiv u,\ v_2 \equiv v,\ v_3 \equiv w)^T$ lautet diese Forderung

$$\frac{\partial v_1}{\partial x_1} + \frac{\partial v_2}{\partial x_2} + \frac{\partial v_3}{\partial x_3} = 0 \tag{3.19}$$

und in Zylinderkoordinaten mit $\vec{x} = (x_1 \equiv r,\, x_2 \equiv \varphi,\, x_3 \equiv z)^T$ und $\vec{v} = (v_1 \equiv v_r,\, v_2 \equiv v_\varphi,\, v_3 \equiv v_z)^T$:

$$\frac{\partial v_1}{\partial x_1} + \frac{v_1}{x_1} + \frac{1}{x_1}\frac{\partial v_2}{\partial x_2} + \frac{\partial v_3}{\partial x_3} = 0\,. \tag{3.20}$$

3.1 Fragen zur Kinematik

Frage 3.1: Worin besteht der Unterschied zwischen der Lagrangeschen und der Eulerschen Beschreibung kinematischer Vorgänge?

Frage 3.2: Wie kann man in einer Gerinneströmung Bahnlinien und Stromlinien sichtbar machen?

Frage 3.3: Wir wollen uns einen Überblick über einen Strömungsvorgang verschaffen. Wählen wir für diesen Zweck Bahnlinien- oder Stromlinienbilder aus?

Frage 3.4: Wodurch entsteht Drehung ($\operatorname{rot}\vec{v} \neq 0$) in einem Strömungsfeld?

Frage 3.5: Was folgt aus der Tatsache, wenn die Zirkulation Γ längs der geschlossenen Randkurve einer offenen Fläche verschwindet?

Frage 3.6: Worin besteht der Unterschied zwischen der Strömungsgeschwindigkeit v und der Schallgeschwindigkeit c?

3.2 Aufgaben zur Kinematik

Aufgabe 3.1: Geben Sie die Komponentendarstellung im kartesischen Koordinatensystem des in Eulerscher Darstellung notierten Beschleunigungsvektors

$$\vec{b} = \frac{\mathrm{d}\vec{v}}{\mathrm{d}t} = \frac{\partial \vec{v}}{\partial t} + \vec{v}\cdot\operatorname{grad}\vec{v}$$

an! Wie lautet $\vec{b}$ in der Matrixdarstellung?

Aufgabe 3.2: Vorgegeben ist das Geschwindigkeitsfeld

$$v_1 = a\,x_1, \quad \text{mit} \quad a > 0 \;\; \text{reell}, \quad v_2 = -a\,x_2$$

einer ebenen Strömung.
Gesucht:
1. Wie lauten die Gleichungen der Strom- und Bahnlinien, die durch den Punkt x_{01}, x_{02} gehen? Das betrachtete Fluidteilchen, dessen Bahn gesucht wird, befindet sich zum Zeitpunkt $t = 0$ in x_{01}, x_{02}.
2. Ist das Strömungsfeld drehungs- und quellfrei?
3. Um welche Strömung handelt es sich?
4. Skizzieren Sie das Strömungsfeld!

Aufgabe 3.3: Die Bahnlinie eines Fluidelementes ist in Lagrangescher Darstellung

$$x_1 = x_{01}\, e^{at}, \quad x_2 = x_{02}\, e^{at}, \quad x_3 = x_{03}\, e^{-2at}$$

mit $a > 0$, reell, $t \geq 0$ vorgegeben. Die x_{0i} sind die Lagrangeschen Koordinaten.
Gesucht:
1. Welcher Ebene nähert sich das Fluidelement $\vec{x}_0$; t_0 für $t \to \infty$?
2. Bestimmen Sie die Geschwindigkeits- und Beschleunigungskomponenten in Lagrangeschen Koordinaten!
3. Bestimmen Sie die Geschwindigkeits- und Beschleunigungskomponenten in Eulerschen Koordinaten!
4. Bestimmen Sie die Beschleunigungskomponenten nach der Eulerschen Darstellung $b_j = \frac{\partial v_j}{\partial t} + v_i \frac{\partial v_j}{\partial x_i}$!
5. Beweisen Sie, daß die vorliegende Strömung eine Potentialströmung ist!
6. Wie lautet die Formel für das Geschwindigkeitspotential Φ?

Aufgabe 3.4: Das Geschwindigkeitsfeld eines Tornados kann man näherungsweise in Zylinderkoordinaten

$$\vec{v} = -\frac{a}{r}\vec{e}_r + \frac{b}{r}\vec{e}_\varphi, \quad \text{mit} \quad a, b > 0$$

angeben. Zeigen Sie, daß die Stromlinien logarithmische Spiralen sind!
Anmerkung: Für die $r-$ und $\varphi-$ Geschwindigkeitskomponente gilt:

$$v_r = \frac{\mathrm{d}r}{\mathrm{d}t}, \quad v_\varphi = r\,\frac{\mathrm{d}\varphi}{\mathrm{d}t}, \quad (\vec{v} = v_r\,\vec{e}_r + v_\varphi\,\vec{e}_\varphi).$$

Aufgabe 3.5: Berechnen Sie die Bahnlinie des Fluidelementes, das sich zum Zeitpunkt t_0 in r_0, φ_0 befindet! Weiterhin ist die Stromlinie anzugeben, die durch r_0, φ_0 geht. Das Geschwindigkeitsfeld

$$\vec{v} = \frac{a}{r}\big[a(t - t_0) + r_0\big]\vec{e}_r + b\,\vec{e}_\varphi, \quad a, b > 0, \quad \text{Konstanten}$$

ist in Zylinderkoordinaten gegeben. Es ist zeitabhängig, und damit ist die Strömung instationär.

Aufgabe 3.6: Das Geschwindigkeitsfeld einer ebenen stationären inkompressiblen Strömung lautet:

$$\vec{v} = \frac{2}{x_1}\vec{e}_1 + \frac{2x_2}{x_1^2}\vec{e}_2.$$

Gesucht:
1. Zeigen Sie, daß die Strömung quellfrei ist!

2. Bestimmen Sie die Gleichung der Bahnlinie des Fluidteilchens, das sich zur Referenzzeit $t_0 = 0$ in $\vec{x}_0 = (1,3)^T$ befindet!

3. Wie groß ist die Zeit Δt, die das Fluidteilchen benötigt, um von $x_1 = 1$ m nach $x_1 = 3$ m zu gelangen?

4. Wie lautet die Gleichung der Stromlinie durch den Punkt $\vec{x}_0 = (1,3)^T$?

Aufgabe 3.7: Die Austrittsöffnung eines Wasserschlauches befindet sich an der Stelle $x_1 = x_{A1} = 0$, $x_2 = x_{A2} = h$. Sie führt eine Pendelbewegung um den Winkel $\alpha(t)$ aus. Das Wasser tritt aus dem Schlauch mit der Geschwindigkeit $v_0 = $ const aus. Die Reibung zwischen Wasserstrahl und Luft ist zu vernachlässigen.

Gesucht:

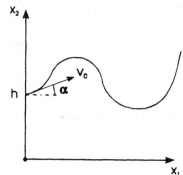

1. Die Geschwindigkeitskomponenten v_1 und v_2 eines Fluidteilchens zum Zeitpunkt $t > t_A$, das sich zum Zeitpunkt t_A am Schlauchaustritt befand.

2. Die Bahnlinie des Fluidteilchens, das sich zum Zeitpunkt $t = t_A$ im Austrittsquerschnitt des Schlauches befand.

3. Die Gleichung der Streichlinie.

Lösung:
Nach dem Newtonschen Grundgesetz $\vec{F} = m\,\vec{b}$ gilt für ein Fluidelement bezüglich der Gewichtskraft

$$\vec{F} = -g\,\rho\,V\,\vec{e}_2 = -g\,m\,\vec{e}_2\,.$$

Damit erhalten wir die Beschleunigungskomponenten:

$$b_1 = \frac{d^2x_1}{dt^2} = \frac{dv_1}{dt} = 0\,, \quad b_2 = \frac{d^2x_2}{dt^2} = \frac{dv_2}{dt} = -g\,, \quad b_3 = \frac{d^2x_3}{dt^2} = \frac{dv_3}{dt} = 0\,.$$

Die Geschwindigkeitskomponenten ergeben sich nach einmaliger Integration zu:

$$v_1 = C_1\,, \quad v_2 = C_2 - g\,t\,, \quad v_3 = 0\,.$$

Die Konstanten C_1, C_2 sind der Anfangsbedingung für $t = t_A$ anzupassen. Zu diesem Zeitpunkt befindet sich das Fluidelement im Austrittsquerschnitt

$$
\begin{aligned}
v_1(t_A) &= v_0\cos[\alpha(t_A)] &\rightarrow\quad C_1 &= v_0\cos[\alpha(t_A)]\,, \\
v_2(t_A) &= v_0\sin[\alpha(t_A)] &\rightarrow\quad C_2 &= v_0\sin[\alpha(t_A)] + g\,t_A\,.
\end{aligned}
$$

Damit erhalten wir:

$$v_1(t; t_A) = v_0 \cos[\alpha(t_A)] = \frac{dx_1}{dt},$$

$$v_2(t; t_A) = v_0 \sin[\alpha(t_A)] - g(t - t_A) = \frac{dx_2}{dt}.$$

Die Integration dieser Gleichungen nach t bei festgehaltenem t_A ergibt die Gleichung der Bahnlinie des Fluidteilchens, das sich zum Zeitpunkt $t = t_A$ im Austrittsquerschnitt befindet. t_A ist der Referenzzeitpunkt. Wir erhalten

$$x_1(t; t_A) = t\, v_0 \cos[\alpha(t_A)] + C_1,$$

$$x_2(t; t_A) = t\, v_0 \sin[\alpha(t_A)] - g\, t\left(\frac{t}{2} - t_A\right) + C_2.$$

Für $t = t_A$ sind nun $x_1 = 0$ und $x_2 = h$. Hieraus ergeben sich die Konstanten

$$C_1 = -t_A\, v_0 \cos[\alpha(t_A)] \quad \text{und} \quad C_2 = h - t_A\, v_0 \sin[\alpha(t_A)] - g\frac{t_A^2}{2}.$$

Die Gleichung der Bahnlinie des betrachteten Fluidteilchens lautet demnach:

$$x_1(t; t_A) = (t - t_A)v_0 \cos[\alpha(t_A)],$$

$$x_2(t; t_A) = h + (t - t_A)v_0 \sin[\alpha(t_A)] - \frac{g}{2}(t - t_A)^2, \quad t > t_A.$$

Nach der Gl.(3.7) lautet die Gleichung der Streichlinie

$$\vec{x} = \vec{x}_A - \int_t^{t_A} \vec{v}(\vec{x}_A, \xi; t_A)\, d\xi$$

und in Komponentenschreibweise:

$$x_1 = x_{A1} - \int_t^{t_A} v_0 \cos[\alpha(t_A)]\, d\xi, \qquad x_{A1} = 0,$$

$$x_2 = x_{A2} - \int_t^{t_A} \{v_0 \sin[\alpha(t_A)] - g(\xi - t_A)\}\, d\xi, \quad x_{A2} = h$$

bzw.

$$x_1 = (t - t_A)v_0 \cos[\alpha(t_A)],$$

$$x_2 = h + (t - t_A)v_0 \sin[\alpha(t_A)] - \frac{g}{2}(t - t_A)^2.$$

t hält man fest, und t_A variiert im Intervall $0 \leq t_A \leq t$. Das ergibt die Streichlinie zum Zeitpunkt t.

Kapitel 4

Dynamik der Fluide

Schwerpunkte

Kontinuitäts-, Impuls-, Energie- und Drehimpulssatz in integraler und differentieller Form für die quasieindimensionale und dreidimensionale, inkompressible und kompressible Strömung, Impulssatz im Relativsystem, stationäre und instationäre Strömungen, Diffusorströmung, Strömung mit freier Oberfläche und Eulersche Turbinengleichung.

4.1 Kontinuitätssatz der atmenden Stromröhre

Die kinematisch allgemeinste Beziehung folgt aus der Erhaltung der Masse. Die folgenden Kontinuitätsgleichungen sind unabhängig davon, ob die Strömung reibungfrei oder reibungsbehaftet ist. Die Kontinuitätsbeziehung für den zeitabhängigen Querschnitt $A(s, t)$ eines (atmenden) Stromröhrenabschnittes geben wir unter folgenden Voraussetzungen an:

- Die Stromröhre sei vollständig mit dem Fluid gefüllt.

- Die Stromröhre sei schwach gekrümmt und habe eine geringe stetige Querschnittsänderung in s−Richtung.

- Das Material des Mantels der Stromröhre sei schwach elastisch.

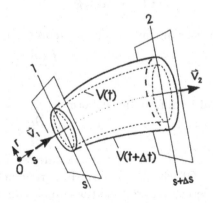

- Die Geschwindigkeit v, die Dichte ρ, der Druck p, die Temperatur T und der Querschnitt A seien stetig differenzierbare Funktionen ihrer unabhängigen Variablen im Definitionsbereich $\mathcal{B}$, d.h., $v() = v(r, s, t)$, $\rho = \rho(s, t)$, $p = p(s, t)$, $T = T(s, t)$, $A = A(s, t)$.

Der Kontinuitätssatz in integraler Form lautet unter diesen Voraussetzungen

$$\rho\,v\,A\big|_{s+\Delta s, t} - \rho\,v\,A\big|_{s, t} = -\int_{\xi=s}^{s+\Delta s} \frac{\partial \rho A}{\partial t}\, \mathrm{d}\xi\,. \qquad (4.1)$$

Der Kontinuitätssatz in differentieller Form ergibt sich unmittelbar aus Gl.(4.1) zu

$$\frac{\partial}{\partial t}(\rho\,A) + \frac{\partial}{\partial s}(\rho\,v\,A) = 0\,. \qquad (4.2)$$

In den Gln.(4.1) und (4.2) ist v die über den Querschnitt gemittelte Geschwindigkeit. Aus beiden Gleichungen ergeben sich durch Einschränkungen spezielle Beziehungen. So erhalten wir für die stationäre Strömung eines kompressiblen Fluides

$$\overset{\bullet}{m}_2 - \overset{\bullet}{m}_1 = 0 \quad \text{oder} \quad \overset{\bullet}{m} = \text{const} \qquad (4.3)$$

und

$$\frac{\mathrm{d}}{\mathrm{d}s}(\rho\,v\,A) = 0 \quad \text{oder} \quad \frac{\mathrm{d}v}{v} + \frac{\mathrm{d}A}{A} + \frac{\mathrm{d}\rho}{\rho} = 0\,. \qquad (4.4)$$

Für die stationäre inkompressible Strömung gilt

$$\overset{\bullet}{V} = v\,A = \text{const} \quad \text{und} \quad \frac{\mathrm{d}v}{v} + \frac{\mathrm{d}A}{A} = 0\,. \qquad (4.5)$$

Die angegebenen Kontinuitätsbeziehungen folgen nicht aus der Vereinfachung der Erhaltungssätze der dreidimensionalen Strömung.

4.2 Kontinuitätssatz der dreidimensionalen Strömung

Im dreidimensionalen Fall lautet der Kontinuitätssatz in integraler Form

$$\int_V \frac{\partial \rho}{\partial t}\, \mathrm{d}V + \int_O \rho\,\vec{v}\cdot \mathrm{d}\vec{o} = 0 \qquad (4.6)$$

und in differentieller Form

$$\frac{\partial \rho}{\partial t} + \operatorname{div}(\rho\,\vec{v}) = 0\,. \qquad (4.7)$$

V ist ein vorgegebenes raumfestes Kontrollvolumen, das ganz in $\mathcal{B}$ liegt, mit der Oberfläche O. Die Integranden obiger Integrale müssen lediglich stetige differenzierbare Funktionen ihrer unabhängigen Variablen in $\mathcal{B}$ sein.

4.3 Impulssatz der Stromröhre

4.3.1 Integrale und differentielle Form

Der Impulssatz geht aus dem Kräftegleichgewicht am bewegten (strömenden) Fluidelement hervor.

Der Impulssatz bzw. das 1. Axiom der Mechanik lautet:

> **Satz 4.1:** *Die zeitliche Änderung der translatorischen Bewegungsgröße eines fluiden Bereiches $\mathcal{I} \in \mathcal{B}$ ist in einem Inertialsystem gleich der Summe der an $\mathcal{I}$ angreifenden äußeren Kräfte.*

Den Impulssatz geben wir unter der Voraussetzung an, daß die Geschwindigkeit v über dem Stromröhrenquerschnitt konstant ist, d.h., wir ersetzen das Geschwindigkeitsprofil $v()$ durch die über den Querschnitt gemittelte Geschwindigkeit v. Ansonsten gelten die in Abschnitt 4.1 getroffenen Voraussetzungen. Die mit der mittleren Geschwindigkeit gebildete Bewegungsgröße ist nicht gleich der Bewegungsgröße einer Strömung mit veränderlichem Geschwindigkeitsprofil. Unter einschränkenden Voraussetzungen ist eine Korrektur möglich. Von den Feldkräften berücksichtigen wir nur die Schwerkraft. Der Impulssatz in integraler Form lautet:

$$\dot{m}_2\,\vec{v}_2 - \dot{m}_1\,\vec{v}_1 + \int_1^2 \frac{\partial}{\partial t}(\rho\vec{v}A)\mathrm{d}s + p_1\vec{A}_1 + p_2\vec{A}_2 + \vec{F}_R - \vec{F}_F - \vec{F}_M = 0 \,. \quad (4.8)$$

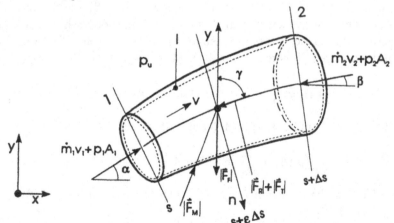

Bild 4.1 Stromröhrenabschnitt

In Gl.(4.8) sind:

- $\vec{F}_M$ die Druckkraft, die der Mantel von $\mathcal{I}$ auf die Strömung ausübt,

- $|\vec{F}_R| = \tau_W\,\pi\,d\big|_{s+\varepsilon\Delta s}\Delta s$,   die Reibkraft am Stromröhrenmantel mit der Wandschubspannung $\tau_W = \frac{\lambda_{in}}{8}\rho\,v\,|v|$ und $0 < \varepsilon < 1$,

- $|\vec{F}_F| = g\,\rho\,A\big|_{s+\varepsilon\Delta s}\Delta s$ das Eigengewicht des Fluides ($\vec{F}_F = \int \vec{g}\rho\,dV$; $\vec{g} = -\vec{e}_y\,g$).

λ_{in} ist der Rohrreibungsbeiwert der instationären Strömung. Den Widerstandsbeiwert λ der stationären Rohrströmung entnimmt man dem Colebrook-Diagramm auf Seite 196. Die Flächenvektoren $\vec{A}_1$ und $\vec{A}_2$ an den Stirnflächen der Stromröhre sind nach außen gerichtet. In Bild 4.1 kennzeichnet $\vec{F}_T$ die Trägheitskraft (Integral in Gl.(4.8)). Liegt die Stromröhre in der x, y-Ebene, so lautet die Komponente der Gl.(4.8) in x- Richtung

$$\overset{\bullet}{m}_2\,v_2\cos\beta - \overset{\bullet}{m}_1\,v_1\cos\alpha + \int_1^2 \frac{\partial}{\partial t}(\rho\vec{v}A)\Big|_x\,ds - p_1A_1\cos\alpha + p_2A_2\cos\beta$$
$$+\tau_W\,\pi\,d\big|_{s+\varepsilon\Delta s}\Delta s\cdot\sin\gamma - F_{Mx} = 0 \tag{4.9}$$

und in y- Richtung

$$\overset{\bullet}{m}_2\,v_2\sin\beta - \overset{\bullet}{m}_1\,v_1\sin\alpha + \int_1^2 \frac{\partial}{\partial t}(\rho\vec{v}A)\Big|_y\,ds - p_1A_1\sin\alpha + p_2A_2\sin\beta$$
$$+\tau_W\,\pi\,d\big|_{s+\varepsilon\Delta s}\Delta s\cdot\cos\gamma + g\,\rho\,A\big|_{s+\varepsilon\Delta s}\Delta s - F_{My} = 0\,. \tag{4.10}$$

Multipliziert man die Gln.(4.9) und (4.10) mit -1, so ergibt sich die Richtung der Kräfte in Bild 4.1. Den Impulssatz Gl.(4.8) überführen wir in die differentielle Form, indem wir die beiden Strömungsquerschnitte s und $s + \Delta s$ des Stromröhrenabschnittes gegeneinander rücken lassen. Die Winkel α und β gehen dann in den Winkel $\frac{\pi}{2} - \gamma$ über. Mit

$$\cos\gamma = \frac{dz}{ds} \quad \text{und der Dämpfung} \quad F = -\frac{\lambda_{in}}{2\,d}v\,|v| \tag{4.11}$$

erhalten wir den Impulssatz in differentieller Form

$$\frac{\partial}{\partial t}(\rho vA) + \frac{\partial}{\partial s}(\rho v^2 A) + A\frac{\partial p}{\partial s} + g\rho A\frac{dz}{ds} = \rho A F\,. \tag{4.12}$$

In Gl.(4.12) ist die Kontinuitätsgl.(4.2) enthalten. Der mit Gl.(4.2) umgeformte Impulssatz (4.12)

$$\frac{\partial v}{\partial t} + v\frac{\partial v}{\partial s} + \frac{1}{\rho}\frac{\partial p}{\partial s} + g\frac{dz}{ds} = F \tag{4.13}$$

ist die sogenannte Bewegungsgleichung der Fadenströmung. Für $F = 0$ nennt man sie die Euler-Gleichung der Fadenströmung. Gl.(4.13) bilanziert die Kräfte

nur noch am Stromfadenelement, hingegen ist Gl.(4.12) die Bilanz am Schei-
benelement. Gl.(4.13) läßt sich für $t =$const längs einer Stromlinie integrieren.
Das unbestimmte Integral

$$\int \frac{\partial v}{\partial t} \mathrm{d}s + \frac{v^2}{2} + \int \frac{\mathrm{d}p}{\rho} + gz + \int \frac{\lambda_{in}}{2d} v|v|\, \mathrm{d}s = f(t) \qquad (4.14)$$

gilt längs einer Stromlinie. Wenden wir die Gl.(4.14) auf die Punkte 1 und 2
an, die auf der gleichen Stromlinie um Δs auseinander liegen, so erhalten wir

$$\frac{v^2}{2}\Big|_s + gz\Big|_s = \frac{v^2}{2}\Big|_{s+\Delta s} + gz\Big|_{s+\Delta s} + \int_{\xi=s}^{s+\Delta s} \frac{1}{\rho}\frac{\partial p}{\partial \xi}\, \mathrm{d}\xi + \int_{\xi=s}^{s+\Delta s} \frac{\partial v}{\partial t}\, \mathrm{d}\xi$$

$$+ \int_{\xi=s}^{s+\Delta s} \frac{\lambda_{in}}{2d} v|v|\, \mathrm{d}\xi . \qquad (4.15)$$

Beschränken wir uns auf die hydrodynamische Strömung, so folgt für die
Bernoulli-Gleichung einer reibenden instationären inkompressiblen Strömung

$$p_1 + \frac{\rho}{2}v_1^2 + g\rho z_1 = p_2 + \frac{\rho}{2}v_2^2 + g\rho z_2 + \rho\int_{\xi=s}^{s+\Delta s}\frac{\partial v}{\partial t}\, \mathrm{d}\xi + \rho\int_{\xi=s}^{s+\Delta s}\frac{\lambda_{in}}{2d}v|v|\, \mathrm{d}\xi . \quad (4.16)$$

Die Gleichung berücksichtigt bei instationärer Strömung zwar die Massenträgheitskraft des Fluides, nicht aber den Wellencharakter des Ausbreitungs-
vorganges der Störungen. Sie verknüpft den stromaufwärtigen Zustand 1 mit
dem stromabwärtigen Zustand 2 auf der gleichen Stromlinie. Die Terme in
Gl.(4.16) haben die Dimension des Druckes. Sie charakterisieren die Energie
pro Volumeneinheit der Strömung auf dieser Stromlinie. Insgesamt werden

- die Verschiebearbeit durch p,

- die kinetische Energie durch $\frac{\rho}{2}v^2$,

- die potentielle Energie durch $g\rho z$,

- die Beschleunigungsenergie durch $\rho \int_s^{s+\Delta s} \frac{\partial v}{\partial t}\, \mathrm{d}\xi$ und

- die Änderung der inneren Energie durch $\rho e_2 - \rho e_1 = \rho \int_{\xi=s}^{s+\Delta s} \frac{\lambda_{in}}{2d} v|v|\, \mathrm{d}\xi = \Delta p_{v1\to2}$ bilanziert (siehe die Definition des 1. Hauptsatzes).

Das letzte Integral ist mit dem Druckverlust von $1 \to 2$ identisch. Die Gl.(4.16)
beschreibt die Strömung in der gesamten Stromröhre, falls v über dem Querschnitt A der Stromröhre unveränderlich ist. Existiert aber ein Geschwindigkeitsprofil, d.h., ist $v(r, s, t)$ und v die über den Querschnitt gemittelte Geschwindigkeit, dann bilanziert Gl.(4.16) mit v die Energie und den Impuls nicht
exakt.

Das Kräftegleichgewicht senkrecht zur Stromlinie führt auf die der Gl.(4.13) entsprechenden Beziehung

$$\frac{v^2}{R} + \frac{1}{\rho}\frac{\partial p}{\partial n} + g\frac{\mathrm{d}z(n)}{\mathrm{d}n} = 0 \, . \tag{4.17}$$

Hierin ist R der örtliche Krümmungsradius der Stromlinie, Bild 4.1. Gl.(4.17) erlaubt die Berechnung der Druckverteilung normal zur Stromlinie. Gl.(4.13) läßt sich unabhängig von Gl.(4.17) lösen; umgekehrt trifft das nicht zu.

4.3.2 Korrigierte Bewegungsgleichung

Wie bereits erwähnt, bildet man den Impulssatz der Stromröhre mit der über den Querschnitt gemittelten Geschwindigkeit v. Da in allen praktischen Fällen die Geschwindigkeit über dem Querschnitt veränderlich ist, ist die Impulsbilanz mit dem gemittelten Geschwindigkeitsprofil nicht korrekt. Näherungsweise kann man den Impulssatz in differentieller Form, also die Bewegungsgleichung, mit den Ungleichförmigkeitsfaktoren für Impuls

$$\gamma_k = \frac{1}{v^2 A}\int\limits_A v^2()\,\mathrm{d}A \quad \text{mit} \quad \gamma_k = \text{const} \tag{4.18}$$

und Energie

$$\beta_k = \frac{1}{v^3 A}\int\limits_A v^3()\,\mathrm{d}A \quad \text{mit} \quad \beta_k = \text{const} \tag{4.19}$$

korrigieren. Für die Gln.(4.13) und (4.16) erhalten wir:

$$\gamma_k \frac{\partial v}{\partial t} + \beta_k v\frac{\partial v}{\partial s} + \frac{1}{\rho}\frac{\partial p}{\partial s} + g\frac{\mathrm{d}z}{\mathrm{d}s} = F \, , \tag{4.20}$$

$$p_1 + \frac{\rho}{2}v_1^2\beta_{k1} + g\rho z_1 = p_2 + \frac{\rho}{2}v_2^2\beta_{k2} + g\rho z_2 \;+\; \rho\gamma_k\int_{\xi=s}^{s+\Delta s}\frac{\partial v}{\partial t}\,\mathrm{d}\xi$$
$$+\;\rho\int_{\xi=s}^{s+\Delta s}\frac{\lambda_{in}}{2d}v|v|\,\mathrm{d}\xi \, . \tag{4.21}$$

Die Abhängigkeit der Ungleichförmigkeitsfaktoren von Re ist nachfolgender Tabelle zu entnehmen.

Re	< 2300	$4\cdot 10^3$	10^4	10^5	10^6	$> 10^6$
β_k	2	1.077	1.066	1.058	1.04	1
γ_k	4/3	1.027	1.027	1.02	1.014	1

4.4 Impulssatz der dreidimensionalen Strömung

Die integrale Form des Impulssatzes lautet mit der Schwerkraft als Feldkraft

$$\int_V \frac{\partial}{\partial t}(\rho\vec{v})\,\mathrm{d}V + \int_O \rho\,\vec{v}\,\vec{v}\cdot\mathrm{d}\vec{o} = +\int_O \mathrm{d}\vec{o}\cdot\sigma + \int_V \vec{g}\,\rho\,\mathrm{d}V\,. \qquad (4.22)$$

Zerlegt man in dieser Gleichung den Spannungstensor $\sigma = -pE_T + T$ in den Kugeltensor $-pE_T$, der den hydrostatischen Spannungsanteil beschreibt, und in den Schubspannungstensor T, so folgt

$$\int_V \frac{\partial}{\partial t}(\rho\vec{v})\,\mathrm{d}V + \int_O \rho\,\vec{v}\,\vec{v}\cdot\mathrm{d}\vec{o} = -\int_O p\,\mathrm{d}\vec{o} + \int_O \mathrm{d}\vec{o}\cdot T + \int_V \vec{g}\,\rho\,\mathrm{d}V\,. \qquad (4.23)$$

Mit dem Gaußschen Integralsatz lassen sich die Oberflächenintegrale in Volumenintegrale überführen. Gl.(4.22)

$$\int_V \Big[\frac{\partial}{\partial t}(\rho\vec{v}) + \mathrm{div}(\vec{v}\rho\,\vec{v}) - \mathrm{div}\sigma - \vec{g}\,\rho\Big]\mathrm{d}V = 0$$

läßt sich auf diese Weise in der differentiellen Form

$$\frac{\partial}{\partial t}(\rho\vec{v}) + \mathrm{div}(\vec{v}\,\rho\,\vec{v}) = \mathrm{div}\sigma + \vec{g}\,\rho \qquad (4.24)$$

angeben. Die linke Gleichungsseite von (4.24) vereinfachen wir mit der Kontinuitätsgleichung (4.7):

$$\frac{\partial}{\partial t}(\rho\vec{v}) + \mathrm{div}(\vec{v}\,\rho\,\vec{v}) = \rho\frac{\mathrm{d}\vec{v}}{\mathrm{d}t} = \mathrm{div}\sigma + \vec{g}\,\rho\,. \qquad (4.25)$$

Wird Gl.(4.25) auf die laminare Strömung eines inkompressiblen newtonschen Fluides angewandt, so ergibt sich die Navier-Stokes-Gleichung

$$\frac{\partial\vec{v}}{\partial t} + \vec{v}\cdot\mathrm{grad}(\vec{v}) = -\frac{1}{\rho}\mathrm{grad}\,p + \nu\Delta\vec{v} + \vec{g}\,. \qquad (4.26)$$

In kartesischen Koordinaten mit $\vec{x} = (x_1 \equiv x,\, x_2 \equiv y,\, x_3 \equiv z)^T$ und $\vec{v} = (v_1 \equiv u,\, v_2 \equiv v,\, v_3 \equiv w)^T$ ergeben sich die drei Komponenten der Navier-Stokes-Gleichung zu:

$$\frac{\partial v_1}{\partial t} + v_1\frac{\partial v_1}{\partial x_1} + v_2\frac{\partial v_1}{\partial x_2} + v_3\frac{\partial v_1}{\partial x_3} = -\frac{1}{\rho}\frac{\partial p}{\partial x_1} + \nu\Big(\frac{\partial^2 v_1}{\partial x_1^2} + \frac{\partial^2 v_1}{\partial x_2^2} + \frac{\partial^2 v_1}{\partial x_3^2}\Big) + g_1\,,$$

$$\frac{\partial v_2}{\partial t} + v_1\frac{\partial v_2}{\partial x_1} + v_2\frac{\partial v_2}{\partial x_2} + v_3\frac{\partial v_2}{\partial x_3} = -\frac{1}{\rho}\frac{\partial p}{\partial x_2} + \nu\Big(\frac{\partial^2 v_2}{\partial x_1^2} + \frac{\partial^2 v_2}{\partial x_2^2} + \frac{\partial^2 v_2}{\partial x_3^2}\Big) + g_2\,,$$

$$\frac{\partial v_3}{\partial t} + v_1\frac{\partial v_3}{\partial x_1} + v_2\frac{\partial v_3}{\partial x_2} + v_3\frac{\partial v_3}{\partial x_3} = -\frac{1}{\rho}\frac{\partial p}{\partial x_3} + \nu\Big(\frac{\partial^2 v_3}{\partial x_1^2} + \frac{\partial^2 v_3}{\partial x_2^2} + \frac{\partial^2 v_3}{\partial x_3^2}\Big) + g_3$$

mit den Spannungskomponenten

$$\sigma_{x_1} = -p + 2\eta\frac{\partial v_1}{\partial x_1}, \quad \sigma_{x_2} = -p + 2\eta\frac{\partial v_2}{\partial x_2}, \quad \sigma_{x_3} = -p + 2\eta\frac{\partial v_3}{\partial x_3},$$

$$\tau_{x_1 x_2} = \eta\left(\frac{\partial v_1}{\partial x_2} + \frac{\partial v_2}{\partial x_1}\right), \quad \tau_{x_2 x_3} = \eta\left(\frac{\partial v_2}{\partial x_3} + \frac{\partial v_3}{\partial x_2}\right), \quad \tau_{x_1 x_3} = \eta\left(\frac{\partial v_3}{\partial x_1} + \frac{\partial v_1}{\partial x_3}\right).$$

Die entsprechenden Gleichungen lauten in Zylinderkoordinaten ($\vec{x} = (x_1 \equiv r, x_2 \equiv \varphi, x_3 \equiv z)^T$ und $\vec{v} = (v_1 \equiv v_r, v_2 \equiv v_\varphi, v_3 \equiv v_z)^T$):

$$\frac{\partial v_1}{\partial t} + v_1\frac{\partial v_1}{\partial x_1} + \frac{v_2}{x_1}\frac{\partial v_1}{\partial x_2} - \frac{v_2^2}{x_1} + v_3\frac{\partial v_1}{\partial x_3} = -\frac{1}{\rho}\frac{\partial p}{\partial x_1}$$

$$+ \; \nu\left(\frac{\partial^2 v_1}{\partial x_1^2} + \frac{1}{x_1}\frac{\partial v_1}{\partial x_1} - \frac{v_1}{x_1^2} + \frac{1}{x_1^2}\frac{\partial^2 v_1}{\partial x_2^2} - \frac{2}{x_1^2}\frac{\partial v_2}{\partial x_2} + \frac{\partial^2 v_1}{\partial x_3^2}\right) + g_1,$$

$$\frac{\partial v_2}{\partial t} + v_1\frac{\partial v_2}{\partial x_1} + \frac{v_2}{x_1}\frac{\partial v_2}{\partial x_2} + \frac{v_1 v_2}{x_1} + v_3\frac{\partial v_2}{\partial x_3} = -\frac{1}{\rho x_1}\frac{\partial p}{\partial x_2}$$

$$+ \; \nu\left(\frac{\partial^2 v_2}{\partial x_1^2} + \frac{1}{x_1}\frac{\partial v_2}{\partial x_1} - \frac{v_2}{x_1^2} + \frac{1}{x_1^2}\frac{\partial^2 v_2}{\partial x_2^2} + \frac{2}{x_1^2}\frac{\partial v_1}{\partial x_2} + \frac{\partial^2 v_2}{\partial x_3^2}\right) + g_2, \quad (4.27)$$

$$\frac{\partial v_3}{\partial t} + v_1\frac{\partial v_3}{\partial x_1} + \frac{v_2}{x_1}\frac{\partial v_3}{\partial x_2} + v_3\frac{\partial v_3}{\partial x_3} = -\frac{1}{\rho}\frac{\partial p}{\partial x_3}$$

$$+ \; \nu\left(\frac{\partial^2 v_3}{\partial x_1^2} + \frac{1}{x_1}\frac{\partial v_3}{\partial x_1} + \frac{1}{x_1^2}\frac{\partial^2 v_3}{\partial x_2^2} + \frac{\partial^2 v_3}{\partial x_3^2}\right) + g_3,$$

mit den Spannungskomponenten

$$\sigma_{x_1} = -p + 2\eta\frac{\partial v_1}{\partial x_1}, \quad \sigma_{x_2} = -p + 2\eta\left(\frac{1}{x_1}\frac{\partial v_2}{\partial x_2} + \frac{v_1}{x_1}\right), \quad \sigma_{x_3} = -p + 2\eta\frac{\partial v_3}{\partial x_3},$$

$$\tau_{x_1 x_2} = \eta\left[x_1\frac{\partial}{\partial x_1}\left(\frac{v_2}{x_1}\right) + \frac{1}{x_1}\frac{\partial v_1}{\partial x_2}\right], \quad \tau_{x_2 x_3} = \eta\left(\frac{\partial v_2}{\partial x_3} + \frac{1}{x_1}\frac{\partial v_3}{\partial x_2}\right), \quad \tau_{x_1 x_3} = \eta\left(\frac{\partial v_1}{\partial x_3} + \frac{\partial v_3}{\partial x_1}\right).$$

g_1, g_2, g_3 sind die Komponenten der Erdbeschleunigung in x_1, x_2, x_3-Richtung. Vernachlässigen wir in Gl.(4.26) die Reibung, so geht Gl.(4.26) in die Euler-Gl.

$$\frac{d\vec{v}}{dt} = -\frac{1}{\rho}\mathrm{grad}\,p + \vec{g} \qquad (4.28)$$

über. Die Euler-Gl. ist die Bewegungsgleichung einer reibungsfreien Strömung.

4.5 Energiesatz der Stromröhre

Der Energiesatz der Stromröhre folgt aus einer Leistungsbilanz. Es gelten die in Abschnitt 4.1 getroffenen Voraussetzungen. Für den Stromröhrenabschnitt der Länge Δs erhalten wir den Energiesatz (Leistungsbilanz) in integraler Form

$$
\int\limits_{\xi=s}^{s+\Delta s} \frac{\partial}{\partial t}\left[\rho A\left(e+\frac{v^2}{2}\beta_k+gz\right)\right]\mathrm{d}\xi + \dot{m}_2\left(h_2+\frac{v_2^2}{2}\beta_{k2}+gz_2\right)
$$

$$
-\dot{m}_1\left(h_1+\frac{v_1^2}{2}\beta_{k1}+gz_1\right)+(p-p_u)\frac{\partial A}{\partial t}\bigg|_{s+\varepsilon\Delta s,t}\Delta s \qquad (4.29)
$$

$$
=\dot{q}\,\pi d\big|_{s+\varepsilon\Delta s,t}\Delta s + \dot{W}_{t12}\;.
$$

Für $\Delta s \to 0$ ergibt sich die entsprechende Gleichung in differentieller Form

$$
\frac{\partial}{\partial t}\left[\rho A\left(e+\frac{v^2}{2}\beta_k+gz\right)\right]+\frac{\partial}{\partial s}\left[\rho v A\left(h+\frac{v^2}{2}\beta_k+gz\right)\right]+(p-p_u)\frac{\partial A}{\partial t}
$$

$$
=\dot{q}\,\pi d\big|_{s,t}\;. \qquad (4.30)
$$

In den beiden Gleichungen ist p_u der Umgebungsdruck, also der Druck außerhalb der Stromröhre, h die spezifische Enthalpie, e die spezifische innere Energie, $\dot{q}$ der von außen dem Fluid über den Stromröhrenmantel zugeführte Wärmestrom und $\dot{W}_{t12}$ ist die durch eine Maschine dem Fluid im Stromröhrenabschnitt zugeführte technische Leistung (Wellradarbeit). Innerhalb der Stromröhre ist $\dot{W}_{t12}$ ein örtlicher Leistungseintrag, d.h., die Leistung des Fluides ändert sich an dieser Stelle unstetig. Deshalb erscheint $\dot{W}_{t12}$ nicht in der Differentialgleichung (4.30), in der alle Funktionen stetig differenzierbar bezüglich s, t sein müssen. Die Gleichungen werden in der Regel mit $\beta_k = 1$ benutzt. Auf die damit verbundenen Konsequenzen haben wir in den Abschnitten 4.3.1 und 4.3.2 hingewiesen. Ausdrücke der Art

$$
(p-p_u)\frac{\partial A}{\partial t}\bigg|_{s+\varepsilon\Delta s,t}\Delta s = \int_{\xi=s}^{s+\Delta s}(p-p_u)\frac{\partial A}{\partial t}\mathrm{d}\xi
$$

und

$$
\dot{q}\,\pi d\big|_{s+\varepsilon\Delta s,t}\Delta s = \int_{\xi=s}^{s+\Delta s}\dot{q}\,\pi d\,\mathrm{d}\xi = \dot{Q}_{12}
$$

ergeben sich aus dem Mittelwertsatz der Integralrechnung auf dem Intervall $s \le \xi \le s+\Delta s$.

Unter speziellen Voraussetzungen vereinfachen sich die allgemeinen Gln.(4.29) und (4.30). So gilt für die Leistungsbilanz der stationären Strömung

$$\dot{m}_2\left(h_2 + \frac{v_2^2}{2}\beta_{k_2} + gz_2\right) - \dot{m}_1\left(h_1 + \frac{v_1^2}{2}\beta_{k_1} + gz_1\right) = \dot{Q}_{12} + \dot{W}_{t12}\,. \qquad (4.31)$$

4.6 Energiesatz der dreidimensionalen Strömung

Die integrale Form lautet:

$$\int_V \rho\left(\frac{\mathrm{d}e}{\mathrm{d}t} + \frac{1}{2}\frac{\mathrm{d}\vec{v}^2}{\mathrm{d}t}\right)\mathrm{d}V = -\int_O p\,\vec{v}\cdot\mathrm{d}\vec{o} + \int_O \mathrm{d}\vec{o}\cdot T\cdot\vec{v} + \int_V \rho\vec{g}\cdot\vec{v}\mathrm{d}V - \int_O \dot{\vec{q}}\cdot\mathrm{d}\vec{o}. \quad (4.32)$$

T ist der Schubspannungstensor, und $\dot{\vec{q}}$ ist ein Wärmestromvektor in $N/(ms)$. Von der differentiellen Form sind folgende Gleichungen gebräuchlich:

$$\frac{\partial}{\partial t}\left[\rho\left(e + \frac{\vec{v}^2}{2}\right)\right] + \mathrm{div}\left[\rho\vec{v}\left(e + \frac{p}{\rho} + \frac{\vec{v}^2}{2}\right)\right] = \mathrm{div}(T\cdot\vec{v}) + \rho\,\vec{g}\cdot\vec{v} - \mathrm{div}\,\dot{\vec{q}}, \quad (4.33)$$

$$\rho\frac{\mathrm{d}e}{\mathrm{d}t} = \eta\,\Phi - p\,\mathrm{div}\vec{v} - \mathrm{div}\,\dot{\vec{q}}, \qquad (4.34)$$

mit

$$\eta\Phi = \mathrm{div}(T\cdot\vec{v}) - (\mathrm{div}T)\cdot\vec{v},$$

der Dissipationsfunktion,

$$\rho\frac{\mathrm{d}h}{\mathrm{d}t} = -\mathrm{div}\,\dot{\vec{q}} + \frac{\mathrm{d}p}{\mathrm{d}t} + \eta\,\Phi\,, \qquad (4.35)$$

$$\rho\,c_p\frac{\mathrm{d}T}{\mathrm{d}t} = -\mathrm{div}\,\dot{\vec{q}} + \alpha\,T\frac{\mathrm{d}p}{\mathrm{d}t} + \eta\,\Phi\,, \qquad (4.36)$$

$$\rho\frac{\mathrm{d}s}{\mathrm{d}t} = -\frac{1}{T}\,\mathrm{div}\,\dot{\vec{q}} + \frac{\eta}{T}\,\Phi\,. \qquad (4.37)$$

In kartesischen Koordinaten hat Φ die Darstellung

$$\begin{aligned}\Phi = {} & \frac{2}{3}\left[\left(\frac{\partial v_1}{\partial x_1} - \frac{\partial v_2}{\partial x_2}\right)^2 + \left(\frac{\partial v_2}{\partial x_2} - \frac{\partial v_3}{\partial x_3}\right)^2 + \left(\frac{\partial v_3}{\partial x_3} - \frac{\partial v_1}{\partial x_1}\right)^2\right] \\ & + \left(\frac{\partial v_1}{\partial x_2} + \frac{\partial v_2}{\partial x_1}\right)^2 + \left(\frac{\partial v_1}{\partial x_3} + \frac{\partial v_3}{\partial x_1}\right)^2 + \left(\frac{\partial v_2}{\partial x_3} + \frac{\partial v_3}{\partial x_2}\right)^2.\end{aligned}$$

4.7 Drehimpulssatz

Der Drehimpulssatz ist ein vom Impulssatz unabhängiger Erfahrungssatz. Er bilanziert den Drall des fluiden Bereiches. Der Drehimpulssatz (Drallsatz), bzw. das 2. Axiom der Mechanik, lautet:

> **Satz 4.2:** *Die zeitliche Änderung der rotatorischen Bewegungsgröße (Drall) eines fluiden Bereiches $\mathcal{I} \in \mathcal{B}$ bezüglich eines beliebigen fest vorgegebenen Bezugspunktes im Inertialsystem ist gleich der Summe der an $\mathcal{I}$ angreifenden Momente M_D der äußeren Kräfte bezüglich des gleichen Bezugspunktes.*

Den Bezugspunkt legen wir in den Ursprung des Koordinatensystems. Dann gilt:

$$\int\limits_V \frac{\partial}{\partial t}(\vec{x} \times \rho\vec{v})\mathrm{d}V + \int\limits_O \vec{x} \times \rho\vec{v}\vec{v}\cdot\mathrm{d}\vec{o} = \int\limits_O \vec{x} \times (\mathrm{d}\vec{o}\cdot\sigma) + \int\limits_V \vec{x} \times \vec{g}\rho\,\mathrm{d}V = \vec{M}_D \quad (4.38)$$

bzw.

$$\int\limits_V \frac{\partial}{\partial t}(\vec{x} \times \rho\vec{v})\mathrm{d}V + \int\limits_O \vec{x} \times \rho\vec{v}\vec{v}\cdot\mathrm{d}\vec{o} = \ - \int\limits_O \vec{x} \times p\,\mathrm{d}\vec{o} + \int\limits_O \vec{x} \times (\mathrm{d}\vec{o}\cdot T)$$
$$+ \int\limits_V \vec{x} \times \vec{g}\rho\,\mathrm{d}V = \vec{M}_D . \quad (4.39)$$

Die linken Seiten der Gln.(4.38) und (4.39) kennzeichnen die zeitliche Änderung des Drehimpulses der Strömung in dem raumfesten Kontrollvolumen V mit der Oberfläche O. Die rechten Seiten der Gleichungen sind die Momente der äußeren Kräfte. Wenden wir die Gl.(4.39) auf eine stationäre Strömung an, so gilt im Inertialsystem

$$\int\limits_O \vec{x} \times \rho\vec{v}\vec{v}\cdot\mathrm{d}\vec{o} = \vec{M}_D . \quad (4.40)$$

Die Eulersche Turbinengleichung, Aufgabe 5.21, ist eine spezielle Beziehung des Drehimpulssatzes. Die linke Seite der Gl.(4.38) läßt sich mit dem Gaußschen Integralsatz umformen zu

$$\int\limits_V \left[\frac{\mathrm{d}}{\mathrm{d}t}(\vec{x} \times \rho\vec{v}) + (\vec{x} \times \rho\vec{v})\,\mathrm{div}(\vec{v})\right]\mathrm{d}V = \int\limits_O \vec{x} \times (\mathrm{d}\vec{o}\cdot\sigma) + \int\limits_V (\vec{x} \times \vec{g}\rho)\mathrm{d}V .$$

Ebenso ersetzen wir das verbliebene Oberflächenintegral auf der rechten Gleichungsseite durch ein Volumenintegral. Nach einigen Umformungen erhalten wir mit dem vollständigen skalaren Produkt [Ibe95] zwischen dem vollständig antisymmetrischen Tensor 3. Stufe und dem Spannungstensor, $e^{(3)} \cdot \cdot \sigma$, für den Drehimpulssatz eine Darstellung

$$\int\limits_{V} \left[\frac{\mathrm{d}}{\mathrm{d}t}(\vec{x} \times \rho\vec{v}) + (\vec{x} \times \rho\vec{v}) \operatorname{div} \vec{v} - (\vec{x} \times \operatorname{div} \sigma) - (e^{(3)} \cdot \cdot \sigma) - (\vec{x} \times \vec{g}\rho) \right] \mathrm{d}V = 0 \,,$$

die unter Beachtung der Kontinuitätsgl.(4.7) und

$$\frac{\mathrm{d}}{\mathrm{d}t}(\vec{x} \times \rho\vec{v}) + (\vec{x} \times \rho\vec{v}) \operatorname{div} \vec{v} = \rho \frac{\mathrm{d}}{\mathrm{d}t}(\vec{x} \times \vec{v}) = \vec{x} \times \rho \frac{\mathrm{d}\vec{v}}{\mathrm{d}t}$$

in

$$\int\limits_{V} \left[\vec{x} \times \left(\rho \frac{\mathrm{d}\vec{v}}{\mathrm{d}t} - \operatorname{div} \sigma - \vec{g}\rho \right) - e^{(3)} \cdot \cdot \sigma \right] \mathrm{d}V = 0$$

übergeht. Da der Impulssatz gelten soll, reduziert sich der Drehimpulssatz auf

$$\int\limits_{V} \left(e^{(3)} \cdot \cdot \sigma \right) \mathrm{d}V = 0 \,. \tag{4.41}$$

In dieser Form ist er unabhängig von der Wahl des Drehpunktes. Aus der Komponentendarstellung des Integranden, nämlich

$$e^{ijk}\sigma_{jk} = \frac{1}{\sqrt{g_q}}(\sigma_{jk} - \sigma_{kj}) \,,$$

und der Stetigkeit des Spannungstensors folgt für ein endliches Integrationsvolumen aus Gl.(4.41) die Symmetrie des Spannungstensors. Diese fundamentale Aussage des Drehimpulssatzes gilt in jedem Koordinatensystem, also auch in einem gegenüber dem Inertialsystem beschleunigt bewegten Relativsystem. g_q ist der Wert der Determinante der kovarianten Metrikkoeffizienten. In einem orthonormierten Koordinatensystem ist $g_q = 1$.

4.8   Impulssatz im Relativsystem

Die allgemeine Bewegung eines relativen Koordinatensystems $\mathcal{B}$ aus der Sicht des Absolutsystems (Inertialsystems) $\overline{\mathcal{B}}$ besteht aus einer Translation des Koordinatenursprunges o von $\mathcal{B}$ längs einer Kurve $\vec{z}(t)$ und einer Drehung um eine durch den Ursprung von o führenden Achse mit der Winkelgeschwindigkeit $\vec{\omega}$, siehe Bild 1.1. Das newtonsche Grundgesetz des Absolutsystems läßt sich auf das Relativsystem übertragen, wenn man in dem Bewegungsgesetz des

Relativsystems zusätzlich Trägheitskräfte, verursacht durch die Führungsbeschleunigung, die Drehbeschleunigung, die Zentripetalbeschleunigung und die Coriolisbeschleunigung, Gl.(1.8), einführt.

Dabei benutzen wir die in der Strömungslehre üblichen Bezeichnungen für

die Geschwindigkeit der Strömung im Absolutsystem $\left.\dfrac{\mathrm{d}\vec{\bar{x}}}{\mathrm{d}t}\right|_{\overline{B}} = \vec{v} \equiv \vec{c}$,

die Geschwindigkeit der Strömung im Relativsystem $\left.\dfrac{\mathrm{d}\vec{x}}{\mathrm{d}t}\right|_{B} = \vec{w}$,

die Führungsgeschwindigkeit des Koordinatenursprungs von B $\left.\dfrac{\mathrm{d}\vec{z}}{\mathrm{d}t}\right|_{\overline{B}} = \vec{c_F}$.

Unter diesen Voraussetzungen ergibt sich der Impulssatz in integraler Form für einen Stromröhrenabschnitt gemäß Bild 4.1 der Relativströmung

$$\dot{m}_2\,\vec{w}_2 - \dot{m}_1\,\vec{w}_1 + \int_1^2 \frac{\partial}{\partial t}(\rho\vec{w}A)\mathrm{d}s + p_1\vec{A}_1 + p_2\vec{A}_2 + \vec{F}_R - \vec{F}_F + \vec{F}_T - \vec{F}_M = 0. \quad (4.42)$$

In Gl.(4.42) sind:

- $\vec{F}_M$ die Druckkraft, die der Mantel von $\mathcal{I}$ auf die Strömung ausübt,

- $|\vec{F}_R| = \tau_W\,\pi\,d\big|_{s+\varepsilon\Delta s}\Delta s$, die Reibkraft am Stromröhrenmantel mit der Wandschubspannung $\tau_W = \frac{\lambda_{in}}{8}\rho\,w\,|w|$ und $0 < \varepsilon < 1$,

- $|\vec{F}_F| = g\,\rho\,A\big|_{s+\varepsilon\Delta s}\Delta s$ das Eigengewicht des Fluides,

- $\vec{F}_T = \left[\left.\dfrac{\mathrm{d}\vec{c}_F}{\mathrm{d}t}\right|_{\overline{B}} + 2\vec{\omega}\times\vec{w} + \vec{\omega}\times(\vec{\omega}\times\vec{x}) + \dfrac{\mathrm{d}\vec{\omega}}{\mathrm{d}t}\times\vec{x}\right]\rho A\big|_{s+\varepsilon\Delta s}\Delta s$ die Trägheitskräfte, die durch die Bewegung des Relativsystems gegenüber dem Absolutsystem auftreten.

Um die Komponenten dieser Vektorgleichung aufzuschreiben, bedarf es der räumlichen Zuordnung des Ursprunges des Relativsystems gegenüber dem Inertialsystem, der Lage der Drehachse und der Stromlinie der Relativströmung. Wir beschränken uns hier auf die ebene Relativströmung. In diesem Fall steht die Drehachse senkrecht auf der Strömungsebene.

Zunächst geben wir für die räumliche Relativströmung die Navier-Stokessche Gleichung an

$$\frac{\mathrm{d}\vec{w}}{\mathrm{d}t} = -\frac{1}{\rho}\mathrm{grad}\,p + \nu\Delta\vec{w} + \vec{g} - \left[\left.\frac{\mathrm{d}\vec{c}_F}{\mathrm{d}t}\right|_{\overline{B}} + 2\vec{\omega}\times\vec{w} + \vec{\omega}\times(\vec{\omega}\times\vec{x}) + \frac{\mathrm{d}\vec{\omega}}{\mathrm{d}t}\times\vec{x}\right] \quad (4.43)$$

und die Euler-Gleichung im Relativsystem

$$\frac{d\vec{w}}{dt} + \frac{d\vec{c_F}}{dt}\bigg|_{\overline{B}} + 2\vec{\omega} \times \vec{w} + \vec{\omega} \times (\vec{\omega} \times \vec{x}) + \frac{d\vec{\omega}}{dt} \times \vec{x} + \frac{1}{\rho}\text{grad}p - \vec{g} = 0 \, . \quad (4.44)$$

Nach dem Zerlegungssatz der Vektorrechnung [Ibe95] ist:

$$\vec{w} \cdot \text{grad}\vec{w} \;=\; \frac{1}{2}\text{grad}\vec{w}^2 - \vec{w} \times \text{rot}\vec{w}$$

und   (4.45)

$$\vec{\omega} \times (\vec{\omega} \times \vec{x}) \;=\; (\vec{\omega} \cdot \vec{x})\vec{\omega} - (\vec{\omega} \cdot \vec{\omega})\vec{x} \, .$$

Neben den Gln.(4.45) führen wir in Gl.(4.44) noch das Schwerkraftpotential

$$U = -g\,z \quad \text{mit} \quad z = x_3 \, , \quad \text{wobei} \quad \vec{g} = -\vec{e}_3\,g \quad \text{ist,}$$

und die Druckfunktion $P = \int \frac{dp}{\rho}$ ein. Damit lautet die Euler-Gleichung

$$\frac{\partial \vec{w}}{\partial t} + \frac{1}{2}\text{grad}\vec{w}^2 \;-\; \vec{w} \times \text{rot}\vec{w} + \frac{d\vec{c_F}}{dt}\bigg|_{\overline{B}} + 2\vec{\omega} \times \vec{w} + (\vec{\omega} \cdot \vec{x})\vec{\omega}$$

$$-\; \vec{\omega}^2\,\vec{x} + \frac{d\vec{\omega}}{dt} \times \vec{x} + \text{grad}(P - U) = 0 \, . \quad (4.46)$$

Wir bilden nun das Integral der Euler-Gleichung längs einer Stromlinie im Relativsystem

$$\int \frac{\partial \vec{w}}{\partial t} \cdot d\vec{x} + \frac{\vec{w}^2}{2} \;+\; P - U + \int \frac{d\vec{c_F}}{dt}\bigg|_{\overline{B}} \cdot d\vec{x} + \int \left[(\vec{\omega} \cdot \vec{x})\vec{\omega} - \vec{\omega}^2\vec{x}\right] \cdot d\vec{x}$$

$$+ \; \int \left(\frac{d\vec{\omega}}{dt} \times \vec{x}\right) \cdot d\vec{x} = f(t) \, . \quad (4.47)$$

Hierbei verschwinden die Integrale

$$\int (\vec{w} \times \text{rot}\vec{w}) \cdot d\vec{x} = 0 \quad \text{und} \quad \int (2\vec{\omega} \times \vec{w}) \cdot d\vec{x} = 0 \, ,$$

da die Zentripetalbeschleunigung und die Coriolisbeschleunigung senkrecht zur Stromlinie der Relativströmung wirken. Der Integrationsschritt von Gl.(4.46) auf Gl.(4.47) ist nicht umkehrbar. Die Gl.(4.47) wird in dieser allgemeinen Form mit beschleunigt bewegtem Koordinatenursprung o des Relativsystems selten benötigt. Häufiger ist bei technischen Aufgabenstellungen jener Fall, bei dem der Koordinatenursprung des Relativsystems gegenüber dem Inertialsystem ruht und mit diesem zusammenfällt. Das Relativsystem dreht sich dann zwar gegenüber dem Inertialsystem gleichförmig oder beschleunigt, die Führungsbeschleunigung $\frac{\mathrm{d}\vec{c}_F}{\mathrm{d}t}\big|_{\overline{B}}$ und die Führungsgeschwindigkeit $\vec{c}_F$ sind aber Null. Für diese Anwendung beziehen wir das Integral der Euler-Gleichung

$$\int \frac{\partial \vec{w}}{\partial t}\cdot\mathrm{d}\vec{x}+\frac{\vec{w}^2}{2}+P-U+\int \left[(\vec{\omega}\cdot\vec{x})\vec{\omega}-\vec{\omega}^2\vec{x}\right]\cdot\mathrm{d}\vec{x}+\int \left(\frac{\mathrm{d}\vec{\omega}}{\mathrm{d}t}\times\vec{x}\right)\cdot\mathrm{d}\vec{x}=f(t) \quad (4.48)$$

auf das ebene drehende Relativsystem. Gl.(4.48) läßt sich ohne weiteres auf die reibungsbehaftete Fadenströmung

$$\int \frac{\partial \vec{w}}{\partial t}\cdot\mathrm{d}\vec{x}+\frac{\vec{w}^2}{2}+P-U \quad + \quad \int \left[(\vec{\omega}\cdot\vec{x})\vec{\omega}-\vec{\omega}^2\vec{x}\right]\cdot\mathrm{d}\vec{x}+\int \left(\frac{\mathrm{d}\vec{\omega}}{\mathrm{d}t}\times\vec{x}\right)\cdot\mathrm{d}\vec{x}$$
$$+ \quad \int \frac{\lambda_{in}}{2d}w|w|\,\mathrm{d}s=f(t) \qquad\qquad (4.49)$$

erweitern.

Bild 4.2 zeigt die Kräfte und Winkelbeziehungen an einem Fluidelement. $\vec{x}(s)$ ist die Gleichung der Stromlinie der Relativbewegung, und s ist die Bogenlänge der Relativbahn. Mit den aus Bild 4.2 ablesbaren Winkelbeziehungen $\frac{\mathrm{d}r(s)}{\mathrm{d}s}=\cos\vartheta$, $\frac{\mathrm{d}r(n)}{\mathrm{d}n}=-\sin\vartheta$ erhalten wir aus Gl.(4.48)

$$\int \frac{\partial w}{\partial t}\mathrm{d}s+\frac{w^2}{2}+\int \frac{\mathrm{d}p}{\rho}+g\,z-\omega^2\frac{r^2}{2}-\int \dot{\omega}\,r\sin\vartheta\,\mathrm{d}s=f(t). \qquad (4.50)$$

Den Winkel ϑ kann man auch durch $\vartheta=\varphi-\alpha$ ersetzen.

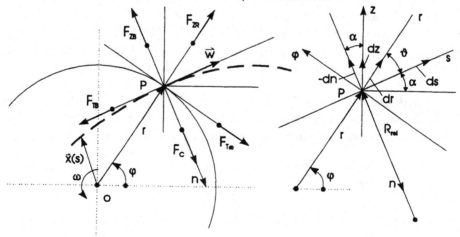

Bild 4.2 Trägheitskräfte am Fluidelement einer Relativströmung

Die Gl.(4.50) beschreibt im Aufpunkt P das Kräftegleichgewicht in Richtung der Stromlinie der instationären reibungsfreien Relativströmung eines kompressiblen Fluides. Man bezeichnet sie auch als Bernoulli-Gleichung der Relativströmung. In Gl.(4.50) ist $|\vec{x}| = r$ der Radius vom Aufpunkt P zum Drehpunkt o. Der erste Term der Gl.(4.50) beschreibt die Massenträgheitskraft der Relativbewegung entlang der Relativbahn, und der letzte Term auf der linken Seite beschreibt die Massenträgheit infolge der Drehbeschleunigung. Mit verschwindender Drehbeschleunigung erhalten wir

$$\int \frac{\partial w}{\partial t}\,\mathrm{d}s + \frac{w^2}{2} + \int \frac{\mathrm{d}p}{\rho} + g\,z - \omega^2 \frac{r^2}{2} = f(t) \qquad (4.51)$$

längs einer relativen Stromlinie.

In der linken Darstellung des Bildes 4.2 sind die Trägheitskräfte am Fluidelement eingezeichnet. Die Trägheitskräfte sind der jeweiligen Beschleunigung entgegen gerichtet. Ihre Beträge am infinitesimalen Stromröhrenelement sind:

$$\mathrm{d}F_{TB} = \frac{\mathrm{d}w}{\mathrm{d}t}\rho A\,\mathrm{d}s\,, \quad \text{Massenträgheitskraft infolge der Bewegung entlang}$$
$$\text{der relativen Teilchenbahn}$$

$$\mathrm{d}F_{T\omega} = \frac{\mathrm{d}\omega}{\mathrm{d}t}r\rho A\,\mathrm{d}s\,, \quad \text{Massenträgheitskraft infolge der Drehbeschleunigung}$$

$$\mathrm{d}F_{ZR} = \omega^2 r\rho A\,\mathrm{d}s\,, \quad \text{Zentrifugalkraft infolge der Kreisrotation} \qquad (4.52)$$

$$\mathrm{d}F_{ZB} = \frac{w^2}{R_{rel}}\rho A_n\,\mathrm{d}n\,, \quad \text{Zentrifugalkraft infolge gekrümmter Relativbahn}$$

$$\mathrm{d}F_C = 2\omega w\rho A_n\,\mathrm{d}n\,, \quad \text{Corioliskraft}\,.$$

In obigen Gleichungen gilt $\frac{w^2}{R_{rel}} = |-\vec{w} \times \mathrm{rot}\vec{w}|$, und R_{rel} ist der örtliche Krümmungsradius der relativen Stromlinie. Die Trägheitskräfte sind der jeweiligen Beschleunigung entgegengesetzt gerichtet. Ihr Richtungssinn geht aus Bild 4.2 hervor. Das Massenelement, auf das die Beschleunigungen wirken, ist $\rho A\,\mathrm{d}s = \rho A_n\,\mathrm{d}n$.

Die Zentrifugalkraft infolge Kreisrotation und die Massenträgheitskraft infolge der Drehbeschleunigung zerlegen wir in die s- und n-Richtung. Für das Kräftegleichgewicht in Normalenrichtung der relativen Stromlinie folgt dann

$$\frac{w^2}{R_{rel}} + \frac{1}{\rho}\frac{\partial p}{\partial n} + \omega^2 r \sin\vartheta - 2\omega\,w - \dot{\omega}\,r\cos\vartheta = 0\,. \qquad (4.53)$$

Kapitel 5

Hydrodynamische Fadenströmung

5.1 Fragen zur Hydrodynamik

Frage 5.1: Wie groß ist die theoretische Saughöhe einer Kolbenpumpe?

Frage 5.2: Worin besteht der Unterschied zwischen einer quasistationären und einer instationären Behälterentleerung?

Frage 5.3: Leiten Sie die Kontinuitätsgleichung (4.7) der differentiellen Form aus der Kontinuitätsgleichung in integraler Darstellung her!

Frage 5.4: Geben Sie die Kontinuitätsgleichung entsprechend Gl.(4.6) für die stationäre Strömung an!

Frage 5.5: Wie lautet die Bernoulli-Gleichung der reibungsfreien stationären inkompressiblen Fadenströmung?

Frage 5.6: Gilt die Bernoulli-Gleichung auch für eine Flüssigkeitsströmung im Rohr, in der Kavitation auftritt?

Frage 5.7: Wie verhindert man in einer Druckleitung mit konstantem Querschnitt, die von einem Bergsee abwärts zu einem Wasserkraftwerk führt und dabei ein Höhengefälle von 600 m besitzt, die Kavitation?

Frage 5.8: Auf welchem Prinzip beruht der Flüssigkeitsinjektor?

Frage 5.9: Eine Bombe fällt aus 3000 m Höhe senkrecht in ein Gewässer. Wie groß ist der Druck im Staupunkt der Bombe beim Aufschlagen auf die Wasseroberfläche, wenn die Luftreibung während des freien Falles vernachlässigt wird?

Frage 5.10: Worin unterscheiden sich das turbulente und das laminare Geschwindigkeitsprofil einer Rohrströmung?

Frage 5.11: Von welcher Potenz der Geschwindigkeit hängen der Druckverlust einer laminaren und einer turbulenten Rohrströmung ab?

Frage 5.12: Beeinflußt die Wandrauhigkeit einer laminaren Rohrströmung den Druckverlust?

Frage 5.13: Wann ist eine Oberfläche hydraulisch glatt?

Frage 5.14: Von welchen Parametern hängt der Rohrwiderstandsbeiwert λ im Re-Bereich $0 < Re < \infty$ ab?

Frage 5.15: Wo werden Diffusoren eingesetzt, und warum sorgt man dafür, daß in ihnen die Strömung nicht ablöst?

5.2   Aufgaben zur reibungsfreien hydrodynamischen Strömung

Aufgabe 5.1: In welcher Zeit erwärmen sich 50 m^3 Wasser in einem Umlaufkanal mit 60 kW Pumpenleistung um 1° C bei stationärem Pumpenbetrieb? Die Wärmekapazität von Wasser beträgt $c_p = 4182\,\text{J}/(\text{kg K})$, die Dichte $\rho = 10^3\,\text{kg/m}^3$.

Aufgabe 5.2: Ein Säurebehälter wird durch einen Flüssigkeitsheber entleert.
Gegeben:

$$
\begin{aligned}
d &= 2\,\text{cm}, \\
h &= 1\,\text{m}, \\
H &= 3\,\text{m}, \\
p_u &= 10^5\,\text{Pa}, \\
\rho &= 1000\,\text{kg/m}^3.
\end{aligned}
$$

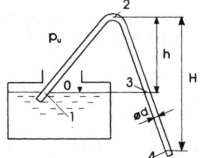

Gesucht:

1. Geschwindigkeiten und Absolutdrücke in den Querschnitten 1 bis 4,

2. der Volumenstrom $\dot{V}$ und die maximale Heberhöhe h_{max} bei konstantem Punkt 4.

Der Dampfdruck des Wassers kann zu Null Pa angenommen werden. Die Reibung ist zu vernachlässigen.

Aufgabe 5.3: Aus einem Wasserbehälter mit Zuflußregelung wird durch den Überdruck p_b im Behälter Wasser durch zwei Rohrleitungen auf verschiedene Höhen in die Atmosphäre gedrückt.

Gegeben:

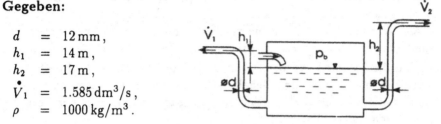

$$
\begin{aligned}
d &= 12\,\text{mm}, \\
h_1 &= 14\,\text{m}, \\
h_2 &= 17\,\text{m}, \\
\dot{V}_1 &= 1.585\,\text{dm}^3/\text{s}, \\
\rho &= 1000\,\text{kg/m}^3.
\end{aligned}
$$

Bestimmen Sie den Überdruck p_b im Behälter und den Volumenstrom $\dot{V}_2$!

Aufgabe 5.4: Ein Tragflächenschiff bewegt sich mit $v = 30$ m/s durch das Wasser. Die Tauchtiefe des Flügels beträgt $h = 0.5$ m. Welche Fluidgeschwindigkeit v_2 ist an der dicksten Stelle des Flügels zulässig, damit dort der Dampfdruck p_D nicht unterschritten wird? Es sei $p_u = 10^5$ Pa, $p_D = 2000$ Pa und $\rho = 10^3$ kg/m^3.

Anmerkung: Die Beeinflussung des Wasserspiegels durch den Tragflügel wird vernachlässigt.

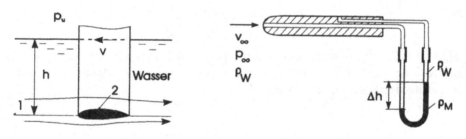

Aufgabe 5.5: Mit einem Prandtl-Rohr soll die Strömungsgeschwindigkeit v_∞ von Wasser der Dichte ρ_∞ ermittelt werden. Der Druck p_∞ der ungestörten Strömung ist bekannt. Das U-Rohrmanometer, das mit einer Meßflüssigkeit der Dichte $\rho_M > \rho_W$ gefüllt ist, zeigt die Differenz Δh an. Berechnen Sie v_∞!

Gegeben:

$p_\infty = 1.02 \cdot 10^5$ Pa, $\rho_W = 1000\,\text{kg/m}^3$,

$\rho_M = 1400\,\text{kg/m}^3$, $\Delta h = 127$ mm .

Aufgabe 5.6: Heron von Alexandrien, griechischer Physiker des 2. Jahrh. v. Christus, hat neben zahlreichen Geräten auch eine Fontäne erfunden. Die Heronsche Fontäne besteht aus einem Becken a und zwei geschlossenen Behältern

b und c. Das Wasser, das als Fontäne aus der Düse austritt, wird in dem offenen Becken aufgefangen. Es fließt von dort durch die Leitung d in den unteren Behälter c und erzeugt dort den Druck $p_c > p_u$, der sich über die Leitung e dem oberen geschlossenen Behälter mitteilt. Vom oberen Behälter b aus wird die Fontäne gespeist. Berechnen Sie zu den angegebenen Spiegelständen die Geschwindigkeit v_F, mit der das Wasser aus der Düse austritt, den Volumenstrom $\dot{V}$ und die Steighöhe h_F der Fontäne! Die Reibung in den Rohrleitungen sei vernachlässigbar. Das in den Behälter c zurückfließende Wasser verwirbelt dort. Da sich die Spiegelstände zeitlich nur langsam ändern, darf der Vorgang als quasistationär angesehen werden.

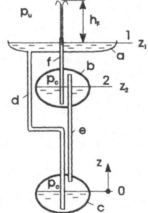

Gegeben:

$$
\begin{aligned}
z_1 &= 12\,\text{m}\,, \\
z_2 &= 10\,\text{m}\,, \\
d_d &= 50\,\text{mm}\,, \\
d_f &= 20\,\text{mm}\,, \\
\rho &= 10^3\,\text{kg/m}^3\,, \\
p_u &= 10^5\,\text{Pa}\,.
\end{aligned}
$$

Aufgabe 5.7: Ein Wasserbehälter mit konstanter Spiegelhöhe besitzt einen waagerechten Ausflußstutzen. Ermitteln Sie den Verlauf der Bahnlinie und die Spritzweite des austretenden Wassers!

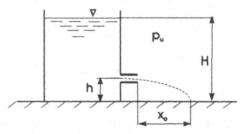

Gegeben:

$$
\begin{aligned}
H &= 5\,\text{m}\,, \\
h &= 1\,\text{m}\,, \\
\rho &= 1000\,\text{kg/m}^3\,.
\end{aligned}
$$

Aufgabe 5.8: Zwischen zwei kreisförmigen, parallelen, ebenen Platten mit dem Durchmesser $d = 1$ m und dem Abstand $a = 0.1$ m strömt radial Wasser in die Atmosphäre aus. Das Wasser wird axial durch ein Rohr in Plattenmitte, $d_o = 0.2$ m, mit dem Massenstrom $\dot{m} = 300$ kg/s zugeführt. Der atmosphärische Druck beträgt $p_u = 10^5$ Pa, die Dichte des Wassers ist $\rho = 10^3$ kg/m^3.
Wie groß ist der Druck p_o in der Mündung des Rohres?

Aufgabe 5.9: Wir betrachten einen einfachen Fahrzeugvergaser, [Dö78]. Durch die Düse wird Luft angesaugt und innerhalb der Düse auf die Geschwindigkeit v beschleunigt. In der Düsenwand befindet sich eine kleine Bohrung mit dem Querschnitt A_2 für die Kraftstoffzufuhr.

Gegeben:

$$
\begin{aligned}
H &= 0.02\,\mathrm{m}\,, \\
A_2 &= 2\,\mathrm{mm^2}\,, \\
p_u &= 10^5\,\mathrm{Pa}\,, \\
\rho_L &= 1.2\,\mathrm{kg/m^3}\,, \\
\dot{V}_F &= 7.2\,\mathrm{l/h}\,, \\
\rho_F &= 840\,\mathrm{kg/m^3}\,.
\end{aligned}
$$

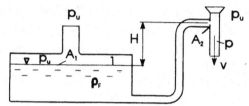

Gesucht:

Wie groß muß die Geschwindigkeit v in der Düse sein, wenn 7.2 l/h Kraftstoff angesaugt werden sollen?

Anmerkung: $A_1 \gg A_2$, vernachlässigen Sie die Reibung!

Aufgabe 5.10: Die Geschwindigkeitsverteilung $v(r)$ eines Badewannenwirbels ist für $0 < r_0 \leq r < \infty$ näherungsweise die eines Potentialwirbels. Das Geschwindigkeitspotential des Potentialwirbels lautet $\Phi = v_0 r_0 \varphi$.

Gegeben:

$$
\begin{aligned}
v_0 &= 0.5\,\mathrm{m/s}\,, \\
r_0 &= 0.005\,\mathrm{m}\,, \\
p_u &= 10^5\,\mathrm{Pa}\,.
\end{aligned}
$$

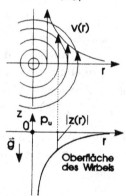

Gesucht:

Bestimmen Sie die Geschwindigkeitsverteilung, die Absenkung der freien Oberfläche $z(r_0)$ des Wirbels für $r \geq r_0$!

Aufgabe 5.11: Ein rotationssymmetrischer geschlossener Behälter der Höhe $h = 1$ m ist vollständig mit Wasser gefüllt. Der Behälter vom Radius $R = 1$ m dreht sich um seine vertikal stehende Längsachse mit der Winkelgeschwindigkeit $\omega = 20\,s^{-1}$. In dem oberen Deckel befindet sich zentral eine kleine Bohrung zur Entlüftung. Bestimmen Sie die Druckverteilung $p(r, \frac{h}{2})$ für $0 \leq r \leq R$ und $p(r = R, z = \frac{h}{2})$, wenn der Umgebungsdruck $p_u = 10^5$ Pa beträgt!

Aufgabe 5.12: An einem Wasserbecken ist eine Rohrleitung der Länge L mit einem Absperrventil im Austrittsquerschnitt 2 angeschlossen. Zur Zeit $t = 0$

wird das Absperrventil plötzlich vollständig geöffnet. Es gibt den gesamten
Leitungsquerschnitt A_2 frei. Während des nun einsetzenden Ausflußvorganges
wird in den ersten 90 Sekunden die Spiegelhöhe H des Wassers geringfügig
abnehmen. Berechnen Sie unter Vernachlässigung der Reibung und des Wel-
lencharakters der Strömung die Geschwindigkeitszunahme $\frac{v_2(t)}{v_0}$ in Abhängigkeit
von der Zeit! Bei der Aufstellung der Dgl. für $\frac{v_2(t)}{v_0}$, $t \in [0, 90]$, soll in erster
Näherung von $H = \text{const}$ ausgegangen werden. Nach welcher Zeitdauer t_s ist
$v_2(t_s) = 0.97 \cdot v_0$? v_0 ist die zur Spiegelhöhe H gehörige stationäre Ausflußgeschwindigkeit. Um wieviel Meter ist der Oberspiegel nach $t = 60$ Sekunden
gesunken? Skizzieren Sie $\frac{v_2(t)}{v_0}$!

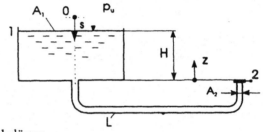

Gegeben:

$$
\begin{aligned}
H &= 10\,\text{m}\,, \\
L &= 200\,\text{m}\,, \\
A_1/A_2 &= 1000\,, \\
A_2 &= 0.1\,\text{m}^2\,, \\
p_u &\quad \text{Umgebungsdruck}\,, \\
L &\quad \text{ist die gestreckte Rohrlänge}\,.
\end{aligned}
$$

Aufgabe 5.13: Der instationäre Ausfluß des Wassers aus dem in Aufgabe 5.12
skizzierten Wasserbecken soll jetzt unter Beachtung der Spiegelabsenkung betrachtet werden. Gesucht wird das dimensionslose Geschwindigkeitsverhältnis
$\frac{v_1}{v_0} = f(\frac{z_1}{H})$ in Abhängigkeit der zu t gehörigen Spiegelhöhe z_1. v_0 ist die maximale stationäre Ausflußgeschwindigkeit. Es ist $\delta = \frac{A_1}{A_2} \gg 2$. Geben Sie auch
die Beziehung $\frac{v_1}{v_0} = f(\frac{z_1}{H})$ für den Sonderfall $L = 0$, Behälter ohne Leitung, an!

Aufgabe 5.14: Wie groß ist die Schwingungsdauer einer reibungsfreien
Flüssigkeit in dem abgebildeten zylindrischen Gefäßsystem bei kleinen Schwin-
gungsausschlägen?

Gegeben:

$$
\begin{aligned}
a &= 6\,\text{cm}\,, \\
b &= 1\,\text{cm}\,, \\
c &= 15\,\text{cm}\,, \\
d &= 3\,\text{cm}\,, \\
e &= 4\,\text{cm}\,, \\
D_1 &= 10\,\text{cm}\,, \\
D_2 &= D_1\,, \\
D_L &= 1\,\text{cm}.
\end{aligned}
$$

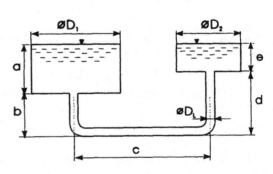

Aufgabe 5.15: Stellen Sie die Schwingungsdifferentialgleichung für $z_1(t)$ für das in Aufgabe 5.14 skizzierte Gefäßsystem auf für den Fall, daß $D_2 < D_1$ ist. Ansonsten gelten die in Aufgabe 5.14 getroffenen Annahmen.

Aufgabe 5.16: Ein Gefäß ist in seinem Querschnitt $A(z)$ bzw. $r(z)$ so zu dimensionieren, daß die Sinkgeschwindigkeit des Oberspiegels $v_1 = 0.01\,\text{m/s} = $ const bleibt. Berechnen Sie die Ausflußdauer! Wieviel Prozent des Gesamtflüssigkeitsvolumens ist nach der halben Ausflußzeit noch im Behälter? Die Strömung verlaufe quasistationär und reibungsfrei.

Gegeben:
Die Anfangswasserhöhe beträgt $H_0 = 2$ m. Der Austrittsquerschnitt ist $A_2 = 7.85 \cdot 10^{-5}\,\text{m}^2$.

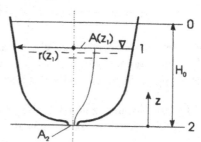

Aufgabe 5.17:
Der Druck p_G in dem Druckgaspolster eines Behälters ist so zu steuern, daß nach dem plötzlichen Öffnen des Absperrventils im Querschnitt 2 und bei Vernachlässigung der Beschleunigungsphase der Flüssigkeit die Austrittsgeschwindigkeit v_2 der Flüssigkeit in einen Reaktor trotz sinkender Spiegelhöhe konstant bleibt. Der Behälterquerschnitt genügt der Gleichung im
Fall 1 : $A(z) = A_B = $ const $> A_2$,
Fall 2 : $A(z) = A_2\left(1 + \frac{z}{z_0}\right)$ für $0 \le z \le z_0$.
Die Austrittsöffnung A_2 des Behälters mündet in den Reaktorraum, in dem der Druck p_R herrscht. Die Strömung sei reibungsfrei und quasistationär. Die kinetische Energie des Oberspiegels soll berücksichtigt werden. Den Flüssigkeitsspiegel charakterisieren Sie für $t \ge 0$ durch die Spiegelkoordinate z_1. Die Ausflußsteuerung versagt, wenn $p_G = 0$ ist. In diesem Fall nimmt die Spiegelhöhe den Grenzwert z_{1gr} ein.

Gegeben:

$$A_2 = 0.05\,\text{m}^2,$$
$$v_2 = 1\,\text{m/s},$$
$$z_0 = 8\,\text{m},$$
$$A_B = 2\,\text{m}^2,$$
$$p_R = 2 \cdot 10^5\,\text{Pa},$$
$$\rho = 10^3\,\text{kg/m}^3.$$

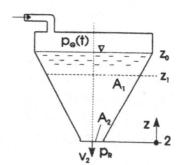

Gesucht:
Bestimmen Sie für beide Behälterfunktionen zunächst $p_G(z_1)$ und über die Spiegelabsenkung $z_1(t)$ den Druck $p_G(t)$! Weiterhin sind die Ausblaszeit t_{Au} und die theoretisch mögliche Füllstandshöhe z_{1gr}, bis zu der eine Ausflußsteuerung mit $v_2 = $ const überhaupt möglich ist, zu bestimmen.

Aufgabe 5.18: Eine Kolbenpumpe fördert verlustfrei Wasser aus einem Brunnen in einen Hochbehälter, [Sp94]. Die Kolbengeschwindigkeit

$$v_k = \omega\, r \left[\sin(\omega\, t) + \frac{r}{2\, l} \sin(2\,\omega\, t) \right], \quad 0 \le \varphi = \omega t \le 2\pi$$

ist von der Winkelgeschwindigkeit des Kurbeltriebes, dem Kurbelradius r und der Pleuelstangenlänge l abhängig. Die Massenträgheit der Flüssigkeit in den Rohrleitungen ist zu berücksichtigen.

1. Geben Sie den zeitlichen Verlauf der Ansauggeschwindigkeit v_1 und der Fördergeschwindigkeit v_2 in der Rohrleitung für einen Arbeitstakt an!

2. Welcher Druck $p_2(t)$ herrscht an der Stelle 2 unmittelbar oberhalb des Ventils an der Druckseite?

3. Welcher Druck $p_1(t)$ herrscht an der Stelle 1 unmittelbar unterhalb des Ventils an der Saugseite?

4. Wie groß darf H_s sein, damit im Saugrohr der Dampfdruck p_D nicht unterschritten wird?

Anmerkung:
Treffen Sie die Fallunterscheidungen
1. Förderhub, dann Ventil 1 geschlossen,
2. Saughub, dann Ventil 2 geschlossen.

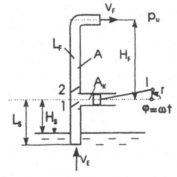

Aufgabe 5.19: Ein Rechteckdiffusor mit der konstanten Breite b, der Eintrittsfläche A_0 und der Länge L soll sich in der x, z-Ebene erweitern. Bestimmen Sie das maximale Flächenverhältnis $\frac{A_A}{A_0}$ für $\vartheta_{krit} = 4^\circ$ so, daß das Diffusorkriterium $\frac{1}{U}\frac{dA}{dx} \le \tan\vartheta_{krit} \approx \vartheta_{krit}$ erfüllt wird! Der halbe Öffnungswinkel α des Diffusors ändere sich nicht mit x.

Gegeben:

$$A_0 = 6 \cdot 10^{-2}\,\text{m}^2\,,$$
$$b = 0.2\,\text{m}\,,$$
$$L = 0.5\,\text{m}\,.$$

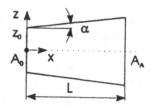

Aufgabe 5.20: Die Luftströmung in einem Ringrohr soll in einem Übergangs-diffusor, der in einem Kreisrohr endet, von der Eintrittsgeschwindigkeit v_1 auf die Endgeschwindigkeit v_2 verzögert werden. Berechnen Sie die Länge L des Diffusors und den Radius R_{a2} des Rohres! Dabei soll im Querschnitt 1 das Diffusorkriterium erfüllt sein.

Gegeben:

$$T_1 = 291\,\text{K}\,,$$
$$p_1 = 10^5\,\text{Pa}\,,$$
$$R_{a1} = 0.1\,\text{m}\,,$$
$$R_{i1} = \tfrac{1}{2}R_{a1}\,,$$
$$v_1 = 20\,\text{m/s}\,,$$
$$v_2 = 10\,\text{m/s}\,,$$
$$\vartheta_{krit} = 4°\,.$$

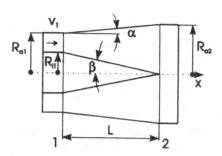

Aufgabe 5.21: Leiten Sie die Eulersche Turbinengleichung her! Betrachten Sie dazu die stationäre reibungsfreie inkompressible Strömung durch ein sich mit $\omega = $ const drehendes Radialrad! Die Ein- und Austrittsgeschwindigkeiten der Relativströmung sind w_1 und w_2 und die der Absolutströmung (vom Inertialsystem aus betrachtet) sind $v_1 \equiv c_1$ und $v_2 \equiv c_2$. Das erforderliche Drehmoment wird an der Achse des Radialrades eingeleitet. Die Relativströmung im Rad folge den Schaufeln. Kennzeichnen Sie das Kontrollvolumen, auf das die Grundgleichungen anzuwenden sind!

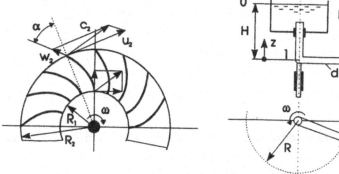

Aufgabe 5.22: Eine Wasserturbine, der das Wasser aus einem Hochbehälter zugeführt wird, ist als einarmiges Segner-Rad ausgebildet. Während des Betriebes sinkt der Wasserspiegel des Hochbehälters nicht. Das Wasser strömt durch eine zentrisch angeordnete Leitung dem drehenden Turbinenarm zu. Beim Eintritt in den Arm wird das Wasser in Umfangsrichtung beschleunigt. Das Wasser verläßt die Turbine tangential mit der Relativgeschwindigkeit w_2. Die Turbine rotiert mit ω=const. Sie gibt dabei die Leistung P ab. Die Reibung soll vernachlässigt werden.

Gegeben:

$$
\begin{aligned}
p_u &= 10^5\,\text{Pa}, & \omega &= 20\,\text{s}^{-1}, & H &= 10\,\text{m}, \\
d &= 0.01\,\text{m}, & R &= 0.5\,\text{m}, & \rho &= 10^3\,\text{kg/m}^3.
\end{aligned}
$$

Gesucht:

Bestimmen Sie die relative und absolute Austrittsgeschwindigkeit des Wassers aus der Düse, den Druck p_1, das Drehmoment M_D, das maximale Drehmoment M_{Dmax} bei veränderlichem ω, die Leistung P der Turbine und den Wirkungsgrad η!

Anmerkung: Johann Andreas Segner (1704 - 1777) war als Professor für Physik in Göttingen tätig.

Aufgabe 5.23: Das Wasser in einer Talsperre hat einen Stand von $H = 2\,\text{m}$ über der Überlaufkrone erreicht. Über dem Scheitel der Überlaufkrone stellt sich die kritische Wasserhöhe h_k ein, d.h., das Wasser fließt stromabwärts von h_k schießend. Näherungsweise ändert sich die Geschwindigkeit v_s über h_k nicht. Unter dieser Vereinfachung soll bei Vernachlässigung der Reibung die kritische Wasserhöhe h_k, die Schwallgeschwindigkeit v_s und der Volumenstrom $\dot{V}_k$ berechnet werden, der über das Wehr der Breite $b = 100\,\text{m}$ abfließt.

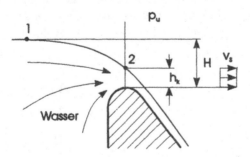

Lösung:

Entlang der Oberflächenstromlinie durch die Punkte 1 und 2 gilt nach Bernoulli:

$$
g\,\rho\,H + p_u = p_u + \frac{\rho}{2}\,v_k^2 + g\,\rho\,h_k
$$

oder

$$H = h_k + \frac{v_k^2}{2g} \, . \tag{5.1}$$

Die Summe aus potentieller und kinetischer Energie ist konstant entlang der Wasseroberfläche. In Gl.(5.1) ersetzen wir mit der Kontinuitätsgleichung $\overset{\bullet}{V}_k = bh_k v_k$ die Wassertiefe h_k, was

$$H = \frac{\overset{\bullet}{V}_k}{b\,v_k} + \frac{v_k^2}{2g} \tag{5.2}$$

ergibt. Variieren wir nun v_k im Intervall $0 < v_k < \infty$, so strebt H sowohl für $v_k \to 0$ wie für $v_k \to \infty$ gegen Unendlich. Folglich muß H für ein bestimmtes $v_k = v_s$ ein Minimum besitzen. Dieses Energieminimum stellt sich praktisch auch ein. Wir erhalten für $H =$const

$$\frac{\mathrm{d}H}{\mathrm{d}v_k} = 0 = -\frac{\overset{\bullet}{V}_k}{b\,v_k^2} + \frac{v_k}{g} \quad \text{bzw.} \quad v_k = v_s = \left(\frac{g\,\overset{\bullet}{V}_k}{b} \right)^{\frac{1}{3}} \, .$$

Mit $\overset{\bullet}{V}_k = bh_k v_s$ erhalten wir für die Schwallgeschwindigkeit

$$v_s = \sqrt{g\,h_k} \, . \tag{5.3}$$

Gl.(5.3) in Gl.(5.1) eingesetzt, ergibt die kritische Wasserhöhe

$$h_k = \frac{2}{3} H = 1.333 \, \mathrm{m}$$

über der Wehrkrone und damit die Schwallgeschwindigkeit in Abhängigkeit von der Überfallhöhe H

$$v_s = \sqrt{\frac{2}{3} g\,H} = 3.616 \, \mathrm{m/s} \, .$$

Der über das Wehr fließende Volumenstrom ist

$$\overset{\bullet}{V}_k = b\,H\frac{2}{3}\sqrt{\frac{2}{3}g\,H} = 482.22 \, \mathrm{m^3/s} \, .$$

Aufgabe 5.24: Ein abgewinkeltes Rohr der Länge L, dessen unteres Ende in Wasser eintaucht, wirkt als Pumpe, wenn das Rohr mit Wasser gefüllt ist und mit konstanter Winkelgeschwindigkeit ω um seine vertikale Achse rotiert, [Sp94]. Die Reibung ist zu vernachlässigen!

Gegeben:

$$\omega,\ h,\ A,\ r_0,\ \rho,\ p_u,\ p_D,\ L$$

Gesucht:

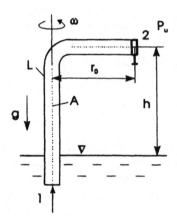

1. Welchen Volumenstrom $\dot{V}$ fördert die Einrichtung?

2. Wie groß darf ω höchstens gewählt werden, damit im Rohr an keiner Stelle der Dampfdruck auftritt?

3. Welche Beschleunigung erfährt das Wasser im Rohr, wenn das Rohr zunächst durch einen Schieber am Austritt verschlossen ist, der aber zur Zeit $t = 0$ plötzlich geöffnet wird?

4. Wie ändert sich in diesem Falle die Austrittsgeschwindigkeit w_2 mit der Zeit?

Lösung:

Bei der Suche nach ω_{max} muß im Rohr $p \geq p_D$ gelten. Wir wenden die Bernoulli-Gleichung der stationären reibungsfreien Strömung auf das Relativsystem zwischen den Querschnitten 1 und 2 an.

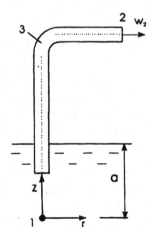

Die Ebene 1 legen wir auf der Drehachse innerhalb des Wassers so fest, daß dort $w_1 = 0$ gilt. In die Ebene 1 legen wir auch das z-Niveau.

Es gelten folgende Randbedingungen:

$$p_1 = p_u + g\rho a, \quad w_1 = 0$$

für $r_1 = 0$, $z_1 = 0$ und

$$p_2 = p_u$$

für $r_2 = r_0$, $z_2 = h + a$.

Damit nimmt die Bernoulli-Gleichung (4.51) im Relativsystem bei einer Drehung mit $\omega =$const um die $z-$Achse die Gestalt

$$p_1 + \frac{\rho}{2}w_1^2 - \frac{\rho}{2}\omega^2 r_1^2 + g\,\rho\, z_1 = p_2 + \frac{\rho}{2}w_2^2 - \frac{\rho}{2}\omega^2 r_2^2 + g\,\rho\, z_2$$

bzw.

$$p_u + g\,\rho\,a = p_u + \frac{\rho}{2}w_2^2 + g\,\rho\,(h+a) - \frac{\rho}{2}\omega^2\,r_0^2$$

an. Hieraus ergibt sich sofort die Austrittsgeschwindigkeit w_2, falls im Rohr nirgends der Dampfdruck auftritt:

$$w_2 = \sqrt{\omega^2\,r_0^2 - 2\,g\,h} = w_{2E}\,.$$

Der geförderte Volumenstrom ist

$$\dot{V} = A\,w_2 = A\sqrt{\omega^2\,r_0^2 - 2\,g\,h}\,.$$

Um ω_{max} zu bestimmen, benötigen wir die Druckverteilung im drehenden Rohr. Es gilt an einer beliebigen Stelle ohne Index

$$p_u + \frac{\rho}{2}w_2^2 - \frac{\rho}{2}\omega^2\,r_0^2 + g\,\rho\,(h+a) = p + \frac{\rho}{2}w^2 - \frac{\rho}{2}\omega^2\,r^2 + g\,\rho\,z\,.$$

Da das Rohr konstanten Querschnitt besitzt, ist $w = w_2$. Für p erhalten wir

$$p = p_u - \frac{\rho}{2}\omega^2(r_0^2 - r^2) + g\,\rho(h+a-z)\,.$$

Im Punkt 3, d.h. für $r = 0$ und $z = h + a$, nimmt p das Minimum an. Da $p \geq p_D$ gelten soll, folgt daraus

$$\omega_{max} = \frac{1}{r_0}\sqrt{\frac{2}{\rho}(p_u - p_D)}\,,$$

die maximale Winkelgeschwindigkeit. Der Beschleunigungsvorgang nach dem Öffnen des Ventils ist mit der Bernoulli-Gleichung für die instationäre Relativströmung zu berechnen. Nach Gl.(4.51) gilt

$$\rho \int\limits_1^2 \frac{\partial w}{\partial t}\mathrm{d}s + p_2 + \frac{\rho}{2}w_2^2 - \frac{\rho}{2}\omega^2\,r_2^2 + g\,\rho(h+a) = p_1 + \frac{\rho}{2}w_1^2 - \frac{\rho}{2}\omega^2\,r_1^2$$

mit $p_1 = p_u + g\,\rho\,a$ und $p_2 = p_u$. Das Beschleunigungsintegral liefert nur im Rohr einen Anteil. Wegen der Annahme $\rho \equiv$ const entsteht im Rohr keine echte Wellenbewegung. Nach der Kontinuitätsgleichung gilt im Rohr $w\,A = w_2\,A$, woraus $w = w_2$ folgt. Unter Beachtung der Randbedingungen ergibt sich

$$\rho \frac{\mathrm{d}w_2}{\mathrm{d}t} \int\limits_1^2 \mathrm{d}s + p_u + \frac{\rho}{2}w_2^2 - \frac{\rho}{2}\omega^2\,r_0^2 + g\,\rho\,h = p_u\,,$$

bzw. mit $\int_1^2 \mathrm{d}s = L$

$$\frac{\mathrm{d}w_2}{\mathrm{d}t} = \frac{1}{2\,L}\left(\omega^2\,r_0^2 - w_2^2 - 2\,g\,h\right) = \frac{1}{2\,L}\left(w_{2E}^2 - w_2^2\right). \qquad (5.4)$$

Die Beschleunigung zum Öffnungszeitpunkt $t = 0$ ist wegen $w_2(t = 0) = 0$:

$$b(t = 0) = \frac{\mathrm{d}w_2}{\mathrm{d}t}\bigg|_{t=0} = \frac{1}{2\,L}(\omega^2\,r_0^2 - 2\,g\,h) = \frac{w_{2E}^2}{2\,L}.$$

Aus dieser Gleichung kann man ein minimales ω bestimmen. Wegen $b > 0$ muß

$$\omega > \omega_{min} = \frac{1}{r_0}\sqrt{2\,g\,h}$$

gelten. Ist $\omega \leq \omega_{min}$, dann steigt das Wasser nicht um die Höhe h, und die Vorrichtung wirkt nicht als Pumpe.

Gl.(5.4) läßt sich nach Trennung der Veränderlichen

$$\frac{\mathrm{d}w_2}{w_{2E}^2 - w_2^2} = \frac{1}{2\,L}\mathrm{d}t$$

integrieren. Es folgt für die zeitliche Geschwindigkeitszunahme im Rohr

$$\frac{w_{2E}}{2\,L}t = \mathrm{ar\,tanh}\left(\frac{w_2}{w_{2E}}\right)$$

bzw.

$$\frac{w_2(t)}{w_{2E}} = \tanh\left(\frac{w_{2E}}{2\,L}t\right). \qquad (5.5)$$

Wie zu erwarten war, hängen die Ergebnisse nicht von dem beliebigen Abstand a ab.

5.3 Aufgaben zur reibungsbehafteten hydrodynamischen Strömung

Aufgabe 5.25: Durch eine horizontal liegende Rohrleitung wird Wasser gefördert. Dabei soll der Druckverlust Δp_v einen vorgegebenen Wert nicht überschreiten.

Gegeben:

$$\dot V = 2.78 \cdot 10^{-3}\,\mathrm{m^3/s}, \qquad L = 150\,\mathrm{m}, \qquad \lambda = 0.03,$$
$$\frac{\Delta p_v}{\rho\,g} = h_v = 10\,\mathrm{m}, \qquad \rho = 1000\,\mathrm{kg/m^3}.$$

Bestimmen Sie den Durchmesser d der Leitung für den Grenzfall!

Aufgabe 5.26: Aus einem Behälter fließt Wasser durch eine Leitung mit Querschnittsänderung aus. Die Spiegelhöhe im Behälter bleibt während des Ausflusses konstant. Die Widerstandsbeiwerte $\zeta_{1,1}$ und $\zeta_{2,2}$ beschreiben den örtlichen Druckverlust des Einlaufes und der Querschnittsänderung. Der zweite Index kennzeichnet, auf welchen Querschnitt sie zu beziehen sind. Die beiden Leitungsabschnitte sind hydraulisch glatt.

Gegeben:

$$
\begin{aligned}
h &= 0.1\,\mathrm{m}, \\
d_1 &= 0.004\,\mathrm{m}, \\
d_2 &= 0.002\,\mathrm{m}, \\
l_1 &= 3\,\mathrm{m}, \\
l_2 &= 1\,\mathrm{m}, \\
\nu &= 10^{-6}\,\mathrm{m^2/s}, \\
\zeta_{1,1} &= 0.5, \\
\zeta_{2,2} &= 0.4.
\end{aligned}
$$

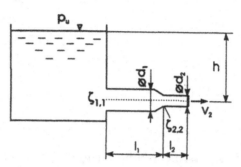

Gesucht:

1. Welche Strömungsform stellt sich ein?
2. Geben Sie den Volumenstrom $\dot{V}_{ideal}$ der reibungsfreien Strömung an!
3. Geben Sie den Volumenstrom $\dot{V}_{real}$ der reibungsbehafteten Strömung an!

Aufgabe 5.27: Ein halb gefülltes und geneigtes Kanalisationsrohr mit Kreisquerschnitt und einer Rauhigkeit k wird von Wasser durchflossen. Wie groß muß über der Kanallänge L der Höhenunterschied h gewählt werden?

Gegeben:

$$
\begin{aligned}
L &= 1000\,\mathrm{m}, \\
d &= 1\,\mathrm{m}, \\
k &= 2\,\mathrm{mm}, \\
\nu &= 10^{-6}\,\mathrm{m^2/s}, \\
\dot{V} &= 0.5\,\mathrm{m^3/s}.
\end{aligned}
$$

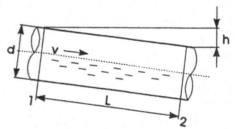

Aufgabe 5.28: Es ist die Versorgungsleitung eines Springbrunnens für eine vorgegebene Höhe h der Fontäne zu dimensionieren und die erforderliche Pumpe auszuwählen. Die Druckverluste durch den Rohreinlauf, den Krümmer und die Düse erfaßt der Widerstandsbeiwert ζ, bezogen auf $\frac{\varrho}{2}v_1^2$. Die Luftreibung im Freistrahl ist durch den Faktor $\varepsilon = \frac{h}{h_{id}}$ zu berücksichtigen. h_{id} ist die Steighöhe des Wassers ohne Luftreibung. Der Druckverlust innerhalb der Pumpe ist nicht zu berücksichtigen.

Gegeben:

$$d_0 = d_1 = d_2 = 0.15\,\mathrm{m}\,,$$
$$d_3 = 0.05\,\mathrm{m}\,,$$
$$h = 20\,\mathrm{m}\,,$$
$$h_0 = 0.5\,\mathrm{m}\,,$$
$$h_3 = 1\,\mathrm{m}\,,$$
$$\rho = 1000\,\mathrm{kg/m^3}$$
$$\zeta = 2\,,$$
$$l = 10\,\mathrm{m}\,,$$
$$k = 0.15\,\mathrm{mm}\,,$$
$$\nu = 10^{-6}\,\mathrm{m^2/s}\,,$$
$$\varepsilon = 0.8\,.$$

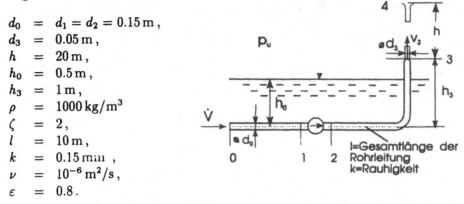

Gesucht:

1. Die Austrittsgeschwindigkeit v_3 des Wassers aus der Düse,
2. der gesamte Druckverlust Δp_v der Rohrleitung,
3. die Druckerhöhung und die hydraulische Leistung P der Pumpe.

Aufgabe 5.29: In einem zylindrischen Rohr mit dem Innendurchmesser D befindet sich ein zylindrischer Heizkörper mit dem Nabendurchmesser d, der auf seinem Umfang 8 Längsrippen der Breite b und der Länge a besitzt. Die Rauhigkeit der Oberflächen ist k. Zwischen Rohrwand und Heizkörper strömt Wasser mit der Geschwindigkeit v. Wie groß ist der Druckabfall der Strömung pro Meter Rohrlänge?

Gegeben:

$$D = 250\,\mathrm{mm}\,,$$
$$d = 100\,\mathrm{m}\,,$$
$$k = 0.7\,\mathrm{mm}\,,$$
$$a = 65\,\mathrm{mm}\,,$$
$$b = 10\,\mathrm{mm}\,,$$
$$v = 2.2\,\mathrm{m/s}\,,$$
$$\nu = 0.474 \cdot 10^{-6}\,\mathrm{m^2/s}\,,$$
$$\rho = 983\,\mathrm{kg/m^3}\,.$$

Aufgabe 5.30: Aus einem großen Behälter wird Wasser in einen Graben abgeleitet. Der Volumenstrom $\dot{V}$ des ausfließenden Wassers soll möglichst groß sein. Es stehen zwei Rohre zur Verfügung. Welches Rohr ist auszuwählen?

Anmerkung: Während des Ausflusses sinkt der Oberspiegel im Behälter nicht merklich ab. Für die Bestimmung des Widerstandsbeiwertes λ benutzen Sie die Formel von Prandtl-Colebrook

$$\frac{1}{\sqrt{\lambda}} = 1.74 - 2\lg\left(2\frac{k}{d} + \frac{18.7}{Re\sqrt{\lambda}}\right)!$$

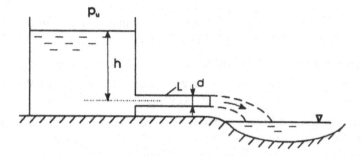

Gegeben:

$$h = 10\,\text{m},$$
$$\nu = 0.474 \cdot 10^{-6}\,\text{m}^2/\text{s}.$$

	Rohr 1	Rohr 2
L [m]	5	7.5
d [m]	0.1	0.125
k/d	0.0002	0.0004

Aufgabe 5.31: Aus einem Behälter mit konstanter Spiegelhöhe fließt Wasser durch ein verzweigtes Rohrsystem, [Dö78]. Die ζ-Beiwerte $\zeta_{1,2}$ und $\zeta_{1,3}$ des T-Stückes sind auf die Geschwindigkeiten des nachfolgenden Stranges zu beziehen. Die Rohrleitung ist hydraulisch glatt.

Gegeben:

$$d_1 = 0.1\,\text{m},$$
$$l_1 = 2\,\text{m},$$
$$\zeta_{1,2} = 0.5,$$
$$d_2 = 0.05\,\text{m},$$
$$l_2 = 10\,\text{m},$$
$$h_2 = 6\,\text{m},$$
$$h_3 = 10\,\text{m},$$
$$d_3 = 0.05\,\text{m},$$
$$l_3 = 15\,\text{m},$$
$$\zeta_{1,3} = \zeta_{kr} = \zeta_E = 0.5,$$
$$\rho = 1000\,\text{kg/m}^3,$$
$$\nu = 1.438 \cdot 10^{-6}\,\text{m}^2/\text{s},$$
$$p_u = 10^5\,\text{Pa}.$$

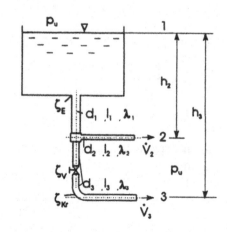

Anmerkung: Benutzen Sie als Schätzwert für alle drei Stränge Re $\approx 1.8 \cdot 10^5$, um die λ-Beiwerte näherungsweise für die erste Durchrechnung festzulegen!

Gesucht:

1. Wie groß muß der Widerstandsbeiwert ζ_v des Ventils sein, damit sich $\overset{\bullet}{V}_2 = \overset{\bullet}{V}_3$ einstellt?

2. Wie ändert sich im Rohr 2 der ausfließende Volumenstrom, wenn das Ventil im Rohr 3 geschlossen wird?

Aufgabe 5.32: Eine Pumpe mit dem Wirkungsgrad η_P fördert den Volumenstrom $\overset{\bullet}{V}$ aus einem Brunnen in zwei Wasserspeicher. Die Wasserspeicher stehen unter Umgebungsdruck p_u. Bestimmen Sie den Druck p_1 vor der Pumpe, p_2 nach der Pumpe, die Volumenströme $\overset{\bullet}{V}_4$ und $\overset{\bullet}{V}_5$, die hydraulische Leistung P_H und die Antriebsleistung der Pumpe P_P! Die Rohrleitung ist hydraulisch glatt. Anmerkung: Setzen Sie in erster Näherung $\lambda_4 = \lambda_5 = \lambda_1$!

Gegeben:

$$
\begin{aligned}
d_1 &= 0.1\,\text{m}\,, \\
l_1 &= 10\,\text{m}\,, \\
z_1 &\approx z_2 = 5\,\text{m}\,, \\
d_3 &= 0.1\,\text{m}\,, \\
l_3 &= 50\,\text{m}\,, \\
z_3 &= 54\,\text{m}\,, \\
d_4 &= 0.05\,\text{m}\,, \\
l_4 &= 10\,\text{m}\,, \\
z_4 &= 55\,\text{m}\,, \\
d_5 &= 0.05\,\text{m}\,, \\
l_5 &= 30\,\text{m}\,, \\
z_5 &= 64\,\text{m}\,, \\
\rho &= 1000\,\text{kg/m}^3 \\
\nu &= 10^{-6}\,\text{m}^2/\text{s}\,, \\
p_u &= 10^5\,\text{Pa}\,, \\
\eta_P &= 0.8\,, \\
\overset{\bullet}{V} &= 0.0314\,\text{m}^3/\text{s}\,, \\
\zeta_T &= 0.5\,, \\
\zeta_F &= 1.5\,, \\
\zeta_K &= 1\,, \\
\zeta_{v3} &= 1\,, \\
\zeta_{v4} &= 6.4\,.
\end{aligned}
$$

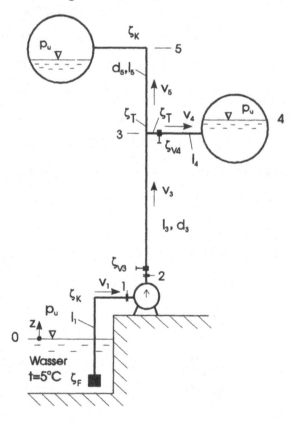

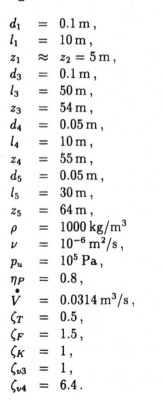

Aufgabe 5.33: Das Geschwindigkeitsprofil einer ausgebildeten turbulenten Strömung im glatten Rohr kann in guter Näherung durch das Potenzgesetz

$$\frac{v}{v_{max}} = \left(1 - \frac{r}{R}\right)^{\frac{1}{n}}, \quad \text{mit} \quad n = n(Re)$$

angenähert werden.

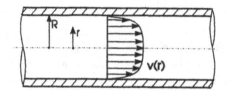

Re	n
$1 \cdot 10^5$	7
$6 \cdot 10^5$	8
$1.2 \cdot 10^6$	9
$2 \cdot 10^6$	10

Gesucht:

1. Bilden Sie gemäß der Kontinuitätsgl. das Verhältnis der mittleren Geschwindigkeit v_m zur maximalen Geschwindigkeit v_{max}, also $\frac{v_m}{v_{max}} = f(n)$!

2. Bestimmen Sie den Wert von $\frac{r}{R}$, bei dem die örtliche Geschwindigkeit gleich der mittleren Geschwindigkeit ist!

3. Wie lassen sich die Aussagen unter 1. und 2. bei der Durchflußmessung nutzen?

Aufgabe 5.34: Durch ein Ringrohr strömt Flüssigkeit ohne Drall. Bestimmen Sie die Geschwindigkeitsverteilung $v(r)$, die über den Querschnitt gemittelte Geschwindigkeit v_m und das Widerstandsgesetz $\lambda(Re)$ der laminaren Ringspaltströmung! Der Druckabfall über der Rohrlänge L ist Δp_v. Gehen Sie von den Navier-Stokesschen Gleichungen (4.27) in Zylinderkoordinaten aus.

Gegeben:

R_i,
R_a,
L,
Δp_v,
ν.

Aufgabe 5.35: Ein zäher Flüssigkeitsfilm der Dicke d fließt an einer senkrechten Wand der Breite b herab. Der Fließvorgang ist laminar und stationär.

Gegeben:

$$d = 3\,\text{mm},$$
$$b = 1\,\text{m},$$
$$\eta = 8.5 \cdot 10^{-3}\,\text{Ns/m}^2,$$
$$\rho = 850\,\text{kg/m}^3,$$
$$p_u = 10^5\,\text{Pa}.$$

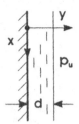

Anmerkung: Stellen Sie die Dgl. des Vorganges, ausgehend von den Navier-Stokesschen Gleichungen (4.26), auf, und formulieren Sie dazu die Randbedingungen!

Gesucht:

1. Bestimmen Sie die Geschwindigkeitsverteilung $v(y)$ im Flüssigkeitsfilm, die mittlere und die maximale Geschwindigkeit!

2. Ermitteln Sie den herabfließenden Volumenstrom $\dot{V}$!

3. Wie groß ist die pro Flächeneinheit wirkende Wandschubspannung?

Aufgabe 5.36: Eine Metallplatte der Breite b wird mit der Geschwindigkeit v_0 senkrecht aus einem Flüssigkeitsbad gezogen. Die sich an der Platte ausbildende Flüssigkeitsschicht hat die Dicke d. Innerhalb des Flüssigkeitsfilms bildet sich ein Geschwindigkeitsprofil als Folge des Gleichgewichtes zwischen der Zähigkeitskraft und der Gewichtskraft aus. Unter der Annahme einer vollausgebildeten laminaren stationären Filmströmung ohne äußeren Druckgradienten ist die Gleichung für das Geschwindigkeitsprofil $v(y)$ aufzustellen.

Gesucht:

Bestimmen Sie die Geschwindigkeit am Filmrand $y = d$ und den mitgerissenen Volumenstrom $\dot{V}$ an Flüssigkeit! Wie groß muß v_0 sein, damit $\dot{V} > 0$ ist?

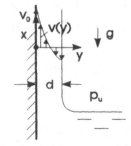

Aufgabe 5.37: Ein Rotationsviskosimeter besteht aus zwei koaxial angeordneten Zylindern der Höhe H mit engem Spalt h. Innerhalb des Spaltes befindet sich die (nicht-newtonsche) Flüssigkeit, deren Fließkurve $\eta = \eta\left(\frac{\partial v}{\partial r}\right)$ experimentell bestimmt werden soll. Da der äußere Zylinder feststeht und der innere sich

mit $\omega =$ const dreht, entsteht eine stationäre Couette-Strömung mit $\tau \approx$ const
über r. Bestimmen Sie die Geschwindigkeitsverteilung $v_\varphi(r) \equiv v(r)$ der Flüssigkeit im Spalt, wenn sich der innere Zylinder mit der Drehzahl n dreht! Weiterhin
sind das erforderliche Drehmoment M, die Reibleistung P_R und die Taylorsche
Kennzahl $Ta = \frac{v(R_i)h}{\nu}\sqrt{\frac{h}{R_i}}$ zu ermitteln. Einflüsse von der Bodenfläche des
drehenden Zylinders sollen vernachlässigt werden. Welche Schlußfolgerung läßt
sich aus der Größe von Ta ziehen?

Gegeben:

$$
\begin{aligned}
R_i &= 0.04\,\text{m}, \\
R_a &= 0.044\,\text{m}, \\
H &= 0.15\,\text{m}, \\
\eta &= 9 \cdot 10^{-3}\,\text{Ns/m}^2, \\
\rho &= 860\,\text{kg/m}^3, \\
n &= 200\,\text{U/min}.
\end{aligned}
$$

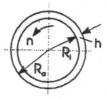

Anmerkung: Obwohl der Spalt h gegenüber dem Durchmesser d klein ist und
die Aufgabe daher näherungsweise als Couette-Strömung betrachtet werden
darf, sollen die Dgl. und die Randbedingungen, ausgehend von der Navier-
Stokesschen Gleichung (4.27) in Zylinderkoordinaten, aufgestellt werden.

Aufgabe 5.38: Auf einer Führungsebene gleitet ein Stufenlager der Länge L
und der Breite b. Zwischen Führungsebene und Stufenlager befindet sich ein
dünner Ölfilm der Höhe h, der durch eine Leiste am Wegfließen gehindert wird.
Bestimmen Sie nach der Spalttheorie

1. die Geschwindigkeitsverteilung $v(y)$ im Spalt,

2. die Druckverteilung $p(x)$, den maximalen Druck p_{max},

3. die Tragkraft F_D des Stufenlagers und

4. die Schleppkraft F_S des Stufenlagers!

Gegeben:

$$
\begin{aligned}
L &= 0.1\,\text{m}, \\
h &= 1\,\text{mm}, \\
b &= 0.1\,\text{m}, \\
v_0 &= 1\,\text{m/s}, \\
\rho &= 800\,\text{kg/m}^3, \\
\nu &= 4 \cdot 10^{-4}\,\text{m}^2/\text{s}.
\end{aligned}
$$

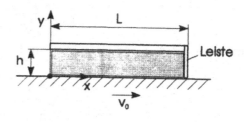

Aufgabe 5.39: Zur Überprüfung der Dichtheit einer horizontal verlegten Wasserleitung vom Durchmesser d wird an den Stellen A, B, C und D der statische Druck gemessen, [Sp94]. Die Leitung ist hydraulisch glatt. Zwischen A, B und C, D ist die Leitung zugänglich; es wurde kein Leck festgestellt. Zwischen den Stellen B, C ist die Leitung nicht zugänglich. Dort wird ein Leck vermutet.

Gegeben:

$$d = 0.05\,\text{m}\,,$$
$$L_1 = L_3 = 1000\,\text{m}\,,$$
$$L_2 = 1500\,\text{m}\,,$$
$$p_A = 6\,\text{bar}\,,$$
$$p_B = 4\,\text{bar}\,,$$
$$p_C = 1.5\,\text{bar}\,,$$
$$p_D = 1\,\text{bar}\,,$$
$$\rho = 1000\,\text{kg/m}^3\,,$$
$$\nu = 10^{-6}\,\text{m}^2/\text{s}\,.$$

Gesucht:

1. Bestimmen Sie den Volumenstrom zwischen A, B und den zwischen C und D! Zeigen Sie, daß die Strömung turbulent ist!

2. Falls ein Leck vorhanden ist, bestimmen Sie den Leckvolumenstrom $\overset{\bullet}{V}_{BC}$ und den Ort x_L des Lecks!

Lösung:
Der Druckverlust zwischen A und B ist

$$\Delta p_{vAB} = \frac{\lambda L_1}{d}\frac{\rho}{2}v^2 = p_A - p_B = 6\cdot 10^5 - 4\cdot 10^5 = 2\cdot 10^5\,\text{Pa} \qquad (5.6)$$

mit der halbempirischen impliziten Formel von Prandtl

$$\frac{1}{\sqrt{\lambda}} = 2.03\cdot\lg(Re\,\sqrt{\lambda}) - 0.8\,, \quad Re = \frac{v\,d}{\nu}\,. \qquad (5.7)$$

Gl.(5.6) lösen wir nach

$$\lambda = \frac{2\,d\,\Delta p_{vAB}}{\rho\,v^2\,L_1}$$

auf und ersetzen damit in Gl.(5.7) λ auf der rechten Gleichungsseite. Es ergibt sich

$$\frac{1}{\sqrt{\lambda}} = 2.03\cdot\lg\left(\frac{d}{\nu}\sqrt{\frac{2\,d\,\Delta p_{vAB}}{\rho\,L_1}}\right) - 0.8\,. \qquad (5.8)$$

Andererseits ergibt Gl.(5.6) nach der Geschwindigkeit v umgestellt:

$$v = \frac{1}{\sqrt{\lambda}} \sqrt{\frac{2\,d\,\Delta p_{vAB}}{\rho\,L_1}}\,. \qquad (5.9)$$

In dieser Beziehung können wir $\frac{1}{\sqrt{\lambda}}$ durch Gl.(5.8) ersetzen. Es ergibt sich somit ein Zusammenhang zwischen dem Druckverlust und der über den Querschnitt gemittelten Strömungsgeschwindigkeit bzw. dem Volumenstrom

$$\dot{V}_{AB} = A\sqrt{\frac{2d\Delta p_{vAB}}{\rho L_1}} \left[2.03 \cdot \lg\left(\frac{d}{\nu}\sqrt{\frac{2d\Delta p_{vAB}}{\rho L_1}} \right) - 0.8 \right] \qquad (5.10)$$

mit $A = \frac{\pi d^2}{4}$.

Gl.(5.10) ist für jeden Rohrabschnitt anwendbar, der kein Leck enthält. Man hat lediglich Δp_{vAB} durch den aktuellen Druckverlust der Leitung und L_1 durch die aktuelle Leitungslänge zu ersetzen. Nach Gl.(5.10) betragen die Volumenströme

$$\dot{V}_{AB} = 1.95 \cdot 10^{-3}\,\text{m}^3/\text{s}, \; Re = 5 \cdot 10^4 \text{ und } \dot{V}_{CD} = 0.89 \cdot 10^{-3}\,\text{m}^3/\text{s}, \; Re = 2.27 \cdot 10^4.$$

Da $\dot{V}_{CD} < \dot{V}_{AB}$ ist, entsteht in dem Rohrabschnitt B,C ein Leckverlust von

$$\dot{V}_{BC} = \dot{V}_{AB} - \dot{V}_{CD} = 1.06 \cdot 10^{-3}\,\text{m}^3/\text{s}, \; Re = 2.7 \cdot 10^4.$$

Die Strömung in der Leitung ist turbulent. Aufgrund der Re-Zahlen ist für λ auch die explizite Formel von Blasius geeignet. Da die Druckabnahme in einem waagrecht liegenden Rohr konstanten Durchmessers mit dem Druckverlust identisch ist und dieser linear mit der Rohrlänge zunimmt, kann der Ort im Rohr, an dem der Leckverlust entsteht, durch lineare Extrapolation gefunden werden.

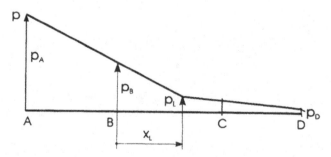

Wir können schreiben:

$$\frac{p_B - p_L}{x_L} = \frac{p_A - p_B}{L_1} \quad \text{und} \quad \frac{p_L - p_C}{L_2 - x_L} = \frac{p_C - p_D}{L_3}\,.$$

Das sind zwei Gleichungen für die Unbekannten x_L und p_L. Nach einigen Umformungen erhalten wir:

$$x_L = \frac{p_B - p_C - \frac{L_2}{L_3}\left(p_C - p_D\right)}{\frac{p_A - p_B}{L_1} - \frac{p_C - p_D}{L_3}} = \frac{1750}{1.5} = 1166.66\,\mathrm{m}\,,$$

$$p_L = p_C + (p_C - p_D)\frac{(L_2 - x_L)}{L_3} = 1.6666 \cdot 10^5\,\mathrm{Pa}\,.$$

Aufgabe 5.40: Ein Kraftwerk bezieht aus zwei Gebirgsseen Wasser über einen in den Fels getriebenen Stollen. Das Wasser wird über eine Düse mit dem Austrittsdurchmesser d_4 einer Peltonturbine zugeführt. Die Strömung ist stationär. Während des Ausflusses sinken die Gewässerspiegel nicht. In der Stollenkammer (p_k) verwirbelt die kinetische Energie des eintretenden Wassers.

Bestimmen Sie die Volumenströme $\dot{V}_1$, $\dot{V}_2$, und $\dot{V}_4$ für die vorgegebene Einstellung! Soll die Peltonturbine außer Betrieb genommen werden, so müssen die Ventile 2 und 4 in Abstimmung zueinander betätigt werden. Ansonsten kann der Zustand eintreten, daß Wasser aus dem See b in den tiefer gelegenen See a gedrückt wird.

Bestimmen Sie den Widerstandsbeiwert ζ_{v4} so, daß aus dem See a kein Wasser entnommen wird!

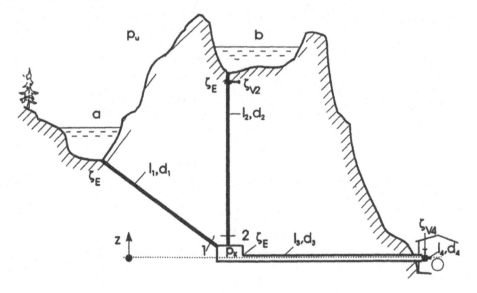

Anmerkung: Da es sich näherungsweise um eine voll ausgebildete Rauhigkeitsströmung handeln wird, lassen sich die λ-Beiwerte aus dem Colebrook-Diagramm bestimmen.

Gegeben:

z_a	=	$100\,\text{m}$	z_b	=	$150\,\text{m}$	z_3	= $0\,\text{m}$

$$
\begin{array}{llll}
z_a = 100\,\text{m} & z_b = 150\,\text{m} & z_3 = 0\,\text{m} & z_4 = 0\,\text{m} \\
l_1 = 200\,\text{m} & l_2 = 180\,\text{m} & l_3 = 500\,\text{m} & l_4 = 1\,\text{m} \\
d_1 = 1\,\text{m} & d_2 = 1\,\text{m} & d_3 = 2\,\text{m} & d_4 = 0.250\,\text{m} \\
k_1 = 0.005\,\text{m} & k_2 = 0.005\,\text{m} & k_3 = 0.005\,\text{m} & k_4 = 0.001\,\text{m} \\
\zeta_E = 0.5 & \zeta_{v2} = 450 & \zeta_{v4} = 1 &
\end{array}
$$

$\rho = 1000\,\text{kg/m}^3$ und $\nu = 1.438 \cdot 10^{-6}\,\text{m}^2/\text{s}$.

Lösung:

Aus dem λ-Diagramm entnehmen wir für die vorgegebenen relativen Rauhig-keiten $\lambda_1 = \lambda_2 = 0.0315$, $\lambda_3 = 0.025$ und $\lambda_4 = 0.0285$.
Folgende Gleichungen lassen sich aufstellen:

$$
p_u + g\,\rho\,z_a = p_k + \frac{\rho}{2}v_1^2\,K_1 \quad \text{mit} \quad K_1 = 1 + \zeta_E + \frac{\lambda_1 l_1}{d_1}\,,
$$

$$
p_u + g\,\rho\,z_b = p_k + \frac{\rho}{2}v_2^2\,K_2 \quad \text{mit} \quad K_2 = 1 + \zeta_E + \zeta_{v2} + \frac{\lambda_2 l_2}{d_2}\,, \tag{5.11}
$$

$$
p_k = p_u + \frac{\rho}{2}v_4^2\,K_3 \quad \text{mit} \quad K_3 = 1 + \zeta_{v4} + \frac{\lambda_4 l_4}{d_4} + \left(\frac{A_4}{A_3}\right)^2\left(\zeta_E + \frac{\lambda_3 l_3}{d_3}\right),
$$

$$
v_1\,A_1 + v_2\,A_2 = v_4\,A_4\,. \tag{5.12}
$$

Mit Gl.(5.12) eliminieren wir in der letzten Gleichung des Systems (5.11) die Geschwindigkeit v_4. Die Differenz der ersten beiden Gleichungen (5.11) und die letzte Gleichung ergeben das System

$$
2\,g(z_b - z_a) = -v_1^2\,K_1 + v_2^2\,K_2, \tag{5.13}
$$

$$
2\,g\,z_b = K_3\left(\frac{A_1}{A_4}\right)^2\left(v_1 + v_2\frac{A_2}{A_1}\right)^2 + v_2^2\,K_2\,,
$$

das wir infolge des nichtlinearen Gleichungscharakters numerisch lösen müssen. An Hand der vorgegebenen Zahlenwerte bestimmen wir die Koeffizienten des Gleichungssystems (5.13) und notieren es in impliziter Darstellung

$$
\begin{aligned}
F(1) &= -7.8 \cdot v_1^2 + 457.17 \cdot v_2^2 - 981 = 0, \\
F(2) &= 541.328 \cdot (v_1 + v_2)^2 + 457.17 \cdot v_2^2 - 2943 = 0\,.
\end{aligned} \tag{5.14}
$$

Das nichtlineare Gleichungssystem (5.14) hat 4 Lösungen, wobei je eine in einem Quadranten der v_1, v_2-Ebene liegt. Nicht alle Lösungen lassen sich technisch realisieren. Wir suchen jene Lösung, für die $v_1 \geq 0$ und $v_2 > 0$ ist.

Ausgehend von geschätzten Startwerten, z.B. $v_1 = 0.5\,\text{m/s}$ und $v_2 = 0.5\,\text{m/s}$, bestimmt man mit einem Gleichungslöser für nichtlineare Gleichungssyteme oder mit einem Computeralgebrasystem wie Mapel die Lösung von Gl.(5.14). Im vorliegenden Fall wurde aus der Programmbibliothek zu [Ib94] ein Gleichungslöser ausgewählt, der nach dem gedämpften Newtonverfahren arbeitet. Die Einzelheiten der einfachen Programmerstellung übergehen wir hier. Als Ergebnis erhalten wir

$$v_1 = 0.437\,\text{m/s} \quad \text{und} \quad v_2 = 1.466\,\text{m/s} \tag{5.15}$$

und damit die Volumenströme

$$\dot{V}_1 = 0.343\,\text{m}^3/\text{s}\,, \quad \dot{V}_2 = 1.151\,\text{m}^3/\text{s} \quad \text{und} \quad \dot{V}_4 = 1.494\,\text{m}^3/\text{s}\,.$$

Die Rechnung braucht nicht wiederholt zu werden, da die benutzten λ-Beiwerte mit den sich einstellenden λ-Beiwerten übereinstimmen.
Setzt man zur Probe das Resultat (5.15) in das System (5.14) ein, so stellt man fest, daß die Gln.(5.14) nicht exakt erfüllt werden. Der Grund hierfür sind die im Resultat (5.15) abgeschnittenen Ziffern der 4. und der folgenden Stellen nach dem Komma; ein Hinweis auf die schlechte Kondition des Gleichungssystems (5.14). In der Regel sind die Gleichungssysteme verzweigter oder vermaschter Leitungssysteme sehr schlecht konditioniert.
Wir wenden uns jetzt dem Sonderfall $v_1 = 0$ zu. Das Ventil mit dem Widerstandsbeiwert ζ_{v4} wird gedrosselt, so daß $p_k = g\,\rho\,z_a$ ist. Aus dem See a fließt dann kein Wasser in die Stollenkammer. In diesem Fall erhalten wir aus der ersten Gleichung des Systems (5.13)

$$v_2^2 = \frac{2\,g}{K_2}(z_b - z_a) \quad \rightarrow \quad v_2 = \sqrt{\frac{2\,g}{K_2}(z_b - z_a)} = 1.465\,\text{m/s}\,,$$

und über die zweite Gleichung bestimmen wir

$$\zeta_{v4}\big|_{gr.} = \frac{2\,g\,z_a}{v_2^2\left(\frac{A_2}{A_4}\right)^2} - \left[1 + \frac{\lambda_4 l_4}{d_4} + \left(\frac{A_4}{A_3}\right)^2\left(\zeta_E + \frac{\lambda_3 l_3}{d_3}\right)\right] = 2.457\,.$$

Würde man das Ventil stärker drosseln, $\zeta_{v4} > \zeta_{v4}\big|_{gr.}$, so stiege p_k an und in der Leitung 1 kehrte sich die Strömungsrichtung um. Das Wasser aus dem See b würde zum Teil in den See a fließen. Um das zu verhindern, müßte auch das Ventil 2 gedrosselt werden. Die vorliegenden Ergebnisse wurden mit dem Programmsystem NETZ [Ib95] nachgerechnet und bestätigt. Dieses einfache Beispiel deutet an, daß sich verzweigte, insbesondere aber größere vermaschte Leitungssysteme, nicht mehr per Hand durchrechnen lassen. In solchen Fällen sollte man sich eines hydraulischen Netzwerk-Programms bedienen.

Aufgabe 5.41: Zwischen einer kreisförmigen Platte vom Radius R und einer ebenen Unterlage befindet sich ein dünner Ölfilm der Dicke h_1. Die Platte wird mit der Kraft F belastet. Nach welcher Zeitdauer hat sich der Plattenabstand von h_1 auf h_2 verringert? Infolge der großen Zähigkeit des Ölfilmes sinkt die Platte sehr langsam. Geben Sie die Druckverteilung $p(r)$ und die Geschwindigkeitsverteilung $v(r,z)$ in Abhängigkeit von F an!

Gegeben:

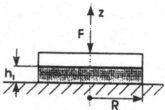

$$R = 0.1\,\mathrm{m}\,,$$
$$h_1 = 0.4\,\mathrm{mm}\,,$$
$$h_2 = 0.04\,\mathrm{mm}\,,$$
$$\eta = 4\cdot 10^{-2}\,\mathrm{Ns/m^2}\,,$$
$$F = 10\,\mathrm{N}\,.$$

Lösung:

Da die Platte nur langsam sinkt, ist die Strömung quasistationär, und die Trägheitskräfte in der Navier-Stokesschen Gleichung sind vernachlässigbar. Wegen $v_\varphi \equiv 0$, $v_z << v_r$, $v_r = v(r,z)$ und obiger Voraussetzungen reduzieren sich die Navier-Stokesschen Gleichungen (4.27) auf

$$0 = -\frac{\partial p}{\partial r} + \eta\left(\frac{\partial^2 v}{\partial r^2} + \frac{1}{r}\frac{\partial v}{\partial r} - \frac{v}{r^2} + \frac{\partial^2 v}{\partial z^2}\right),\tag{5.16}$$

$$\frac{\partial p}{\partial \varphi} = 0\,,\quad \frac{\partial p}{\partial z} = 0\,.\tag{5.17}$$

Der Schwerkrafteinfluß ist vernachlässigbar. Die Kontinuitätsgleichung (3.20) ergibt

$$\frac{\partial v}{\partial r} + \frac{v}{r} = 0 \quad\text{bzw.}\quad \frac{\partial^2 v}{\partial r^2} + \frac{1}{r}\frac{\partial v}{\partial r} - \frac{v}{r^2} = 0\,.\tag{5.18}$$

Aus Gl.(5.17) folgt p, unabhängig von φ und z. Wegen Gl.(5.18) ergibt sich aus Gl.(5.16) die Dgl. für die Geschwindigkeitsverteilung

$$\frac{\partial^2 v}{\partial z^2} = \frac{1}{\eta}\frac{\mathrm{d}p}{\mathrm{d}r}\,.\tag{5.19}$$

Diese Gleichung integrieren wir für $t > 0$ bei festgehaltenem r über die Spalthöhe z. Die Rechnung ergibt

$$v(r,z) = \frac{1}{2\eta}\frac{\mathrm{d}p}{\mathrm{d}r}z^2 + z\,C_1 + C_2\,.\tag{5.20}$$

Die Randbedingungen $v(r, z = 0) = 0$ und $v(r, z = h) = 0$ mit $r \in [0, R]$ legen die Konstanten $C_1 = -\frac{1}{2\eta} \frac{dp}{dr} h$ und $C_2 = 0$ fest. Damit erhalten wir für die radiale Geschwindigkeitskomponente

$$v(r, z) = \frac{1}{2\eta} \frac{dp}{dr} z(z - h) \,. \tag{5.21}$$

Wir erfüllen nun an der Kreisplatte die Kontinuitätsbeziehung. Der von der Teilfläche πr^2 der Platte verdrängte Volumenstrom

$$\overset{\bullet}{V} = -\pi r^2 \frac{dh}{dt} = 2\pi r \int_{z=0}^{h} v(r, z)\, dz = -\frac{\pi r h^3}{6\eta} \frac{dp}{dr}$$

tritt durch die Mantelfläche am Radius r des Spaltes. Dadurch erhalten wir einen Zusammenhang zwischen dem Druckgradienten

$$\frac{dp}{dr} = \frac{6\,\eta\,r}{h^3} \frac{dh}{dt} \tag{5.22}$$

und der Sinkgeschwindigkeit $\frac{dh}{dt}$ der Kreisplatte. Gl.(5.22) läßt sich über r integrieren. Mit der Bedingung $p(r = R) = 0$ (Überdruck) folgt für die Druckverteilung unter der Platte

$$p(r) = \frac{3\,\eta}{h^3} \frac{dh}{dt} (r^2 - R^2) \,. \tag{5.23}$$

Die Druckverteilung ist eine Folge der Belastung durch die Kraft F. Es gilt:

$$F = \int_A p\, dA = 2\pi \frac{3\eta}{h^3} \frac{dh}{dt} \int_0^R (r^3 - r\,R^2)\, dr = -\frac{3\pi\eta}{2\,h^3} \frac{dh}{dt} R^4 \,. \tag{5.24}$$

Da F vorgegeben ist, stellen wir Gl.(5.24) nach der Plattensinkgeschwindigkeit um

$$\frac{dh}{dt} = -\frac{2\,F\,h^3}{3\pi\eta R^4} \,. \tag{5.25}$$

Aus $\frac{dh}{h^3} = -\frac{2\,F}{3\pi\eta R^4}\, dt$ folgt durch Integration die Zeitdauer

$$\Delta t = \frac{3\pi\eta R^4}{4\,F} \left(\frac{1}{h_2^2} - \frac{1}{h_1^2} \right) = 583.16\,\text{s} = 9.72\,\text{Min.} \,, \tag{5.26}$$

die die Platte benötigt, um auf die Spalthöhe h_2 zu sinken. Mit Gl.(5.25) lassen sich nun die Druck- und die Geschwindigkeitsverteilung in Abhängigkeit von F angeben:

$$p(r) = \frac{2\,F}{\pi\,R^4}(R^2 - r^2) \,, \quad \text{und} \quad v(r, z) = \frac{2\,F}{\pi\,R^4\,\eta} r\, z(h - z) \,.$$

5.4 Aufgaben zum Impulssatz

Aufgaben

Aufgabe 5.42: Aus einem C-Strahlrohr (Feuerwehr-Strahlrohr) tritt ein Wasserstrahl mit der Geschwindigkeit v_2 aus. Mit welcher Kraft F_H muß der Feuerwehrmann das Strahlrohr halten, wenn die Tragkraftspritze den Ansaugimpuls aufnimmt? Wie groß ist die Kraft F_D, die auf die Düse wirkt (Kupplungskraft)?

Gegeben:

$$
\begin{aligned}
d_1 &= 80\,\text{mm}, \\
d_2 &= 20\,\text{mm}, \\
p_u &= 10^5\,\text{Pa}, \\
v_2 &= 15\,\text{m/s}, \\
\rho &= 1000\,\text{kg/m}^3.
\end{aligned}
$$

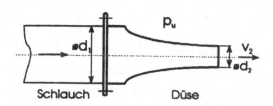

Aufgabe 5.43: Eine um die Oberkante drehbar aufgehängte quadratische, homogene Platte mit der Gewichtskraft F_s wird in der Entfernung l von der Oberkante von einem Wasserstahl getroffen, der aus einer feststehenden Düse mit der Geschwindigkeit v austritt.

Gegeben:

$$
\begin{aligned}
a &= 0.8\,\text{m}, \\
l &= 0.65\,\text{m}, \\
F_s &= 450\,\text{N}, \\
\dot{V} &= 8.5 \cdot 10^{-3}\,\text{m}^3/\text{s}, \\
v &= 12\,\text{m/s}, \\
\rho &= 1000\,\text{kg/m}^3.
\end{aligned}
$$

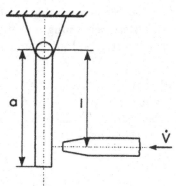

Gesucht:
Bestimmen Sie die Austrittsimpulskraft des Wasserstrahles und den Ablenkwinkel der Platte aus der Senkrechten!

Aufgabe 5.44: Ein Rechteckkrümmer der Breite b mit dem Umlenkwinkel ϑ hat veränderlichen Querschnitt. Im Eintrittsquerschnitt liegt ein rechteckiges und im Austrittsquerschnitt ein veränderliches Geschwindigkeitsprofil vor. Die Reibung und die Gewichtskraft seien vernachlässigbar. Bestimmen Sie den Druck p_2 im Querschnitt 2 und die x, y-Komponenten der Kraft F_H, die auf den Krümmer wirken! Führen Sie die Rechnung unter Vernachlässigung und unter Berücksichtigung der Ungleichförmigkeitsfaktoren für Impuls (4.18) und Energie (4.19) durch!

Gegeben:

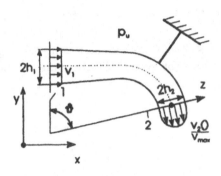

$$p_1 = 2 \cdot 10^5 \, \text{Pa},$$
$$p_u = 10^5 \, \text{Pa},$$
$$v_{max} = 2 \, \text{m/s},$$
$$h_1 = 0.5 \, \text{m},$$
$$h_2 = 0.3 \, \text{m},$$
$$b = 1 \, \text{m},$$
$$\vartheta = 70°,$$
$$\rho = 1000 \, \text{kg/m}^3,$$
$$\left.\frac{v_2()}{v_{max}}\right|_2 = 1 - \left(\frac{z}{h_2}\right)^2.$$

Aufgabe 5.45: Eine kleine Rakete startet vertikal in die Atmosphäre. Ihre Anfangsmasse beträgt $M_0 = 3000$ kg. Davon entfallen 1000 kg auf den Treibstoff. Zum Zeitpunkt $t = 0$ wird das Triebwerk gezündet. Es erzeugt einen konstanten Schub. Der austretende Gasmassenstrom beträgt $\dot{m}_A = 75$ kg/s, die Gasaustrittsgeschwindigkeit aus der Düse ist $v_A = 2500$ m/s. Der Gasstrahl entspannt sich in der Schubdüse stetig auf den Umgebungsdruck.
Berechnen Sie die Beschleunigung und die Geschwindigkeit der Rakete 10 Sekunden nach dem Start! Die Luftreibung ist zu vernachlässigen.

Aufgabe 5.46: Ein runder Freistrahl trifft zum Teil auf eine ebene Platte und wird dadurch geteilt. Bestimmen Sie die resultierende Kraft auf die Wand und das Verhältnis der beiden Teilströme! Die Gewichtskraft des Wassers und die Reibung sind vernachlässigbar.

Gegeben:

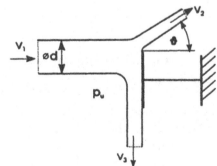

$$v_1 = 10 \, \text{m/s},$$
$$p_u = 10^5 \, \text{Pa},$$
$$d = 20 \, \text{mm},$$
$$\vartheta = 30°,$$
$$\rho = 1000 \, \text{kg/m}^3.$$

Aufgabe 5.47: Die Druckleitung eines Pumpspeicherwerkes besitzt ein Verzweigungsstück. Der geradeausführende Leitungsabschnitt ist 10 Meter hinter der Verzweigung abgeschiebert. Berechnen Sie die Kraft F_H auf das Verzweigungsstück! Der angegebene Widerstandsbeiwert $\zeta_{u,2}$ resultiert aus der Umlenkung der Strömung. Er ist auf $\frac{\rho}{2}v_2^2$ bezogen.

Gegeben:

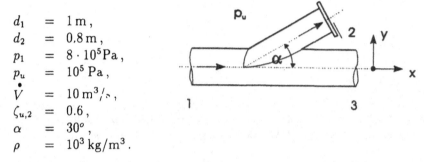

$$
\begin{aligned}
d_1 &= 1\,\text{m}, \\
d_2 &= 0.8\,\text{m}, \\
p_1 &= 8 \cdot 10^5\,\text{Pa}, \\
p_u &= 10^5\,\text{Pa}, \\
\overset{\bullet}{V} &= 10\,\text{m}^3/\text{s}, \\
\zeta_{u,2} &= 0.6, \\
\alpha &= 30°, \\
\rho &= 10^3\,\text{kg/m}^3.
\end{aligned}
$$

Gesucht werden: $v_1, v_2, p_2, F_{Hx}, F_{Hy}, F_H$ und der Winkel γ zwischen der x-Achse und F_H ohne den Schwerkrafteinfluß. Zeichnen Sie das Impulsgebiet!

Aufgabe 5.48: Ein feststehendes Turbinengitter (Leitrad) mit der Höhe h und dem Schaufelabstand t lenkt eine homogene Wasserströmung um. Bestimmen Sie die Austrittsgeschwindigkeit v_1, den Druck p_1 und die Kraftkomponenten $\frac{F_M}{ht}$ und $\frac{F_A}{ht}$, die durch die Strömungsumlenkung auf das Gitter wirken!

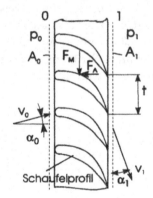

Gegeben:

$$
\begin{aligned}
v_0 &= 5\,\text{m/s}, \\
p_0 &= 3 \cdot 10^5\,\text{Pa}, \\
\alpha_0 &= 30°, \\
\alpha_1 &= 30°, \\
\rho &= 1000\,\text{kg/m}^3.
\end{aligned}
$$

Aufgabe 5.49: Zwei miteinander verbundene Rohrleitungsabschnitte haben unterschiedliche Querschnitte. Das durch die Leitung fließende Wasser kann dem Querschnittssprung nicht folgen und bildet direkt hinter der Querschnittserweiterung ein Totwasser, das sich stromabwärts nur langsam verringert. In der Ebene des Querschnittssprunges herrscht über der gesamten Fläche der Druck p_1. Nutzen Sie diese Erfahrungstatsache bei der Berechnung des Druckes im

Querschnitt 2 nach dem Wiederanlegen der Strömung! Die Druckverhältnisse widerspiegeln den Wirbelverlust des Totwassers.

Gegeben:

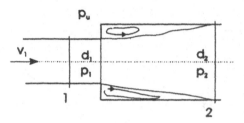

$$v_1 = 10\,\text{m/s}\,,$$
$$p_1 = 1.5 \cdot 10^5\,\text{Pa}\,,$$
$$p_u = 10^5\,\text{Pa}\,,$$
$$d_1 = 100\,\text{mm}\,,$$
$$d_2 = 200\,\text{mm}\,,$$
$$\rho = 1000\,\text{kg/m}^3\,.$$

Gesucht:

1. Wie groß sind die Geschwindigkeit v_2 und der Druck p_2 nach dem Wiederanlegen der Strömung? Vernachlässigen Sie die Wandreibung!

2. Welcher Druckverlust Δp_{v12} und Widerstandsbeiwert $\zeta_{w,1}$ entsteht durch die Wirbel im Ablösegebiet?

3. Wie groß ist die Kraft F_H, die die Strömung und die Umgebung auf die Querschnittserweiterung ausüben?

Aufgabe 5.50: Die plötzliche Rohrerweiterung der Aufgabe 5.49 wird jetzt von rechts nach links durchströmt. Dabei schnürt sich am Querschnittssprung die Strömung ein und bildet örtlich ein Totwassergebiet, das verlustbehaftet ist. Nach Weißbach beträgt die Kontraktionszahl der scharfkantigen Einschnürung $\alpha = \frac{A_e}{A_1} = 0.6 + 0.1\,n + 0.3\,n^4$ mit $n = \frac{A_1}{A_2}$. Die Wandreibung und den Verlust von 2 nach e (beschleunigte Strömung) vernachlässigen wir, da diese Verluste gegenüber dem Wirbelverlust infolge Strahlkontraktion vernachlässigbar sind.

Gegeben:

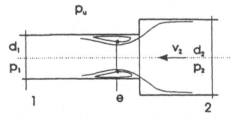

$$v_2 = 2.5\,\text{m/s}\,,$$
$$p_2 = 1.5 \cdot 10^5\,\text{Pa}\,,$$
$$p_u = 10^5\,\text{Pa}\,,$$
$$d_1 = 100\,\text{mm}\,,$$
$$d_2 = 200\,\text{mm}\,,$$
$$\rho = 1000\,\text{kg/m}^3\,.$$

Gesucht:

1. Bestimmen Sie den Zustand v_1, p_1 im Querschnitt 1 und den Widerstandsbeiwert $\zeta_{w,1}$, der den Druckverlust $\Delta p_{ve1} = \zeta_{w,1}\frac{\rho}{2}v_1^2$ kennzeichnet! Vernachlässigen Sie die Wandreibung!

2. Welchen Grenzwert nimmt p_1 an, wenn $A_2 \to \infty$ strebt?

3. Welche Kraft F_H wirkt auf die Querschnittseinengung?

Aufgabe 5.51: Ein Wasserstrahl mit dem Anfangsdurchmesser d_0 tritt senkrecht mit der Geschwindigkeit v_0 aus einer Düse aus und prallt gegen eine belastete Platte, die reibungsfrei an Schienen geführt wird.

Gegeben:

$$
\begin{aligned}
d_0 &= 50\,\text{mm}, \\
F &= 100\,\text{N}, \\
p_u &= 10^5\,\text{Pa}, \\
a &= 2\,\text{m}, \\
\rho &= 1000\,\text{kg/m}^3.
\end{aligned}
$$

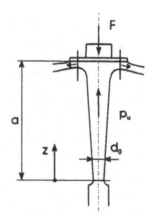

Gesucht:

1. Wie groß ist die Austrittsgeschwindigkeit v_0, bei der die Platte in der Entfernung a gehalten wird?
2. Welche hydraulische Leistung ist erforderlich?

Aufgabe 5.52: Ein Wasserski der Breite b wird unter einem Anstellwinkel α mit der Geschwindigkeit v_0 gezogen. Die Dicke des nach vorn abströmenden Wasserfilmes beträgt δ. Reibung und Schwerkraft sind zu vernachlässigen.

Gegeben:

$$
\begin{aligned}
v_0 &= 30\,\text{km/h}, \\
b &= 0.15\,\text{m}, \\
\delta &= 50\,\text{mm}, \\
\alpha &= 30°, \\
\rho &= 1000\,\text{kg/m}^3.
\end{aligned}
$$

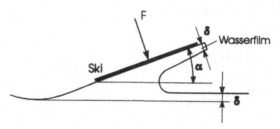

Gesucht:

1. Mit welcher Kraft F ist der Ski belastbar?
2. Welche Kraft F_B wirkt auf den Seegrund?

Aufgabe 5.53: Ein Fluß wird durch ein Schütz (unterströmtes Wehr) der Breite b aufgestaut. Die Stauhöhe beträgt h_1 Meter. Die Geschwindigkeit des stationär auf das Schütz zufließenden Wassers ist v_1. Das Wasser fließt schießend aus der Schützöffnung. Die Reibung ist vernachlässigbar.

Gegeben:

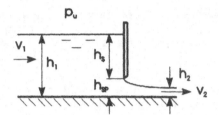

h_1 = 1.5 m,
v_1 = 0.2 m/s,
b = 20 m,
ρ = 1000 kg/m^3.

Gesucht:

1. Bestimmen Sie die Wasserhöhe h_2 und die Geschwindigkeit v_2 des schießenden Wassers!

2. Welche Kraft F_s wirkt auf das Schütz?

3. Wie groß ist der Öffnungsspalt h_{sp} des Schützes? Bei der Bestimmung dieser Größe gehen Sie davon aus, daß die Druckverteilung längs des Schützes näherungsweise nach dem hydrostatischen Gesetz erfolgt.

Aufgabe 5.54: In einem Kanal der Breite b fließt Wasser mit der Geschwindigkeit v_2 bei einer Wasserstandshöhe von h_2 Metern. Durch einen Wehrbruch ergießt sich in den Kanal ein Schwallkopf. Der Wasserstand steigt auf $h_1 > h_2$ Meter an. In genügend großer Entfernung stromaufwärts vom Schwallkopf hat das Wasser die Strömungsgeschwindigkeit v_1. Bestimmen Sie die Ausbreitungsgeschwindigkeit c des Schwallkopfes und die Fließgeschwindigkeit v_1! Die Reibung soll vernachlässigt werden. Die Schwallströmung entsteht auch in Schiffahrtskanälen durch den Schleusungsvorgang oder durch starke, örtlich begrenzte Niederschläge auf einem Fluß.

Gegeben:

v_2 = 2 m/s,
h_2 = 1 m,
h_1 = 5 m,
ρ = 1000 kg/m^3.

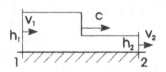

Anmerkung: Die Schwallausbreitung läßt sich mit dem Kontinuitätssatz und dem Impulssatz beschreiben. Von einem erdfesten Koordinatensystem aus betrachtet ist der Vorgang instationär. Damit der Vorgang stationär wird, wende man die Erhaltungssätze auf die Relativströmung an, in der der Schwallkopf ruht. Diese Maßnahme erleichtert die Lösung der Aufgabe beträchtlich. In Aufgabe 5.61 lösen wir das instationäre Problem vom erdfesten Koordinatensystem aus.

Aufgabe 5.55: In einem großen Wasserbehälter befindet sich eine kreisrunde, scharfkantige Öffnung (Borda-Mündung) mit dem Durchmesser d. Auf Grund der Druckdifferenz $p_B - p_u$ tritt aus der Öffnung (dem kurzen Ausflußrohr) ein Wasserstrahl mit dem Durchmesser $d_e < d$ aus.

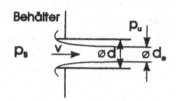

Gesucht:
Bestimmen Sie die Strahlkontraktion $\alpha = \frac{A_e}{A_d}$! A_e ist der Strahlquerschnitt des austretenden Wasserstrahles.

Aufgabe 5.56: Eine Peltonturbine mit dem mittleren Raddurchmesser $d = 1$ m dreht sich mit der Drehzahl $n = 6.25\,s^{-1}$. Der aus der feststehenden Düse austretende Wasserstrom beträgt $\dot{V} = 0.278\,m^3/s$. Die Düse hat den Durchmesser $d_D = 0.1$ m. Der Winkel zwischen dem einfallenden und dem umgelenkten Wasserstrahl an der Schaufel beträgt $\beta = 5°$.

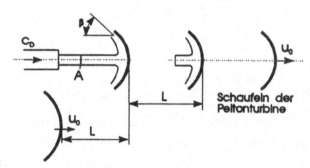

Gesucht:

1. Welche Kraft F übt der Wasserstrahl auf die Schaufel aus?

2. Welche hydraulische Leistung P_T entsteht am Peltonrad?

3. Bei welchem Verhältnis u_0/c_D (c_D ist die Austrittsgeschwindigkeit des Wassers aus der Düse, und u_0 ist die Umfangsgeschwindigkeit des Peltonrades) gibt das Peltonrad, das nur eine Düse am Umfang besitzt, seine größte Leistung ab?

Anmerkung: Die Reibung soll vernachlässigt werden. Die Dichte des Wassers betrage $\rho = 1000\,kg/m^3$. Wir setzen voraus, daß der Schaufelabstand L im Vergleich zum mittleren Raddurchmesser d klein ist, so daß die einzelne Schaufel nicht aus dem beaufschlagenden Wasserstrahl austritt.

Aufgabe 5.57: Eine Strahlpumpe (Ejektorpumpe) besteht aus einem Innenrohr mit dem Querschnitt A_t, durch den der Treibstrahl zugeführt wird, einem Saugrohr mit dem Querschnitt A_s und der Mischstrecke mit dem Querschnitt $A_2 = A_t + A_s$. Der Treibstrahl erzeugt im Eintrittsquerschnitt 1 der Mischstrecke einen niedrigen Druck p_1. Infolge der Druckdifferenz $p_1 - p_B \leq 0$ wird Flüssigkeit aus dem Behälter mit dem Druck p_B angesaugt und in der Mischstrecke mitgerissen. Die Dichte ρ der treibenden und der ansaugenden Flüssigkeit sei gleich groß, ebenso die spezifischen inneren Energien e. Die Wandreibung in der Mischstrecke darf vernachlässigt werden.

Gegeben:

$$
\begin{aligned}
v_t &= 20\,\text{m/s} \\
p_u &= 10^5\,\text{Pa}, \\
p_B &= 7\cdot 10^4\,\text{Pa}, \\
p_2 &= p_u, \\
d_t &= 20\,\text{mm}, \\
a &= \tfrac{A_t}{A_2} = 0.8, \\
e_s &= e_t, \\
\rho &= 1000\,\text{kg/m}^3.
\end{aligned}
$$

Gesucht:

1. Bestimmen Sie für das vorgegebene Flächenverhältnis $a = \frac{A_t}{A_2}$ und für die Drücke p_B und p_u das Geschwindigkeitsverhältnis $\xi = \frac{v_s}{v_t}$, das Verhältnis $\Psi = \frac{\dot{V}_s}{\dot{V}_t}$ der Volumenströme, die Druckerhöhung $p_2 - p_1$ und die Zunahme Δe der inneren Energie in der Mischstrecke infolge der Dissipation bei der Vermischung!

2. Wie groß sind ξ und Ψ, wenn $p_B = p_u$ ist?

3. Bei welchem Behälterdruck p_{Bmin} wird keine Flüssigkeit mehr angesaugt? Welcher Ansaughöhe h_{max} entspricht p_{Bmin}?

Aufgabe 5.58: Über eine ebene Platte der Breite b und der Länge l fließt in einem Wasserkanal eine Parallelströmung mit der konstanten Strömungsgeschwindigkeit v_∞. Da im Kanal der Strömungswiderstand der Platte nicht direkt gemessen werden kann, hat man am Ende der Platte das Geschwindigkeitsprofil $v(l, y)$ über y, weit über die Grenzschichtdicke $\delta(x)$ hinaus, gemessen. Im Geschwindigkeitsprofil spiegelt sich das Strömungsgeschehen an der Platte wider. Der Druck ist an der ebenen nicht angestellten Platte konstant. Im Bild ist die sich ausbildende Plattengrenzschicht stark überhöht gezeichnet.

Gesucht:

Bestimmen Sie den Widerstand F_w der einseitig benetzten Platte, den c_W-Beiwert, die Impulsverlustdicke δ_2 und die Stützkraft F_y in y-Richtung!

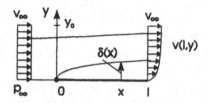

Aufgabe 5.59: Eine langsam laufende Windturbine (Vielblattrotor, auch Farmer-Rotor genannt) mit einer Kreisfläche A_s befindet sich in einem Luftstrom der Geschwindigkeit v_1. Die Geschwindigkeit im Nachlauf der Turbine betrage $v_4 < v_1$. Die Windturbine sei nur schwach belastet, so daß die einfache Propellertheorie anwendbar ist. Für die Betrachtung der axialen Strömung sei die Drallkomponente vernachlässigbar. Reibungsverluste bleiben unberücksichtigt.

Gegeben:

$$
\begin{aligned}
d_s &= 2\,\mathrm{m}, \\
v_1 &= 5\,\mathrm{m/s}, \\
v_4 &= 2.5\,\mathrm{m/s}, \\
\rho &= 1.3\,\mathrm{kg/m^3}.
\end{aligned}
$$

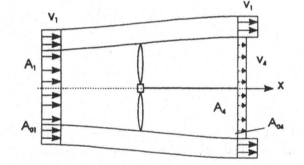

Gesucht:

1. Die kinetische Leistung des Windes P_{Gk} auf die Fläche A_s.

2. Die theoretisch von der Windturbine abgegebene Leistung P.

3. Bei welchem Verhältnis $\xi = \frac{v_4}{v_1}$ stellt sich das Maximum des Leistungsbeiwertes $c_p = \frac{P}{P_{Gk}}$ ein?

Lösung:

Der Farmer-Rotor, auch amerikanische Windmühle genannt, hat bei der Erschließung des amerikanischen Westens von 1850 bis 1950 eine bedeutende Rolle gespielt. Er trieb vornehmlich Kolbenpumpen zur Wasserversorgung in den trockenen Prärien des Mittelwestens an. Die Anzahl der aus gewölbten Blechstreifen bestehenden Rotorblätter betrug bis zu 46. Der Durchmesser betrug 3 bis 5 Meter. Die erreichte Leistung lag bei 100 W bis 250 W. Die geringe Leistung wurde aber bereits bei niedrigen Drehzahlen erreicht. Da das Anlaufmoment groß war, konnten Kolbenwasserpumpen angetrieben werden. Der Wirkungsgrad eines Farmer-Rotors war geringer als derjenige der alten europäischen

Windmühlen mit vier Flügeln. Die Wasserförderung ist mit geringerer Leistung möglich als das Mahlen von Getreide.

Die Leistung der Turbine entsteht durch die Impuls- und Energieänderung des Zustromes beim Durchströmen der Schaufelebene. Mit Hilfe des Impulssatzes ist es möglich, die Schubkraft der Flügel in Achsrichtung ohne Kenntnis der komplizierten Strömung an den Flügeln zu bestimmen. Dazu wird ein das Windrad umgebenes Impulsgebiet mit den Teiloberflächen O_1 und O_2 so vorgegeben, daß längs O_1 $p = p_\infty$ ist und die Geschwindigkeitsverteilung bekannt ist.

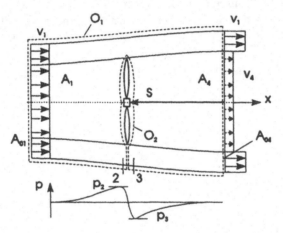

Mit der Teiloberfläche O_2 sparen wir den Flügel aus dem Impulsgebiet aus. Der äußere Mantel des Impulsgebietes ist Stromfläche. Die Größe der Stirnflächen A_{01} und A_{04} von O_1 sind zunächst nicht bekannt. Das trifft auch für die Teilflächen A_1 und A_4 zu. Auf das skizzierte Impulsgebiet wenden wir die Kontinuitätsgleichung (4.6) und den Impulssatz (4.23) an. Da die Strömung stationär ist, die Dichte näherungsweise konstant bleibt und Gewichtskräfte vernachlässigt werden dürfen, sind die Gleichungen

$$\int\limits_{O} \rho\,\vec{v}\cdot\mathrm{d}\vec{o} = 0 \tag{5.27}$$

und

$$\int\limits_{O} \rho\,\vec{v}\vec{v}\cdot\mathrm{d}\vec{o} + \int\limits_{O} p\,\mathrm{d}\vec{o} = -S \tag{5.28}$$

an den Oberflächen O_1 und O_2 auszuwerten. S ist der Flügelschub, den wir bestimmen wollen.

Die Kontinuitätsgleichung ergibt an O_1:

$$v_1 A_1 = v_4 A_4 \tag{5.29}$$

und

$$v_1 A_{01} = v_4 A_4 + v_1 (A_{04} - A_4). \tag{5.30}$$

Hieraus folgt die Beziehung

$$A_{01} - A_1 = A_{04} - A_4 \tag{5.31}$$

zwischen den Flächen. Wir werten nun die Oberflächenintegrale des Impulssatzes an der Teiloberfläche O_2 aus. Es gilt für die x-Komponente

$$\int_{O_2} p \, d\vec{o} \Big|_x = p_3 A_s - p_2 A_s$$

und

$$\int_{O_2} \rho \, \vec{v} \, \vec{v} \cdot d\vec{o} \Big|_x = 0 \, .$$

A_s ist der Kreisquerschnitt des Vielblattrotors. Mithin ergibt das Kräftegleichgewicht an O_2 nach dem Impulssatz

$$S = (p_2 - p_3) A_s \tag{5.32}$$

für die Schubkraft. Die Zustände in den Querschnitten 1 und 2 sowie 3 und 4 lassen sich je mit einer Bernoulli-Gleichung verknüpfen. Es ist

$$p_1 + \frac{\rho}{2} v_1^2 = p_2 + \frac{\rho}{2} v_s^2 \quad \text{mit} \quad v_2 = v_s$$

und

$$p_4 + \frac{\rho}{2} v_4^2 = p_3 + \frac{\rho}{2} v_s^2 \quad \text{mit} \quad p_4 = p_1 \, ,$$

woraus sich

$$p_2 - p_3 = \frac{\rho}{2} (v_1^2 - v_4^2) \tag{5.33}$$

ergibt. Damit nimmt S die Gestalt an:

$$S = \frac{\rho}{2} (v_1^2 - v_4^2) A_s \, . \tag{5.34}$$

Der Impulssatz, auf die Teiloberfläche O_1 angewendet, ergibt für

$$\int_{O_1} p \, d\vec{o} = 0 \quad \text{und} \quad \int_{O_1} \rho \, \vec{v} \, \vec{v} \cdot d\vec{o} \Big|_x = -\rho \, v_1^2 A_1 + \rho \, v_4^2 A_4 \, ,$$

woraus wegen $A_1 v_1 = A_2 v_2$ mit Gl.(5.28) eine zweite Beziehung für

$$S = \overset{\bullet}{m} (v_1 - v_4) \tag{5.35}$$

folgt. Die Gln.(5.34) und (5.35) gleichgesetzt, ergeben für die Geschwindigkeit in der Flügelebene

$$v_s = \frac{1}{2}(v_1 + v_4) . \tag{5.36}$$

Die von der Turbine aufgenommene Leistung ist gleich der von einem Propeller an das Fluid abgegebenen Leistung

$$P = v_s S = \frac{\rho}{4} A_s(v_1 + v_4)(v_1^2 - v_4^2) . \tag{5.37}$$

Die gesamte kinetische Energie, die der Wind an der Fläche A_s zur Verfügung stellt, ist

$$P_{Gk} = \frac{\rho}{2} v_1^2 \overset{\bullet}{V} = \frac{\rho}{2} v_1^3 A_s . \tag{5.38}$$

Das Verhältnis von Gl.(5.37) zu Gl.(5.38) ergibt den Leistungsbeiwert

$$c_p = \frac{P}{P_{Gk}} = \frac{1}{2}(1 + \xi)(1 - \xi^2) \quad \text{mit} \quad \xi = \frac{v_4}{v_1} . \tag{5.39}$$

Das Maximum des Leistungsbeiwertes erhalten wir aus der Extremalforderung

$$\frac{\mathrm{d}}{\mathrm{d}\xi} c_p = \frac{1}{2}(1 - \xi^2) - \xi(1 + \xi) = 0 \quad \text{zu} \quad \xi = \frac{v_4}{v_1} = \frac{1}{3} . \tag{5.40}$$

Mit den vorgegebenen Zahlenwerten entwickelt die Windturbine die Leistung

$$P = \frac{\rho}{4} A_s(v_1 + v_4)(v_1^2 - v_4^2) = \frac{1.3}{4} \cdot 3.14 \cdot 7.5(25 - 6.25) = 143.51\,\mathrm{W} .$$

Aufgabe 5.60: Aus einem Sandsilo fällt nach dem Öffnen der Verschlußklappe der Sandmassenstrom $\overset{\bullet}{m}_s$ mit der Geschwindigkeit v_s auf ein Förderband. Das Förderband ist gegenüber der Horizontalen um den Winkel α geneigt. Es hat die Länge L, die Breite b und bewegt sich mit der Geschwindigkeit v_F. Die Reibung in den Rollen und zwischen Sand und Luft darf vernachlässigt werden. Der Sand hat die Dichte ρ_s. Für die Bestimmung der horizontalen Spannung in der Sandschicht auf dem Band benötigen wir den Koeffizienten des aktiven Erddruckes k_a.

Gegeben:

$$v_s = 3 \, \text{m/s},$$
$$\rho_s = 2650 \, \text{kg/m}^3,$$
$$\dot{m}_s = 50 \, \text{kg/s},$$
$$b = 1 \, \text{m},$$
$$v_F = 2 \, \text{m/s},$$
$$k_a = 0.25,$$
$$\alpha = 30°,$$
$$p_u = 10^5 \, \text{Pa},$$
$$L = 20 \, \text{m}$$
$$\eta_E = 0.75.$$

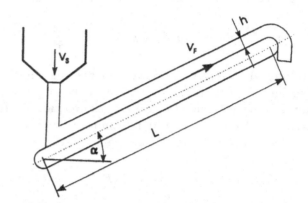

Gesucht:

1. Wie groß ist die Schichthöhe h des Sandes auf dem Förderband?

2. Wie groß ist die Antriebskraft F_A, die bei stationärem Förderbetrieb erforderlich ist?

3. Welche Antriebsleistung P muß bei stationärem Förderbetrieb der E-Motor haben, wenn sein Wirkungsgrad η_E beträgt?

4. Wie groß ist die Kraft F_0, die unmittelbar nach dem Öffnen der Klappe zum Antreiben des Förderbandes aufgebracht werden muß?

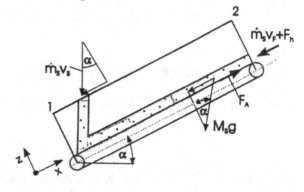

Lösung:
Die Verweilzeit des Sandes auf dem Förderband ist $\Delta t = \frac{L}{v_F}$. Infolgedessen befindet sich im stationären Betrieb die Sandmasse $m_s = \dot{m}_s \frac{L}{v_F} = 500 \, \text{kg}$ auf dem Band.

Die Schichthöhe h des Sandes auf dem Band folgt aus

$$\dot{m}_s = \rho_s \, h \, b \, v_F \quad \text{zu} \quad h = \frac{\dot{m}_s}{\rho_s \, b \, v_F} = \frac{50}{2650 \cdot 1 \cdot 2} = 0.00943 \, \text{m}.$$

Der Impulssatz für die instationäre Fadenströmung lautet nach Gl.(4.8)

$$\dot{m}_1\,\vec{v}_1 - \dot{m}_2\,\vec{v}_2 - p_1\vec{A}_1 - p_2\vec{A}_2 - \int_1^2 \frac{\partial \rho\vec{v}}{\partial t}\mathrm{d}V + \vec{F}_F + \vec{F}_A = 0\,. \qquad (5.41)$$

Das Integral entfällt im vorliegenden Fall, da der Vorgang stationär ist. Mit Ausnahme des Querschnittes 2 ist der Druck um das Impulsgebiet herum konstant, siehe obiges Bild. Der Überdruck im Querschnitt 2 rührt von dem Eigengewicht des Sandes her. Wir bestimmen diese hydrostatische Druckkraft F_h. Über der Sandschicht der Dicke h ändert sich die Spannung in x-Richtung in Abhängigkeit von z

$$p(z) = k_a\,\rho_s\,g(h - z)\cos\alpha\,.$$

Die dadurch am rechten Rand des Impulsgebietes wirkende Druckkraft in x-Richtung beträgt

$$F_h = k_a\rho_s bg\cos(\alpha) \int_0^h (h - z)\mathrm{d}z = k_a\rho_s b\frac{h^2}{2}g\cos\alpha = 0.25\,\mathrm{N}\,. \qquad (5.42)$$

Dieser Kraftanteil ist vernachlässigbar gegenüber den anderen Termen im Impulssatz. Die Gewichtskraft des Sandes auf dem Band hat in x-Richtung die Komponente

$$\vec{F}_F|_x = F_{Fx} = -m_s g\sin\alpha = -\dot{m}_s\,\frac{L}{v_F}g\sin\alpha\,.$$

Mit der Antriebskraft $\vec{F}_A|_x$ des Bandes lautet die x-Komponente des Impulssatzes

$$-\dot{m}_s\,v_s\sin\alpha - \dot{m}_s\,\frac{L}{v_F}g\sin\alpha - \dot{m}_s\,v_F + F_A = 0$$

bzw.

$$F_A = \dot{m}_s\,v_F\left[1 + \left(\frac{v_s}{v_F} + \frac{Lg}{v_F^2}\right)\sin\alpha\right] = 2627.5\,\mathrm{N}\,. \qquad (5.43)$$

Hieraus folgt für den stationären Betrieb die Antriebsleistung des Bandes

$$P = \frac{F_A v_F}{\eta_E} = 7\,\mathrm{kW}\,.$$

Wir betrachten jetzt den Anfahrvorgang des Bandes. Dieser Vorgang ist instationär. Im Impulssatz (5.41) verschwindet die Massenträgheitskraft nicht. Für ein hinreichend kleines Zeitintervall Δt nach dem Öffnen der Verschlußklappe erstreckt sich der Sand auf dem Förderband auf der Länge $0 \leq x = v_F\Delta t < L$. Er hat die Masse $m_s = \dot{m}_s\,\frac{x}{v_F} = \dot{m}_s\,\Delta t$.

Die Geschwindigkeitskomponente v_{sx} des Sandes in x-Richtung erfährt beim Auftreffen des Sandes auf das Band eine unstetige Änderung vom Wert Null auf den Wert v_F.

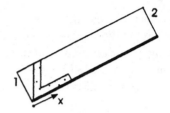

Diese Unstetigkeit ersetzen wir im Zeitintervall Δt durch eine lineare Änderung, so daß wir für den Integranden der Massenträgheit in Gl.(5.41) schreiben:

$$\frac{\partial}{\partial t}(\rho_s v_{sx}) = \rho_s \frac{\partial v_{sx}}{\partial t} = \rho_s \lim_{\Delta t \to 0} \frac{v_F}{\Delta t}\,. \qquad (5.44)$$

Der Impulssatz lautet nun

$$-\dot{m}_s\, v_s \sin\alpha - g\, \dot{m}_s\, \frac{x}{v_F}\sin\alpha + F_A - \int_1^2 \frac{\partial}{\partial t}(\rho_s \vec{v}_s)\Big|_x \mathrm{d}V = 0\,. \qquad (5.45)$$

Mit dem Volumendifferential

$$\mathrm{d}V = \mathrm{d}\left(\frac{m_s}{\rho_s}\right) = \frac{1}{\rho_s}\mathrm{d}m_s = \frac{\dot{m}_s}{\rho_s}\mathrm{d}t$$

erhalten wir für die Massenträgheitskraft

$$\int_1^2 \frac{\partial}{\partial t}(\rho_s \vec{v}_s)\mathrm{d}\left(\frac{m_s}{\rho_s}\right)\Big|_x = \lim_{\Delta t \to 0}\frac{1}{\Delta t}\int_0^{\Delta t} v_F\, \dot{m}_s\,\mathrm{d}t = \dot{m}_s\, v_F\,.$$

Aus Gl.(5.45) folgt für die Bandkraft

$$F_A = \dot{m}_s\, v_F\left[1 + \left(\frac{v_s}{v_F} + \frac{xg}{v_F^2}\right)\sin\alpha\right]\,. \qquad (5.46)$$

Insbesondere erhalten wir für $x = 0$ die Bandkraft beim erstmaligen Auftreffen des Sandes auf das Förderband

$$F_0 = F_A|_{x=0} = \dot{m}_s\, v_F\left(1 + \frac{v_s}{v_F}\sin\alpha\right) = 175\,\mathrm{N}\,. \qquad (5.47)$$

Gl.(5.46) geht für $x = L$ in die stationäre Lösung (5.43) über.

Aufgabe 5.61: Bestimmen Sie die Geschwindigkeit c eines Schwallkopfes gemäß der Aufgabenstellung 5.54, indem Sie den Vorgang vom erdfesten Koordinatensystem aus betrachten!

Lösung:

Vom erdfesten Koordinatensystem aus betrachtet, ist die Schwallausbreitung instationär. Wir müssen daher auf die Erhaltungssätze der instationären Strömung zurückgreifen. Zum Zeitpunkt t befindet sich der Schwallkopf (die Stoßfront) an der Stelle $z + \varepsilon \Delta z$ des raumfesten Impulsgebietes ($0 < \varepsilon < 1$). Wir benötigen die Kontinuitätsgl.(4.1)

$$\overset{\bullet}{m}_2 - \overset{\bullet}{m}_1 = - \int\limits_{s=z}^{z+\Delta z} \frac{\partial \rho A}{\partial t}\, \mathrm{d}s \tag{5.48}$$

$$\text{mit} \quad \overset{\bullet}{m}_1 = v_1\, \rho\, b\, h_1 \quad \text{und} \quad \overset{\bullet}{m}_2 = v_2\, \rho\, b\, h_2 \tag{5.49}$$

und den Impulssatz (4.8)

$$\overset{\bullet}{m}_2\, v_2 - \overset{\bullet}{m}_1\, v_1 + \int\limits_{s=z}^{z+\Delta z} \frac{\partial}{\partial t}(\rho v A)\mathrm{d}s = g\rho b\frac{h_1^2}{2} - g\rho b\frac{h_2^2}{2}\, . \tag{5.50}$$

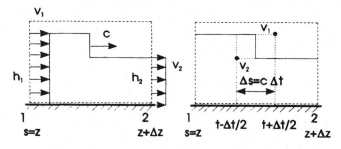

Vorgang zum Zeitpunkt t   Vorgang zu verschiedenen Zeiten

Die Integranden der beiden Integrale sind auf dem Intervall $z \le s \le z + \Delta z$ nicht stetig. Mit der Geschwindigkeit c eilt die Stoßfront nach rechts. Innerhalb des Zeitintervalls Δt legt die Stoßfront den Weg $\Delta s = c\Delta t$ zurück. Es sei nun $\Delta s < \Delta z$, dann befindet sich die Stoßfront stets im Impulsgebiet. Wir betrachten den Integranden $\frac{\partial}{\partial t}(\rho v A) = \rho\frac{\partial}{\partial t}(v A)$ mit ρ =const auf dem Intervall Δz. Auf dem Teilintervall Δs approximieren wir den Integranden durch einen linear ansteigenden Differenzenquotienten

$$\frac{\partial}{\partial t}(vA) = \lim_{\Delta t \to 0} \frac{1}{\Delta t}(v_1 A_1 - v_2 A_2)\Big|_{z+\varepsilon\Delta z - c\frac{\Delta t}{2} \le s \le z+\varepsilon\Delta z + c\frac{\Delta t}{2}}\, .$$

Die Stoßfront läuft auf das mit der Geschwindigkeit v_2 fließende Wasser auf und hinterläßt den Zustand v_1 und h_1. Außerhalb des Intervalls $z + \varepsilon\Delta z - c\frac{\Delta t}{2} \le$

$s \leq z + \varepsilon\Delta z + c\frac{\Delta t}{2}$ ist $\frac{\partial}{\partial t}(vA) = 0$, da sich v und h auf $s < z + \varepsilon\Delta z - c\frac{\Delta t}{2}$ und $s > z + \varepsilon\Delta z + c\frac{\Delta t}{2}$ zeitlich nicht ändern. Damit erhalten wir für das Integral in der Kontinuitätsgleichung

$$\rho \int\limits_{s=z}^{z+\Delta z} \frac{\partial}{\partial t}(vA)\mathrm{d}s = \rho\left\{ \int\limits_{s=z}^{z+\varepsilon\Delta z-c\frac{\Delta t}{2}} \frac{\partial}{\partial t}(vA)\mathrm{d}s + \int\limits_{z+\varepsilon\Delta z+c\frac{\Delta t}{2}}^{z+\Delta z} \frac{\partial}{\partial t}(vA)\mathrm{d}s \right.$$

$$+ \lim_{\Delta t\to 0}\frac{1}{\Delta t} \int\limits_{z+\varepsilon\Delta z-c\frac{\Delta t}{2}}^{z+\varepsilon\Delta z+c\frac{\Delta t}{2}} (v_1A_1 - v_2A_2)\mathrm{d}s \Bigg\} \qquad (5.51)$$

$$= c\rho(v_1A_1 - v_2A_2) = c\rho b(v_1h_1 - v_2h_2).$$

Ganz entsprechend erhalten wir für

$$\int\limits_{s=z}^{z+\Delta z} \frac{\partial}{\partial t}(\rho A)\mathrm{d}s = \rho \lim_{\Delta t\to 0}\left[\frac{1}{\Delta t}(A_1 - A_2)c\Delta t\right] = c\rho b(h_1 - h_2). \qquad (5.52)$$

Die Kontinuitätsgl.(5.48) ergibt mit Gl.(5.49) und (5.52)

$$v_1 = v_2\frac{h_2}{h_1} + c\left(1 - \frac{h_2}{h_1}\right), \qquad (5.53)$$

und für den Impulssatz (5.50) erhalten wir mit den Gln.(5.49) und Gln.(5.51)

$$v_2^2h_2 - v_1^2h_1 + (v_1h_1 - v_2h_2)c = \frac{g}{2}(h_1^2 - h_2^2). \qquad (5.54)$$

Ersetzen wir in Gl.(5.54) v_1 durch Gl.(5.53), dann ergibt sich für c nach einigen Umformungen die quadratische Gleichung

$$(c - v_2)^2 = \frac{g}{2}\frac{h_1}{h_2}(h_1 + h_2)$$

und damit

$$c = v_2 + \sqrt{\frac{g}{2}h_1\left(1 + \frac{h_1}{h_2}\right)}. \qquad (5.55)$$

Dieses Ergebnis ist mit dem Resultat der Aufgabe 5.54 identisch. Die Herleitung ist jedoch im vorliegenden Fall nicht so einfach, wie die in Aufgabe 5.54, wo der Impulssatz auf das Relativsystem angewendet wurde.

Kapitel 6

Gasdynamische Fadenströmung

Schwerpunkte

Thermodynamische Grundbegriffe, Gesetze von Avogadro und Dalton, nullter, erster und zweiter Hauptsatz, Schallausbreitung, kritischer Zustand, Laval-Düse, senkrechter Verdichtungsstoß.

In den Abschnitten 4.1 bis 4.8 haben wir die Grundgleichungen der Fluide zusammengestellt, soweit sie für die Lösung einfacher Aufgaben der Fadenströmung erforderlich sind. Die dargestellten Gleichungen gelten, sofern keine Einschränkungen genannt wurden, auch für die gasdynamische Strömung. In diesem Abschnitt wollen wir die Gleichungen auf spezielle gasdynamische Vorgänge anwenden. Zum besseren Verständnis fassen wir vorher die erforderlichen Grundbegriffe der phänomenologischen Thermodynamik zusammen.

6.1 Thermodynamische Grundbegriffe

Die Thermodynamik erklärt die Phänomene der Energieumwandlung und Energieübertragung. In ihr werden physikalische Prinzipien formuliert, nach welchen entschieden werden kann, in welcher Richtung ein Vorgang abläuft. Beispielsweise bevorzugt die Natur die Umwandlung von nichtthermischer in thermische Energie, ein Ausdruck des Prinzips der Irreversibilität, das der zweite Hauptsatz beschreibt.

> **Definition 6.1:** *Ein thermodynamisches System ist geschlossen, wenn kein Materietransport über die Systemgrenze stattfindet.*

Geschlossene Systeme unterteilt man in isolierte und adiabate Systeme.

> **Definition 6.2:** *Ein isoliertes System hat keinerlei Wechselwirkung mit der Umgebung.*

Bei einem adiabaten System besteht die einzige Wechselwirkung mit der Umgebung in einer Arbeitsleistung.

Erfahrungsgemäß geht jedes thermodynamische System nach hinreichend langer Zeit in einen Zustand über, den es spontan nicht wieder verläßt. Dieser Zustand heißt Gleichgewichtszustand. Durch ihn sind alle Eigenschaften des Systems bestimmt.

Definition 6.3: *Ein thermodynamisches System befindet sich im Gleichgewichtszustand, wenn bei fehlender äußerer Beeinflussung sein Zustand zeitunabhängig ist.*

Die Temperatur ist dem Mittelwert der kinetischen Energie der Moleküle proportional.

Definition 6.4: *Zwei Systeme befinden sich im wechselseitigen thermodynamischen Gleichgewicht, wenn ihre Temperaturen übereinstimmen.*

Satz 6.1:
Nullter Hauptsatz: *Immer dann, wenn sich zwei Systeme mit einem dritten System im thermodynamischen Gleichgewicht befinden, befinden sie sich auch untereinander im thermodynamischen Gleichgewicht.*

Den Zusammenhang zwischen p, V und T, nämlich $\Phi(p, V, T) = 0$, bezeichnet man als thermische Zustandsgleichung.

Durch den ersten Hauptsatz wird die innere Energie E eingeführt. Eine Gleichung der Form $\Psi(E, p, T) = 0$ nennt man kalorische Zustandsgleichung.

Durch die Vorgabe von $\Phi() = 0$ sind die möglichen Gleichungen $\Psi() = 0$ eingeschränkt.

Durch den zweiten Hauptsatz wird die Entropie S eingeführt. Die Gleichung $S = S(E, V)$ nennt man kanonische Zustandsgleichung oder Fundamentalgleichung. Sie enthält sämtliche Informationen über die thermodynamischen Eigenschaften des betreffenden Fluides. Kanonische Zustandsgleichungen in den unabhängigen Variablen T, v und p, T sind für die Anwendung besonders geeignet.

Die fünf Zustandsgrößen Druck p in Pa, Volumen V in m^3, Temperatur T in K, innere Energie E in J und Entropie S in J/K reichen zur Beschreibung der thermodynamischen Gesetze für einfache geschlossene Systeme aus. In diesen einfachen Systemen dürfen keine Phasenübergänge und keine chemischen Reaktionen ablaufen. Elektrische und magnetische Eigenschaften bleiben in den vorliegenden Darlegungen unberücksichtigt. Des weiteren benutzt man noch die Zustandsgrößen

$$H = E + pV \quad \text{Enthalpie in J},$$
$$F = E - TS \quad \text{freie Energie in J},$$
$$G = H - TS \quad \text{Gibbs-Enthalpie in J}.$$

Sie lassen weitere Darstellungen der Fundamentalgleichung zu. Die Zustandsgrößen unterteilt man in intensive und extensive Zustandsgrößen. Intensive Zustandsgrößen sind p und T. Sie sind von der Masse unabhängig. Die extensiven Zustandsgrößen lassen sich auf die Masse m beziehen und ergeben dann die spezifischen Größen:

$$v = \frac{V}{m} \quad \text{in m}^3/\text{kg} \quad \text{spezif. Volumen},$$

$$e = \frac{E}{m} \quad \text{in J/kg} \quad \text{spezif. innere Energie},$$

$$s = \frac{S}{m} \quad \text{in J/(kgK)} \quad \text{spezif. Entropie},$$

$$h = \frac{H}{m} \quad \text{in J/kg} \quad \text{spezif. Enthalpie},$$

$$f = \frac{F}{m} \quad \text{in J/kg} \quad \text{spezif. freie Energie},$$

$$g = \frac{G}{m} \quad \text{in J/kg} \quad \text{spezif. Gibbs-Enthalpie}.$$

Neben den spezifischen Zustandsgrößen gibt es noch die molaren Zustandsgrößen. Sie folgen aus den extensiven Zustandsgrößen, bezogen auf die Molmasse.

Definition 6.5:
Der Normzustand ist zu $T_n = 273.15\,\text{K}, \quad p_n = 1.01325 \cdot 10^5\,\text{Pa} = 760\,\text{Torr}$ *festgelegt.*

Satz 6.2:
Gesetz von Avogadro: *Alle idealen Gase enthalten bei gleichem Druck und gleicher Temperatur in gleichen Volumina die gleiche Anzahl N von Molekülen bzw. Atomen.*

Ist μ die Teilchenmasse (Molekülmasse) und $m = N\mu$ die Masse aller betrachteten N Teilchen , so lautet die thermische Zustandsgleichung des idealen Gases

$$pV = N\mu RT = mRT. \tag{6.1}$$

Hierbei ist R die spezielle Gaskonstante, die von der Art des betrachteten Gases abhängt. Nach dem Gesetz von Avogadro ist bei $p, V, T = $ const auch $N = $ const, d.h., die Anzahl N der Gasteilchen, die sich in V befinden, sind unabhängig von der Gasart. Aus Gl.(6.1) folgt dann, daß μR eine universelle Konstante sein muß. Da die Teilchenzahl N eine relativ große Zahl ist, ist μR eine relativ kleine Zahl. Man hat daher das Verhältnis

$$n = \frac{N}{N_L} \quad \text{in} \quad \text{kmol}, \tag{6.2}$$

die sogenannte Molmenge, eingeführt. In Gl.(6.2) ist $N_L = 6.02217 \cdot 10^{26}$ /(kmol) die Loschmidt-Konstante oder die Avogadro-Konstante. Sie kennzeichnet die Anzahl der Atome (Moleküle bzw. Elementarteilchen), die in 12 kg des Kohlenstoffisotops ^{12}C enthalten sind. N_L ist also eine Bezugsteilchenzahl pro 1 kmol. Mit der Molmenge n kann man für die Gasmasse $m = N\mu = n N_L \mu$ schreiben. Das Verhältnis $\frac{m}{n} = N_L \mu = \mathcal{M}$ ist die Molmasse in kg/kmol. Sie ist eine spezifische Stoffeigenschaft und beträgt z.B. bei Sauerstoff 32 kg/kmol. Wir führen nun die Molmasse $\mathcal{M}$ in die thermische Zustandsgleichung ein:

$$pV = n \mathcal{M} R T. \tag{6.3}$$

Da einerseits μR eine Konstante ist und andererseits $\mu = \frac{\mathcal{M}}{N_L}$ gilt, muß nach $\mu R = \frac{\mathcal{M}}{N_L} R$ auch $\mathcal{M} R = \mathcal{R}$ eine universelle Konstante sein. In der thermischen Zustandsgleichung

$$p \frac{V}{n} = p \bar{v} = \mathcal{R} T = \mathcal{M} R T \tag{6.4}$$

ist $\bar{v} = \frac{V}{n}$ in m^3/(kmol) das molare Volumen, bzw. das Molvolumen, eine Größe, die ebenfalls unabhängig von der Gasart ist. Über den Normalzustand läßt sich nach Gl.(6.4) die universelle Gaskonstante zu $\mathcal{R} = 8314.41$ Nm/(kmol K) angeben. Das reale Verhalten eines Gases berücksichtigt man in der thermischen Zustandsgleichung der idealen Gase durch den Realgasfaktor $Z(p, T)$ [Ri96], indem R durch $Z R$ ersetzt wird.

Satz 6.3:
Gesetz von Dalton: *In einer Gasmischung nehmen alle Einzelgase das gleiche Gesamtvolumen V ein. Sie haben die gleiche Temperatur aber verschiedene Partialdrücke p_i.*

Der Druck p der Gasmischung ergibt sich als Summe der Partialdrücke,

$$p = \sum_{i=1}^{k} p_i. \tag{6.5}$$

Ist $g_i = \frac{m_i}{m}$ der Massenanteil der i-ten Gaskomponente und $r_i = \frac{V_i}{V} = \frac{n_i}{n}$ der Raumanteil, dann gilt für das Gemisch:

$$v = \sum_{i=1}^{k} g_i \, v_i \quad \text{spez. Volumen}\,, \quad R = \sum_{i=1}^{k} g_i R_i \quad \text{Gaskonstante}\,,$$

$$\rho = \sum_{i=1}^{k} r_i \, \rho_i \quad \text{Dichte}\,, \quad n = \sum_{i=1}^{k} n_i \quad \text{Molmenge}\,, \quad \mathcal{M} = \sum_{i=1}^{k} r_i \mathcal{M}_i \quad \text{Molmasse}\,.$$

$$(6.6)$$

Befindet sich ein System zum Zeitpunkt t_1 im thermodynamischen Gleichgewicht 1 und zu einem späteren Zeitpunkt t_2 ebenfalls im thermodynamischen Gleichgewicht 2, das aber von 1 verschieden ist, dann hat eine Zustandsänderung stattgefunden. Der Zustandsänderung liegt ein Prozeß zugrunde, der nähere Auskunft darüber gibt, wie der Zustand 2 aus dem Zustand 1 entstanden ist.

Definition 6.6:   *Kann man ein System, in dem ein Prozeß vom Zustand 1 zum Zustand 2 abgelaufen ist, wieder in seinen Ausgangszustand 1 überführen, ohne daß eine Änderung in der Umgebung zurück bleibt, so nennt man den Prozeß reversibel oder umkehrbar. Ist aber der Ausgangszustand 1 des Systems nur mit einer Änderung in der Umgebung wiederherstellbar, so heißt der Prozeß irreversibel oder nicht umkehrbar.*

Alle realen Prozesse verlaufen nichtstatisch und irreversibel. Im Gegensatz zu den nichtstatischen Prozessen nennt man einen Prozeß, der aus einer Folge von Gleichgewichtszuständen besteht quasistatisch. Quasistatische Prozesse sind ideale Prozesse; sie können reversibel, aber auch irreversibel verlaufen. Reversible Prozesse sind also idealisierte Grenzfälle der irreversiblen Prozesse.

Definition 6.7:   *Wärme ist Energie, die die Systemgrenze infolge einer Temperaturdifferenz (stets von höherer zu niederer Temperatur) überschreitet.*

Wir betrachten ein ruhendes geschlossenes thermodynamisches System. Die äußeren Zustandsgrößen des Systems, wie z.B. die Geschwindigkeit und das potentielle Niveau des Systemschwerpunktes, bleiben ungeändert. Ist die kinetische Energie innerhalb des Systems vernachlässigbar und werden elektrische und chemische Energien vernachlässigt, so läßt sich der erste Hauptsatz wie folgt formulieren:

Satz 6.4:

Erster Hauptsatz: *Jedes ruhende geschlossene thermodynamische System besitzt eine charakteristische Zustandsgröße, die innere Energie E. Sie repräsentiert die kinetische Energie der molekularen Struktur des Fluides. Die Änderung der inneren Energie E ist gleich der an das System von der Umgebung (von außen) übertragenen Wärme Q_{12} und der ihr zugeführten Arbeit W_{12}, also*

$$Q_{12} + W_{12} = E_2 - E_1 \tag{6.7}$$

oder mit den spezifischen Größen

$$q_{12} + w_{12} = e_2 - e_1$$

und in differentieller Darstellung

$$\delta q + \delta w = de. \tag{6.8}$$

Während δq und δw unvollständige Differentiale sind, ist de ein vollständiges Differential. Damit wird zum Ausdruck gebracht, daß e eine Zustandsgröße ist, die nur vom End- und Anfangszustand abhängt, nicht aber von der Prozeßführung. Hingegen sind δq und δw Prozeßgrößen. Sie hängen vom Weg der Zustandsänderung ab. Die am System geleistete Arbeit kann in Volumenänderungsarbeit w_{v12} und in Reibungsarbeit w_{R12} unterteilt werden, wobei letztere noch in Schlepp- und Gestaltänderungsarbeit unterschieden wird [Ba89].

Die Erweiterung der Energiebilanz auf instationäre offene Systeme führt auf die Darstellung (4.29).

Der zweite Hauptsatz der Thermodynamik schränkt die Prozesse ein, die nach dem ersten Hauptsatz (dem Energieerhaltungsprinzip) möglich sind. Der erste Hauptsatz ist für die realen Prozesse eine notwendige, aber keine hinreichende Bedingung. Er macht über die Zwangsläufigkeit der Richtung eines realen Prozesses keine Aussage. So treten z.B. bei der Verrichtung mechanischer Arbeit stets Reibverluste auf, die einen Teil der zugeführten mechanischen Energie in Wärme (thermische Energie) umwandeln, die ihrerseits nicht wieder vollständig in mechanische Energie rückwandelbar ist. Caratheodory formulierte diese Tatsache als

---

Satz 6.5:

Unerreichbarkeitsprinzip: *In einem geschlossenen adiabaten System sind von einem gegebenen Anfangszustand aus jene Zustände nicht erreichbar, die eine kleinere innere Energie besitzen als die durch reversible Prozesse erreichbaren Zustände gleichen Volumens.*

Die Aussage des Satzes ist gleichbedeutend mit der Feststellung, daß bei allen
Prozessen eines adiabaten Systems zwischen einem Anfangs- und einem Endzu-
stand der reversible Prozeß die größte Arbeit abgibt, bzw. $E \to$ min strebt für
S und $V =$ const.

Ein weiteres Beispiel für die Irreversibilität realer Prozesse ist der Prozeß zwischen zwei Systemen unterschiedlicher Temperatur. Der reale Prozeß verläuft
stets so, daß die Wärme vom System höherer Temperatur zum System niederer
Temperatur fließt, aber nie umgekehrt.

Reversible Prozesse existieren daher nur in unserer Modellvorstellung. Ein differentieller Unterschied zwischen den Kräften läßt einen reversiblen Prozeß in
beide Richtungen gleichwertig ablaufen.

Um die Zwangsläufigkeit eines thermodynamischen Prozesses zu beschreiben,
bedarf es einer Zustandsgröße, die aus dem ersten Hauptsatz ableitbar ist. Für
reversible Prozesse lautet der erste Hauptsatz in den spezifischen Größen

$$
\begin{aligned}
\delta q_{rev} = \mathrm{d}e(v,T) + p(v,T)\mathrm{d}v &= \left[\frac{\partial e(v,T)}{\partial v} + p(v,T)\right]\mathrm{d}v + \frac{\partial e(v,T)}{\partial T}\mathrm{d}T \\
&= M(v,T)\mathrm{d}v + N(v,T)\mathrm{d}T .
\end{aligned}
$$

Der linke Ausdruck δq_{rev} dieser Gleichung ist kein vollständiges Differential,
denn die Integrabilitätsbedingung [WeMe94]

$$
\frac{\partial M}{\partial T} = \frac{\partial^2 e(v,T)}{\partial T \partial v} + \frac{\partial p(v,T)}{\partial T} \neq \frac{\partial N}{\partial v} = \frac{\partial^2 e(v,T)}{\partial v \partial T}
$$

ist ganz offensichtlich verletzt. Mit Hilfe des sogenannten integrierenden Fak-
tors $\mu(v,T)$ gelingt es jedoch, den obigen linearen Differentialausdruck in das
vollständige Differential

$$
\mu \, \delta q_{rev} = \mu M \, \mathrm{d}v + \mu N \, \mathrm{d}T = \mathrm{d}s
$$

zu wandeln, dessen Integral dann unabhängig von der Prozeßführung ist. Die
erhaltene Zustandsgröße s ist die spezifische Entropie. Die Integrabilitätsbedingung

$$
\frac{\partial^2 s}{\partial T \partial v} = \frac{\partial^2 s}{\partial v \partial T} \quad \text{bzw.} \quad \frac{\partial}{\partial T}(\mu M) - \frac{\partial}{\partial v}(\mu N) = 0
$$

legt die Dgl.

$$
\frac{1}{\mu}\left(M\frac{\partial \mu}{\partial T} - N\frac{\partial \mu}{\partial v}\right) = \frac{\partial N}{\partial v} - \frac{\partial M}{\partial T}
$$

für den integrierenden Faktor μ fest. Von der partiellen Differentialgleichung
benötigen wir lediglich eine spezielle Lösung. Diese Lösung muß auch für

das perfekte Gas (ideales Gas mit konstanten spezifischen Wärmekapazitäten) Gültigkeit haben. Im letzteren Fall ist $de = c_v dT$ und $M(v, T) = p = \frac{RT}{v}$ und $N(v, T) = c_v = \text{const}$. Die Dgl. für μ reduziert sich dann auf die gewöhnliche Dgl.

$$\frac{1}{\mu}\frac{d\mu}{dT} = -\frac{1}{T},$$

deren Lösung $\mu = \frac{1}{T}$ (bis auf eine Konstante) ist.

Satz 6.6:
Zweiter Hauptsatz: *Jedes System besitzt eine extensive Zustandsgröße s, die Entropie, deren Differential*

$$ds = \frac{\delta q_{rev}}{T} = \frac{1}{T}\left(de + p\, dv\right) \qquad (6.9)$$

ist. Hierin ist T die nicht negative thermodynamische Temperatur.
Die Entropie eines Systems ändert sich durch Wärme- und Stofftransport über die Systemgrenze und durch irreversible Prozesse im Inneren des Systems (Dissipation).
Die durch Dissipation erzeugte Entropie ist stets größer Null.

Die hier vorgestellte Fassung des zweiten Hauptsatzes lehnt sich an die von Baehr [Ba89] gegebene einfache Fassung an. Eine allgemeinere Darstellung findet man in [Hu95], aber auch in [Ba89]. Es gilt das Extremalprinzip $S \rightarrow$ max für E und $V = \text{const}$.
Ein **perpetuum mobile 1. Art** ist eine Maschine, die mehr mechanische oder elektrische Leistung abgibt, als sie zur Erzeugung nutzt. Diese Einrichtung verstößt gegen den ersten Hauptsatz. Ein **perpetuum mobile 2. Art** ist eine Maschine, die einen Wärmestrom vollständig in mechanische oder elektrische Leistung umwandelt. Sie verstößt nicht gegen den ersten, wohl aber gegen den zweiten Hauptsatz.

6.1.1 Kanonische Zustandsgleichungen (Maxwellsche Relationen)

Für die Anwendung sind die kanonischen Zustandsgleichungen in den meßbaren unabhängigen Variablen v, T und p, T besonders geeignet. Wir stellen die Zustandsgrößen, abhängig von den fundamentalen Funktionen der freien Energie (Helmholtzsche Energie) f und der Gibbs-Enthalpie g, auf. Dabei sollen die Funktionen stetige partielle Ableitungen bis mindestens 3. Ordnung in einem endlichen Definitionsbereich besitzen.

Innere Energie, $e(v,T) = f(v,T) - T\frac{\partial f(v,T)}{\partial T}$:

$$\frac{\partial e(v,s)}{\partial s} = T, \quad \frac{\partial e(v,s)}{\partial v} = -p \quad \rightarrow \quad \frac{\partial T(v,s)}{\partial v} = -\frac{\partial p(v,s)}{\partial s}, \quad (6.10)$$

spezifische Wärmekapazität bei konstantem Volumen

$$
\begin{aligned}
c_v &= \frac{\partial e(v,T)}{\partial T} = T\frac{\partial s(v,T)}{\partial T} = -T\frac{\partial^2 f(v,T)}{\partial T^2} \\
&= T\left[\left(\frac{\partial^2 g(p,T)}{\partial p \partial T}\right)^2 \frac{1}{\frac{\partial^2 g(p,T)}{\partial p^2}} - \frac{\partial^2 g(p,T)}{\partial T^2}\right].
\end{aligned}
\qquad (6.11)
$$

Enthalpie, $h(p,T) = g(p,T) - T\frac{\partial g(p,T)}{\partial T}$:

$$\frac{\partial h(p,s)}{\partial p} = v, \quad \frac{\partial h(p,s)}{\partial s} = T \quad \rightarrow \quad \frac{\partial v(p,s)}{\partial s} = \frac{\partial T(p,s)}{\partial p}, \quad (6.12)$$

spezifische Wärmekapazität bei konstantem Druck

$$
\begin{aligned}
c_p &= \frac{\partial h(p,T)}{\partial T} = T\frac{\partial s(p,T)}{\partial T} = -T\frac{\partial^2 g(p,T)}{\partial T^2} \\
&= T\left(\frac{\partial^2 f(v,T)}{\partial v \partial T}\right)^2 \frac{1}{\frac{\partial^2 f(v,T)}{\partial v^2}} - T\frac{\partial^2 f(v,T)}{\partial T^2}.
\end{aligned}
\qquad (6.13)
$$

Freie Energie, $f(v,T) = e(v,T) - Ts(v,T)$:

$$\frac{\partial f(v,T)}{\partial v} = -p, \quad \frac{\partial f(v,T)}{\partial T} = -s \quad \rightarrow \quad \frac{\partial p(v,T)}{\partial T} = \frac{\partial s(v,T)}{\partial v}. \quad (6.14)$$

Gibbs-Enthalpie, $g(p,T) = h(p,T) - Ts(p,T)$:

$$\frac{\partial g(p,T)}{\partial p} = v, \quad \frac{\partial g(p,T)}{\partial T} = -s \quad \rightarrow \quad \frac{\partial v(p,T)}{\partial T} = -\frac{\partial s(p,T)}{\partial p}. \quad (6.15)$$

Differenz der spezifischen Wärmekapazitäten

$$c_p(v,T) - c_v(v,T) = R(v,T) = T\left(\frac{\partial^2 f(v,T)}{\partial T \partial v}\right)^2 \frac{1}{\frac{\partial^2 f(v,T)}{\partial v^2}}, \quad (6.16)$$

$$c_p(p,T) - c_v(p,T) = R(p,T) = -T\left(\frac{\partial^2 g(p,T)}{\partial p \partial T}\right)^2 \frac{1}{\frac{\partial^2 g(p,T)}{\partial p^2}}. \quad (6.17)$$

Schallgeschwindigkeit (isentrope), Herleitung in Aufg.(6.4)

$$c^2 = v^2 \frac{\partial^2 f(v,T)}{\partial v^2} - v^2 \left(\frac{\partial^2 f(v,T)}{\partial v \partial T} \right)^2 \frac{1}{\frac{\partial^2 f(v,T)}{\partial T^2}} \qquad (6.18)$$

oder

$$c^2 = \frac{v^2}{\left(\frac{\partial^2 g(p,T)}{\partial p \partial T} \right)^2 \frac{1}{\frac{\partial^2 g(p,T)}{\partial T^2}} - \frac{\partial^2 g(p,T)}{\partial p^2}} \, . \qquad (6.19)$$

6.1.2 Thermodynamische Größen und Entropie-Zustandsgleichungen

Die folgenden Beziehungen sind wie die vorangegangenen nicht auf ideale Gase beschränkt. Mit den Gln.(1.13) und (1.14) haben wir die isotherme Kompressibilitätsfunktion K_{isoth} und die Volumenausdehnungsfunktion α angegeben. Wir ergänzen diese Stoffwerte jetzt durch die isentrope Kompressibilitätsfunktion

$$K_{isentr} = \frac{1}{\rho} \frac{\partial \rho(p,s)}{\partial p} \qquad (6.20)$$

und die isochore Spannungsfunktion

$$\beta = \frac{1}{p} \frac{\partial p(\rho,T)}{\partial T} \, . \qquad (6.21)$$

Zwischen den Funktionen α, β und K_{isoth} besteht der Zusammenhang

$$\alpha = K_{isoth} \, \beta \, p \, . \qquad (6.22)$$

Mit diesen Größen lassen sich eine Reihe nützlicher Beziehungen angeben. Für das Differential der inneren Energie gilt:

$$de(\rho,T) = \frac{\partial e(\rho,T)}{\partial \rho} d\rho + c_v(\rho,T) dT$$

mit

$$\frac{\partial e(\rho,T)}{\partial \rho} = \frac{p}{\rho^2} \left(1 - \frac{T}{p} \frac{\partial p(\rho,T)}{\partial T} \right) = \frac{p(\rho,T)}{\rho^2} (1 - T \beta(\rho,T)) \, . \qquad (6.23)$$

Betrachten wir jetzt ein ideales Gas mit der Zustandsgleichung $p = \rho R T$, so ist wegen $\frac{\partial p}{\partial T} = \rho R$ die partielle Ableitung $\frac{\partial e(\rho,T)}{\partial \rho} = 0$. Die innere Energie $e = e(T)$

ist also nur noch eine Funktion der Temperatur. Die gleiche Aussage trifft für die Wärmekapazitäten zu.

Für das Differential der Enthalpie gilt:

$$dh(p,T) = \frac{\partial h(p,T)}{\partial p}dp + c_p(p,T)dT$$

mit

$$\frac{\partial h(p,T)}{\partial p} = \frac{1}{\rho}\left(1 + \frac{T}{\rho}\frac{\partial \rho(p,T)}{\partial T}\right) = \frac{1}{\rho(p,T)}\left(1 - T\,\alpha(p,T)\right). \tag{6.24}$$

Für das ideale Gas ist auch hier wegen $\frac{\partial h(p,T)}{\partial p} = 0$ die Enthalpie $h = h(T)$ nur von der Temperatur abhängig.

Wir weisen noch auf folgende Gleichungen hin:

$$\frac{\partial p(\rho,T)}{\partial T} = \frac{\alpha}{K_{isoth}}\,, \tag{6.25}$$

$$\frac{\partial T(p,s)}{\partial p} = \frac{\alpha T}{\rho c_p}\,, \tag{6.26}$$

$$c_p - c_v = \frac{\alpha^2 T}{\rho K_{isoth}} > 0\,, \tag{6.27}$$

letztere auch als mechanisches Stabilitätskriterium bekannt. Der Zusammenhang zwischen K_{isoth}, K_{isentr} und der Schallgeschwindigkeit lautet:

$$K_{isentr} = K_{isoth} - \frac{\alpha^2 T}{\rho c_p}\,, \tag{6.28}$$

$$\frac{K_{isentr}}{K_{isoth}} = \frac{1}{\kappa} \tag{6.29}$$

und

$$c^2 = \frac{1}{\rho K_{isentr}}\,. \tag{6.30}$$

Entropie-Beziehungen sind:

$$ds(p,T) = \left(c_v + \frac{\alpha^2 T}{\rho K_{isoth}}\right)\frac{dT}{T} - \frac{\alpha}{\rho}dp\,, \tag{6.31}$$

$$ds(\rho,T) = c_v\frac{dT}{T} - \frac{\alpha c^2}{\kappa}\frac{d\rho}{\rho}\,, \tag{6.32}$$

$$ds(p,\rho) = \frac{c_v K_{isoth}}{\alpha T}dp - \left(\frac{\alpha}{\rho K_{isoth}} + \frac{c_v}{\alpha T}\right)\frac{d\rho}{\rho}\,. \tag{6.33}$$

6.1.3 Thermische und kalorische Zustandsgleichung vollkommener Gase

Ein vollkommenes oder perfektes Gas ist ein ideales Gas mit konstanten spezifischen Wärmekapazitäten. Die thermische Zustandsgleichung

$$p = \rho R T \,, \quad \text{gilt mit} \quad R = \text{const.} \tag{6.34}$$

Die Volumenausdehnungsfunktion (1.14) und die Spannungsfunktion (6.21) reduzieren sich auf

$$\alpha = \beta = \frac{1}{T} \,. \tag{6.35}$$

Die isotherme Kompressibilitätsfunktion (1.13) und die isentrope Kompressibilitätsfunktion (6.20) reduzieren sich auf

$$K_{isoth} = \frac{1}{p} \quad \text{und} \quad K_{isentr} = \frac{1}{\kappa p} \quad \text{mit} \quad \kappa = \frac{c_p}{c_v} = \text{const.} \tag{6.36}$$

Mit diesen Relationen (6.35) und (6.36) nehmen die Entropie-Beziehungen (6.31), (6.32) und (6.33) die Gestalt

$$
\begin{aligned}
\mathrm{d}s(p,T) &= c_p \frac{\mathrm{d}T}{T} - R \frac{\mathrm{d}p}{p} \,, \\
\mathrm{d}s(\rho,T) &= c_v \frac{\mathrm{d}T}{T} - R \frac{\mathrm{d}\rho}{\rho} \,, \\
\mathrm{d}s(p,\rho) &= c_v \frac{\mathrm{d}p}{p} - c_p \frac{\mathrm{d}\rho}{\rho}
\end{aligned}
\tag{6.37}
$$

an. Diese Gleichungen lassen sich integrieren. Wir erhalten die kalorische Zustandsgleichung

$$\frac{p}{p_0} = \left(\frac{\rho}{\rho_0} \right)^{\kappa} \cdot e^{\frac{s-s_0}{c_v}} = \left(\frac{T}{T_0} \right)^{\frac{\kappa}{\kappa-1}} \cdot e^{-\frac{s-s_0}{c_p-c_v}} \tag{6.38}$$

Für Luft gilt: $R = 287 \, J/(kgK)$, $c_p = 1004 \, J/(kgK)$ und $\kappa = 1.4$.

Verläuft die Zustandsänderung isentrop, so gilt:

$$\frac{p}{p_0} = \left(\frac{\rho}{\rho_0} \right)^{\kappa} = \left(\frac{T}{T_0} \right)^{\frac{\kappa}{\kappa-1}} \,. \tag{6.39}$$

Der Index 0 kennzeichnet einen Bezugszustand.

Definitionen, Sätze und Formeln

Gegenüber der hydrodynamischen Fadenströmung, in der nur p und v als abhängige Variable auftreten, kommen in der gasdynamischen Fadenströmung noch die abhängigen Variablen ρ, T und s hinzu. Das zu lösende Gleichungssystem besteht aus

- der Kontinuitätsgl.(4.1) oder (4.2),

- der Impuls- oder Bewegungsgl.(4.14) oder (4.13),

- der Energiegl.(4.29) oder (4.30),

- der thermischen Zustandsgl.(6.34), falls es sich um ein ideales oder vollkommenes Gas handelt und

- der kalorischen Zustandsgleichung, Gl.(6.38), falls es sich um ein vollkommenes Gas handelt.

Dieses Gleichungssystem beschreibt die instationäre und die stationäre Fadenströmung mit beliebiger Zustandsänderung.
Die folgenden Übungsaufgaben beziehen sich auf die stationäre Fadenströmung. vorrangig mit adiabater oder isentroper Zustandsänderung.
Die isentrope Zustandsänderung stellt einen einfachen gasdynamischen Anwendungsfall dar. Wir benötigen wegen $s = $ const nur

- die Kontinuitätsgl.

$$\dot{m} = \text{const} \quad \text{bzw.} \quad \frac{d\rho}{\rho} + \frac{dv}{v} + \frac{dA}{A} = 0, \qquad (6.40)$$

- das Integral der Impulsgl.

$$\frac{v^2}{2} + \frac{\kappa}{\kappa - 1}\frac{p}{\rho} = \text{const längs einer Stroml.} \quad \text{bzw.} \quad vdv + \frac{dp}{\rho} = 0, \quad (6.41)$$

- die thermische Zustandsgl. vollkommener Gase

$$p = \rho RT$$

- die Isentrope

$$\frac{p}{\rho^\kappa} = \text{const} \quad \text{(kalorische Zustandsgl. für s = const)}.$$

Die Energiegleichung

$$\frac{v^2}{2} + c_p T = \text{const} \quad \text{längs einer Stromlinie} \tag{6.42}$$

liefert unter den getroffenen Voraussetzungen gegenüber dem Impulssatz keine unabhängige Gleichung. Das ist erklärlich, denn andererseits folgt aus der Kontinuitätsgl., der Euler-Gl. und dem Energiesatz die Isentropie längs der Stromlinie.

Die auf einen isentropen Ausströmvorgang aus einem Kessel angewendete Impulsgleichung (6.41), aufgelöst nach v, wird in der Literatur auch „Ausflußgleichung von de Saint Venant" genannt.

> **Definition 6.8:** *Innerhalb einer Gasströmung wird ein Zustand als kritisch bezeichnet, wenn die örtliche Strömungsgeschwindigkeit gleich der örtlichen Schallgeschwindigkeit ist. In diesem Fall ist die örtliche Mach-Zahl $Ma = 1$.*

Den kritischen Strömungszustand kennzeichnen wir durch einen „Stern". Das kritische Druck-, Dichte- und Temperaturverhältnis ist:

$$\begin{aligned}
\frac{p^\star}{p_0} &= \left(\frac{2}{\kappa + 1}\right)^{\frac{\kappa}{\kappa-1}} = (0.528)\,, \\[2mm]
\frac{\rho^\star}{\rho_0} &= \left(\frac{2}{\kappa + 1}\right)^{\frac{1}{\kappa-1}} = (0.634)\,, \\[2mm]
\frac{T^\star}{T_0} &= \frac{2}{\kappa + 1} = (0.833)\,.
\end{aligned} \tag{6.43}$$

Der Index 0 kennzeichnet im folgenden stets den Ruhe- oder Kesselzustand. Die Zahlenwerte in den Klammern stellen die entsprechenden Werte für Luft mit $\kappa = 1.4$ dar.

Die kritische Schallgeschwindigkeit

$$c^\star = \sqrt{\frac{2\kappa}{\kappa + 1} R T_0} \tag{6.44}$$

und die kritische Stromdichte

$$\rho^\star c^\star = \sqrt{\kappa \left(\frac{2}{\kappa + 1}\right)^{\frac{\kappa+1}{\kappa-1}} p_0 \rho_0} \tag{6.45}$$

hängen, wie alle kritischen Größen, nur vom Kesselzustand ab.

Definition 6.9: *Die kritische Mach-Zahl $Ma^\star = \frac{v}{c^\star}$ ist das Verhältnis von örtlicher Strömungsgeschwindigkeit zur kritischen Schallgeschwindigkeit.*

Satz 6.7: *Eine Laval-Düse arbeitet im Auslegungspunkt, wenn sich das Gas innerhalb der Laval-Düse stetig vom Kesseldruck p_0 auf den Umgebungsdruck p_u entspannt und $\frac{p_u}{p_0} < \frac{p^\star}{p_0}$ ist.*

In diesem Fall herrscht im engsten Querschnitt der Laval-Düse der kritische Zustand.

Zwischen kritischer Mach-Zahl $Ma^\star$ und dem Flächenverhältnis $\frac{A^\star}{A}$ besteht der Zusammenhang

$$\frac{A^\star}{A} = Ma^\star \left(\frac{1 - \frac{\kappa-1}{\kappa+1} Ma^{\star 2}}{1 - \frac{\kappa-1}{\kappa+1}} \right)^{\frac{1}{\kappa-1}} . \tag{6.46}$$

Das Flächenverhältnis $\frac{A^\star}{A}$ ist im Strömungsdiagramm, Seite 197, über $Ma^\star$ aufgetragen.

Verdichtungsstöße treten in Überschallströmungen auf oder in instationären Leitungsströmungen.

Der senkrechte Stoß führt stets auf Unterschall. Charakterisiert der Index 1 den Überschallzustand vor dem Stoß und der Index 2 den Unterschallzustand nach dem Stoß, so gelten über den stationären senkrechten Verdichtungsstoß hinweg folgende Gleichungen:

$$\frac{v_2}{v_1} = \frac{\rho_1}{\rho_2} = \frac{1}{Ma_1^2}\left[1 + \frac{\kappa-1}{\kappa+1}(Ma_1^2 - 1)\right],$$

$$\frac{p_2}{p_1} = 1 + \frac{2\kappa}{\kappa+1}(Ma_1^2 - 1),$$

$$\frac{T_2}{T_1} = \frac{p_2\rho_1}{p_1\rho_2} = \left(\frac{c_2}{c_1}\right)^2 \tag{6.47}$$

$$= \frac{1}{Ma_1^2}\left[1 + \left(\frac{\kappa-1}{\kappa+1}\right)(Ma_1^2 - 1)\right]\left[1 + \frac{2\kappa}{\kappa+1}(Ma_1^2 - 1)\right],$$

$$Ma_1^\star \cdot Ma_2^\star = 1,$$

$$s_2 - s_1 = c_v \ln\left\{ \left[1 + \frac{2\kappa}{\kappa+1}(Ma_1^2 - 1)\right]\left[\frac{\kappa-1}{\kappa+1} + \frac{2}{\kappa+1}\frac{1}{Ma_1^2}\right]^\kappa \right\}.$$

Die Entwicklung der Entropiezunahme um Ma_1 nach dem Parameter $Ma_1^2 - 1$ in eine Potenzreihe führt auf

$$s_2 - s_1 = c_v \frac{2\kappa(\kappa-1)}{3(\kappa+1)^2}(Ma_1^2 - 1)^3 - + \cdots \tag{6.48}$$

Ein „Verdünnungsstoß", d.h. ein unstetiger Übergang von einer Unterschall-strömung auf eine Überschallströmung, ist nicht möglich, da der Verdünnungs-stoß dem zweiten Hauptsatz widerspricht. Infolge der Entropiezunahme beim Stoß findet eine Ruhedruckabwertung statt, Strömungsdiagramm Seite 197. Wird das Gas nach dem Stoß isentrop auf den Ruhezustand verzögert, so er-reicht es nicht den Ruhedruck vor dem Stoß. Es gilt

$$\frac{p_{02}}{p_{01}} = e^{-\frac{s_2 - s_1}{c_v(\kappa - 1)}} \leq 1 \,. \tag{6.49}$$

Die Druck-Dichte-Beziehung des senkrechten Verdichtungsstoßes

$$\frac{\rho_2}{\rho_1} = \frac{\frac{\kappa+1}{\kappa-1} + \frac{p_1}{p_2}}{1 + \frac{\kappa+1}{\kappa-1}\frac{p_1}{p_2}}\,, \quad \frac{\rho_2}{\rho_1}\bigg|_{max} = \frac{\kappa+1}{\kappa-1} = (6) \tag{6.50}$$

strebt für $p_2 \to \infty$ einem endlichen Maximum zu. Damit läßt sich die Dichte des Gases durch einen Stoß nicht beliebig erhöhen, wie das in einem Kolben-verdichter theoretisch möglich ist.

Die Geschwindigkeit c_s, mit der sich der senkrechte Stoß in ein ruhendes Gas ausbreitet, ist

$$c_s = c_1 \sqrt{1 + \frac{\kappa+1}{2\kappa}\left(\frac{p_2}{p_1} - 1\right)} \tag{6.51}$$

6.2 Fragen zur Gasdynamik

Frage 6.1: Beschreiben Sie einen einfachen irreversiblen thermodynamischen Prozeß!

Frage 6.2: Beschreiben Sie einen reversiblen thermodynamischen Prozeß und die Bedingungen, unter denen er sich einstellt!

Frage 6.3: Wo verbleibt die große Energie der Antriebsmaschine eines Öltan-kers, die für eine Fahrt vom Persischen Golf nach Hamburg erforderlich ist?

Frage 6.4: Worin unterscheiden sich isentrope und adiabate Zustandsände-rung?

Frage 6.5: Was versteht man unter dem Joule-Thomson-Effekt?

Frage 6.6: Ein Flugzeug hat den Beobachter überflogen, ohne daß dieser das Flugzeug momentan akustisch wahrnehmen kann. Erklären Sie den Sachverhalt!

Frage 6.7: Was versteht man unter dem kritischen Zustand einer Strömung?

Frage 6.8: Auf welche Weise kann ein Überschallstrom erzeugt werden? Nennen Sie die notwendigen Voraussetzungen!

Frage 6.9: Wann arbeitet eine Laval-Düse nicht im Auslegungspunkt?

Frage 6.10: Wie entstehen Verdichtungsstöße in oder am Austritt einer Laval-Düse ?

Frage 6.11: Worin besteht der Unterschied zwischen der adiabaten Verdichtung der Luft in einem Kolbenverdichter und der Verdichtung durch einen senkrechten Verdichtungsstoß?

Frage 6.12: Welchen Druck mißt man in einer Überschallströmung mit dem Pitot-Rohr?

Frage 6.13: Welche Lösung der Stoßgleichung stellt sich in der Regel bei einem schiefen Stoß ein?

Frage 6.14: Was entsteht in einer ebenen Strömung, wenn sich zwei schiefe Stöße kreuzen?

6.3   Aufgaben zur Gasdynamik

Aufgabe 6.1: Ergänzen Sie einen irreversiblen Prozeß der Verdichtung von 1 nach 2 durch einen reversiblen Prozeß von 2 nach 1 zu einem Kreisprozeß! Welche Aussage ergibt sich für die Änderung der Entropie $s_2 - s_1$ nach der Clausiusschen Ungleichung $\oint_{irrev} \frac{\delta q}{T} < 0$?

Aufgabe 6.2: Eine Gasmischung besteht aus i Einzelkomponenten. Zeigen Sie, daß sich die Molmasse $\mathcal{M}$ des Gemisches nach der Beziehung $\mathcal{M} = \sum_i r_i \mathcal{M}_i$ berechnen läßt, die Massenanteile g_i mit den Raumanteilen r_i über die Gleichung $g_i = r_i \frac{\mathcal{M}_i}{\mathcal{M}}$ zusammen hängen und der Partialdruck p_i sich aus dem Druck p der Mischung und dem Raumanteil r_i zu $p_i = r_i\, p$ ergibt!

Aufgabe 6.3: Beweisen Sie die Maxwellschen Relationen (6.10), (6.12), (6.14) und (6.15)!

Aufgabe 6.4: Beweisen Sie die Schallgeschwindigkeitsbeziehung (6.18)!

Aufgabe 6.5: Geben Sie die Gleichung der Tangentialfläche an die thermische Zustandsfläche $\rho = \rho(p, T)$ im Punkte p_0, T_0 an!

Aufgabe 6.6: Beweisen Sie den Zusammenhang $\alpha = K_{isoth}\,\beta\,p$ zwischen der Volumenausdehnungsfunktion, der isothermen Kompressibilitätsfunktion und der Spannungsfunktion!

Aufgabe 6.7: Ein Flugzeug absolvierte ein Testprogramm in verschiedenen Höhen H mit verschiedenen Geschwindigkeiten v_∞. Dabei wurde unter anderem die Temperatur T_0 an der Flugzeugnase gemessen ($c_p = 1004$ J/(kg K)).
Gegeben:

$$H = 1000\,\mathrm{m} \qquad T_\infty = 282\,\mathrm{K} \qquad v_\infty = 1000\,\mathrm{km/h}\,,$$
$$H = 10000\,\mathrm{m} \qquad T_\infty = 223\,\mathrm{K} \qquad v_\infty = 2000\,\mathrm{km/h}\,.$$

Gesucht:
Welche Temperaturen stellen sich im Staupunkt der Flugzeugnase bei den verschiedenen Flughöhen und Geschwindigkeiten ein?

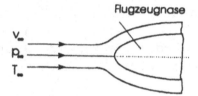

Aufgabe 6.8: Ein punktförmiges Masseteilchen fliegt in einer Höhe $H = 20$ km mit 1500 km/h. Die Temperatur der Luft ($\kappa = 1.4$, $R = 287$ J/(kg K)) betrage $T = 263$ K in der genannten Höhe.
Welche Zeit benötigt ein Schallimpuls, der von dem Masseteilchen bei der Umströmung ausgeht bis zum Erreichen der Erdoberfläche unter der Annahme $T = $ const?
Bestimmen Sie die Mach-Zahl Ma und den halben Öffnungswinkel α des Machkegels, der bei der Umströmung des Teilchens entsteht!

Aufgabe 6.9: In der Praxis werden stationäre adiabate Gasströmungen mit kleiner Geschwindigkeit wie Strömungen inkompressibler Fluide behandelt.
Bis zu welcher Geschwindigkeit ist diese Näherung für eine Luftströmung ($c_p = 1004$ J/(kg K)) zulässig, wenn als zulässige Dichteänderung 2 % der Kesseldichte vorgegeben werden? Die Kesseltemperatur der Gasströmung betrage $T_0 = 300$ K.
Welche örtliche Mach-Zahl entspricht dieser Geschwindigkeit?

Aufgabe 6.10: Luft strömt reibungsfrei aus einem Kessel durch ein Rohr mit veränderlichem Querschnitt (konvergent-divergenter Kanal).
Wie groß sind $Ma^\star$, p, v, ρ und T in den beiden Querschnitten A, wenn in A_{min} der kritische Zustand herrscht und keine Verdichtungsstöße auftreten?
Welche Bedeutung haben die beiden Lösungen?

Gegeben:

$$
\begin{aligned}
T_0 &= 500\,\text{K}, \\
p_0 &= 1\,\text{MPa}, \\
A^\star &= 0.1\,\text{m}^2, \\
A &= 0.15\,\text{m}^2, \\
c_p &= 1004\,\text{J/(kgK)}, \\
\kappa &= 1.4, \\
R &= 287\,\text{J/(kgK)}.
\end{aligned}
$$

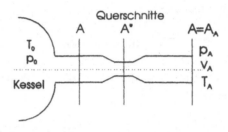

Aufgabe 6.11: Die Laval-Düse (Schubdüse) einer Rakete ist zu entwerfen. Sie soll der senkrecht startenden Rakete mit der Startmasse M_s die Anfangsbeschleunigung b erteilen. Innerhalb der Brennkammer herrscht der Ruhezustand p_0, T_0. Aus der Düse tritt der Gasmassenstrom $\dot{m}_A$ aus.

Gegeben:

$$
\begin{aligned}
M_S &= 100.9\,\text{kg}, \\
b &= 49.5\,\text{m/s}^2, \\
p_0 &= 8.333 \cdot 10^5\,\text{Pa}, \\
T_0 &= 1633\,\text{K}, \\
R &= 287\,\text{J/(kgK)}, \\
\kappa &= 1.4, \\
p_u &= 0.1\,\text{MPa}.
\end{aligned}
$$

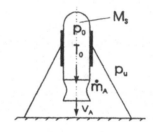

Gesucht:

Für den Auslegungspunkt der Laval-Düse werden

1. im Austrittsquerschnitt der Düse die Geschwindigkeit v_A, die kritische Mach-Zahl $Ma_A^\star$, p_A, T_A, A_A, d_A, $\dot{m}_A$ und

2. die kritischen Werte $p^\star$, $\rho^\star$, $T^\star$, $A^\star$ und $d^\star$ im engsten Querschnitt der Düse gesucht.

Aufgabe 6.12: Welchen Grenzwert nimmt $Ma^\star$ an, wenn die örtliche Mach-Zahl $Ma \to \infty$ strebt?

Aufgabe 6.13: Beweisen Sie, daß die Stromdichte im kritischen Zustand ihr Maximum erreicht!

Aufgabe 6.14: Ein Luftverdichter ist mit einer berührungsfreien Wellendichtung ausgerüstet. Nach der letzten Verdichterstufe stellen sich der Druck p_0 und die Temperatur T_0 ein. Bestimmen Sie für zwei verschiedene Betriebsdrücke p_{01} und p_{02} den Leckgas-Massenstrom $\dot{m}_L$ bei isentroper Zustandsänderung!

Gegeben:

$$
\begin{aligned}
T_0 &= 320\,\text{K}\,, \\
p_{01},\, p_{02} &= 0.15,\ 0.3\,\text{MPa}\,, \\
h &= 2 \cdot 10^{-4}\,\text{m}\,, \\
D &= 0.1\,\text{m}\,, \\
R &= 287\,\text{J/(kgK)}\,, \\
c_p &= 1004\,\text{J/(kgK)}\,, \\
p_u &= 0.1\,\text{MPa}\,.
\end{aligned}
$$

Aufgabe 6.15: Bei einem aufgeladenen Dieselmotor wird die Verbrennungsluft von einem Abgasturbolader in den Zylinder gedrückt.

Wie groß ist der Massendurchsatz $\dot{m}$ durch den Ventilspalt bei dem Ventilhub h_v, wenn der Druck p, die Temperatur T und die Geschwindigkeit v der Luft im Zuströmkanal und der Zylinderdruck p_z für die betrachtete Ventilhubstellung bekannt sind?

Anmerkung: Reibungsverluste sind zu vernachlässigen. Der Strömungsvorgang ist stationär zu betrachten.

Gegeben:

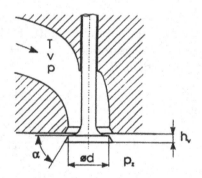

$$
\begin{aligned}
T &= 330\,\text{K}\,, \\
p &= 0.3\,\text{MPa}\,, \\
v &= 100\,\text{m/s}\,, \\
d &= 50\,\text{mm}\,, \\
h_v &= 8\,\text{mm}\,, \\
\alpha &= 60^0\,, \\
R &= 287\,\text{J/(kgK)}\,, \\
\kappa &= 1.4\,, \\
p_z &= 0.15\,\text{MPa}\,.
\end{aligned}
$$

Aufgabe 6.16: Ein wärmeisolierter Kessel mit dem Rauminhalt $V = 30\,\text{m}^3$ enthält Luft von $p_0 = 1.0$ MPa und $T_0 = 290$ K. Durch eine Düse von $d = 0.1$ m Durchmesser strömt Luft in die Umgebung mit dem Druck $p_u = 0.1$ MPa aus. Der Expansionsvorgang vollziehe sich isentrop.

Bestimmen Sie die Ausflußdauer Δt, bis zu der im Düsenaustrittsquerschnitt gerade noch Schallgeschwindigkeit herrscht!

Aufgabe 6.17: Luft mit dem Zustand p_1, T_1 und v_1 strömt durch ein Rohr mit einer plötzlichen Querschnittserweiterung.
Bestimmen Sie p_2, T_2 und v_2 im Querschnitt A_2 bei adiabater Zustandsänderung!
Gegeben:

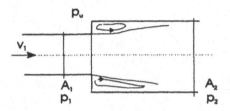

$$T_1 = 280\,\text{K}\,,$$
$$p_1 = 0.12\,\text{MPa}\,,$$
$$v_1 = 194.3\,\text{m/s}\,,$$
$$\frac{A_2}{A_1} = 2\,,$$
$$R = 287\,\text{J/(kgK)}\,,$$
$$\kappa = 1.4\,.$$

Aufgabe 6.18: Mit einem Pitot-Rohr wird in einem Überschallstrom gemessen. Die Parameter der ungestörten Strömung sind bekannt. Bestimmen Sie den Druck p_{02}, der vom Pitot-Rohr gemessen wird!
Gegeben:

$$T_\infty = 280\,\text{K}\,,$$
$$p_\infty = 0.1\,\text{MPa}\,,$$
$$Ma_\infty = 1.8\,,$$
$$R = 287\,\text{J/(kgK)}\,,$$
$$\kappa = 1.4\,.$$

Aufgabe 6.19: Leiten Sie die Prandtlsche Beziehung $Ma_1^\star Ma_2^\star = 1$ für den senkrechten Verdichtungsstoß her! $Ma_1^\star$ ist die kritische Mach-Zahl vor dem Stoß, $Ma_2^\star$ die nach dem Stoß

Aufgabe 6.20: Leiten Sie die Druck-Dichte-Beziehung des senkrechten Verdichtungsstoßes

$$\frac{\rho_2}{\rho_1} = \frac{\frac{\kappa+1}{\kappa-1} + \frac{p_1}{p_2}}{1 + \frac{\kappa+1}{\kappa-1}\frac{p_1}{p_2}}$$

her!

Aufgabe 6.21: Zeigen Sie, daß beim senkrechten Verdichtungsstoß das Verhältnis von Ruhedruck p_{02} nach dem Stoß zu Ruhedruck p_{01} vor dem Stoß der Beziehung

$$\frac{p_{02}}{p_{01}} = e^{-\frac{s_2 - s_1}{c_v(\kappa-1)}}$$

genügt!

Aufgabe 6.22: Das Schubrohr, auch Lorin-Düse (Propulsive duct) genannt, besteht aus einem Diffusor von 1 → 2, in dem die Eintrittsgeschwindigkeit verzögert und der Druck erhöht wird, der Brennkammer von 2 → 3, in der bei konstantem Druck Wärme zugeführt wird und aus der Düse von 3 → 4, in der sich das Gas wieder entspannt und demzufolge beschleunigt wird.

Bestimmen Sie den Gaszustand, d.h. v_3, T_3, ρ_3, p_3 und A_3 am Austritt 3 der Brennkammer, wenn der Gaszustand am Eintritt 2 bekannt ist! Die Brennkammer hat keinen konstanten Querschnitt. Die Reibung ist zu vernachlässigen.

Gegeben:

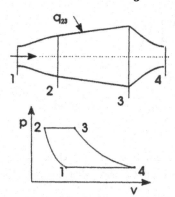

$$
\begin{aligned}
T_2 &= 600\,\text{K}\,, \\
v_2 &= 200\,\text{m/s}\,, \\
\rho_2 &= 3\,\text{kg/m}^3\,, \\
A_2 &= 0.5\,\text{m}^2\,, \\
q_{23} &= 301200\,\text{J/kg}\,, \\
R &= 287\,\text{J/(kgK)}\,, \\
c_p &= 1004\,\text{J/(kgK)}\,.
\end{aligned}
$$

Aufgabe 6.23: In einer Laval-Düse tritt in einem Querschnitt A_s ein senkrechter Verdichtungsstoß auf.

Bestimmen Sie anhand der gegebenen Größen den Ruhedruck p_0 und die Ruhetemperatur T_0 im Düseneintritt, den Massenstrom $\dot{m}_A$ und die Mach-Zahl Ma_A im Düsenaustrittsquerschnitt!

Gegeben:

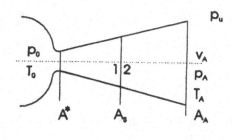

$$
\begin{aligned}
A_s &= 0.008\,\text{m}^2\,, \\
A_A &= 0.01\,\text{m}^2\,, \\
T_A &= 280\,\text{K}\,, \\
p_A &= 0.1\,\text{MPa}\,, \\
v_A &= 174\,\text{m/s}\,, \\
p_u &= p_A\,, \\
R &= 287\,\text{J/(kgK)}\,, \\
\kappa &= 1.4\,.
\end{aligned}
$$

Aufgabe 6.24: Ein Behälter ist durch eine dünne Trennwand in zwei Teilbehälter A und B getrennt. In beiden Teilsystemen befindet sich Wasser mit einer unterschiedlichen Masse und Temperatur. Über die Trennwand fließt ein zeitabhängiger Wärmestrom. Die wärmere Flüssigkeitsmasse m_B kühlt sich ab, und die kühlere Flüssigkeitsmasse heizt sich auf. Nach $t \to \infty$ stellt sich eine mittlere Temperatur T_m ein. Das Gesamtsystem, bestehend aus den beiden Teilsystemen A und B, sei adiabat berandet.

Berechnen Sie die zeitliche Änderung der Temperaturen $T_A(t), T_B(t)$, der Entropien $S_A(t), S_B(t)$, den sich einstellenden Gleichgewichtszustand (Grenzzustand) T_m und die Entropieerhöhung des Gesamtsystems!

Gegeben:

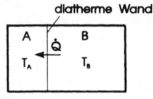

diatherme Wand

$$
\begin{aligned}
m_A &= 1\,\text{kg}\,, \\
m_B &= 2\,\text{kg}\,, \\
c_v &= 4190\,\text{J}/(\text{kg K})\,, \\
k \cdot A &= 0.75\,\text{W}/\text{K}\,, \\
T_A(t = 0) &= 290\,\text{K}\,, \\
T_B(t = 0) &= 350\,\text{K}\,.
\end{aligned}
$$

Hierbei ist A die Fläche der diathermen Trennwand und k die Wärmedurchgangszahl.

Lösung:

Die sich nach $t \to \infty$ einstellende mittlere Temperatur T_m läßt sich sofort aus der Konstanz der inneren Energie des Gesamtsystems bestimmen. Es gilt

$$
E_A + E_B = E_m \quad \text{bzw} \quad m_A c_v T_A(0) + m_B c_v T_B(0) = (m_A + m_B) c_v T_m\,,
$$

woraus sich die sich einstellende mittlere Temperatur des Gleichgewichtszustandes

$$
T_m = \frac{m_A T_A(0) + m_B T_B(0)}{m_A + m_B} = 330\,\text{K}
$$

ergibt. Wir bestimmen nun die zeitlichen Temperatur- und Entropieverläufe des Wassers. Ausgehend von der Änderung der inneren Energie

$$
\mathrm{d}E_A = m_A c_v \mathrm{d}T_A \quad \text{und} \quad \mathrm{d}E_B = m_B c_v \mathrm{d}T_B
$$

jedes Teilsystems, vom ersten Hauptsatz und dem Wärmedurchgang nach Newton

$$
\mathrm{d}E_A = \overset{\bullet}{Q}\,\mathrm{d}t = kA\big(T_B(t) - T_A(t)\big)\mathrm{d}t \quad \text{und} \quad \mathrm{d}E_B = -\overset{\bullet}{Q}\,\mathrm{d}t = -kA\big(T_B(t) - T_A(t)\big)\mathrm{d}t\,,
$$

erhalten wir das gesuchte gewöhnliche Dgl.-System für die zeitliche Änderung der Temperaturen

$$
\frac{\mathrm{d}T_A(t)}{\mathrm{d}t} = a\big(T_B(t) - T_A(t)\big)
$$

und

$$
\frac{\mathrm{d}T_B(t)}{\mathrm{d}t} = -b\big(T_B(t) - T_A(t)\big)
$$

(6.52)

mit

$$a = \frac{kA}{m_A c_v} \quad \text{und} \quad b = \frac{kA}{m_B c_v}.$$

Für die Anfangswerte

$$T_A(t = 0) = T_A(0) \quad \text{und} \quad T_B(t = 0) = T_B(0)$$

lösen wir das System (6.52) numerisch.

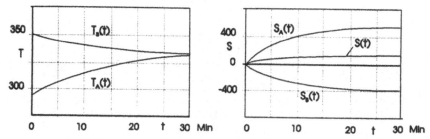

Praktisch stellt sich das thermische Gleichgewicht nach etwa 30 Minuten ein. Mit dem Wärmestrom von B nach A ist stets auch ein Entropiestrom verbunden. Die Entropiebilanz für jedes Teilsystem folgt aus dem zweiten Hauptsatz. Die Zustandsänderung in jedem Teilsystem verlaufe reversibel. Dann gilt

$$\mathrm{d}S_A = \frac{\dot{Q}}{T_A}\mathrm{d}t = m_A c_v \frac{\mathrm{d}T_A}{T_A} \quad \text{und} \quad \mathrm{d}S_B = -\frac{\dot{Q}}{T_B}\mathrm{d}t = m_B c_v \frac{\mathrm{d}T_B}{T_B}. \qquad (6.53)$$

Die Entropie der Masse m_A nimmt zu, die der Masse m_B nimmt ab. Die Integration der Gln.(6.53) ergibt

$$S_A(t) = S_A(0) + m_A c_v \ln\left(\frac{T_A(t)}{T_A(0)}\right) \quad \text{und} \quad S_B(t) = S_B(0) + m_B c_v \ln\left(\frac{T_B(t)}{T_B(0)}\right).$$

Die Entropie des Gesamtsystems ist

$$S(t) = S_A(t) + S_B(t) = S_A(0) + S_B(0) + c_v\left[m_A \ln\left(\frac{T_A(t)}{T_A(0)}\right) + m_B \ln\left(\frac{T_B(t)}{T_B(0)}\right)\right].$$

Im thermodynamischen Gleichgewicht, wo $T_A(t \to \infty) = T_B(t \to \infty) = T_m$ ist, beträgt $S_{max} = 48.31$ J/K, mit $S_A(0) = 0$ und $S_B(0) = 0$.

Aufgabe 6.25: Ein Überschallwindkanal besteht aus einem Hochdruckbehälter, einer Doppel-Laval-Düse mit zylindrischem Testrohr und einem Niederdruckbehälter. Während des Betriebes soll im Testrohr ein senkrechter Verdichtungsstoß auftreten. Durch den Stoß steigt die Entropie des Gases. Der

Ruhedruck p_{02} nach dem Stoß fällt gegenüber dem Ruhedruck p_{01} im Hochdruckbehälter ab. Gleichzeitig steigt der Platzbedarf des Gases nach dem Stoß.
Der engste Querschnitt A_2^* der zweiten Laval-Düse muß größer sein als A_1^* der
ersten Laval-Düse.

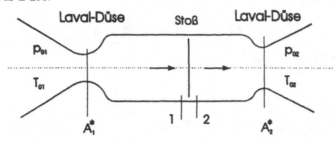

Zeigen Sie, daß

$$\frac{p_{02}}{p_{01}} = \frac{A_1^*}{A_2^*}$$

gilt!

Lösung:
Der Strömungsquerschnitt vor und nach dem Stoß ist der gleiche, also $A_1 = A_2$.
Nach Gl.(6.46) ergeben sich die Flächenverhältnisse zu

$$\frac{A_1^*}{A_1} = Ma_1^*\left(\frac{1 - \frac{\kappa-1}{\kappa+1}Ma_1^{*2}}{1 - \frac{\kappa-1}{\kappa+1}}\right)^{\frac{1}{\kappa-1}} \quad \text{und} \quad \frac{A_2^*}{A_2} = Ma_2^*\left(\frac{1 - \frac{\kappa-1}{\kappa+1}Ma_2^{*2}}{1 - \frac{\kappa-1}{\kappa+1}}\right)^{\frac{1}{\kappa-1}},$$

und demzufolge ist

$$\frac{A_1^*}{A_2^*} = \frac{Ma_1^*}{Ma_2^*} \frac{\left(1 - \frac{\kappa-1}{\kappa+1}Ma_1^{*2}\right)^{\frac{1}{\kappa-1}}}{\left(1 - \frac{\kappa-1}{\kappa+1}Ma_2^{*2}\right)^{\frac{1}{\kappa-1}}}. \tag{6.54}$$

Nach dem Energiesatz gilt für die isentrope Zustandsänderung über die Laval-
Düse bis zum Stoß

$$\frac{p_1}{p_{01}} = \left(1 - \frac{\kappa-1}{\kappa+1}Ma_1^{*2}\right)^{\frac{\kappa}{\kappa-1}} \tag{6.55}$$

und entsprechend

$$\frac{p_2}{p_{02}} = \left(1 - \frac{\kappa-1}{\kappa+1}Ma_2^{*2}\right)^{\frac{\kappa}{\kappa-1}}. \tag{6.56}$$

Die Zustände „1 " und „2 " sind durch die Prandtlsche Beziehung $Ma_2^* Ma_1^* = 1$
und

$$\frac{p_2}{p_1} = 1 + \frac{2\kappa}{\kappa+1}\left(Ma_1^2 - 1\right) = \frac{Ma_1^{*2} - \frac{\kappa-1}{\kappa+1}}{1 - \frac{\kappa-1}{\kappa+1}Ma_1^{*2}} \tag{6.57}$$

miteinander verknüpft. Die letzte Beziehung in Gl.(6.57) ergibt sich unter Nutzung des Zusammenhanges zwischen örtlicher und kritischer Mach-Zahl

$$Ma^2 = \frac{Ma^{\star 2}}{\frac{\kappa+1}{2} - \frac{\kappa-1}{2}Ma^{\star 2}} .$$

Wir bilden nun mit den Gln.(6.55) und (6.56)

$$\frac{p_{02}}{p_{01}} = \frac{p_2}{p_1} \frac{\left(1 - \frac{\kappa-1}{\kappa+1}Ma_1^{\star 2}\right)^{\frac{\kappa}{\kappa-1}}}{\left(1 - \frac{\kappa-1}{\kappa+1}Ma_2^{\star 2}\right)^{\frac{\kappa}{\kappa-1}}} . \qquad (6.58)$$

Ersetzen wir in Gl.(6.58) $\frac{p_2}{p_1}$ nach Gl.(6.57), so folgt schließlich die zu bestätigende Beziehung

$$\begin{aligned}
\frac{p_{02}}{p_{01}} &= \frac{1}{Ma_2^{\star 2}} \frac{\left(1 - \frac{\kappa-1}{\kappa+1}Ma_2^{\star 2}\right)\left(1 - \frac{\kappa-1}{\kappa+1}Ma_1^{\star 2}\right)^{\frac{\kappa}{\kappa-1}}}{\left(1 - \frac{\kappa-1}{\kappa+1}Ma_1^{\star 2}\right)\left(1 - \frac{\kappa-1}{\kappa+1}Ma_2^{\star 2}\right)^{\frac{\kappa}{\kappa-1}}} \\
&= \frac{Ma_1^{\star}\left(1 - \frac{\kappa-1}{\kappa+1}Ma_1^{\star 2}\right)^{\frac{1}{\kappa-1}}}{Ma_2^{\star}\left(1 - \frac{\kappa-1}{\kappa+1}Ma_2^{\star 2}\right)^{\frac{1}{\kappa-1}}} = \frac{A_1^{\star}}{A_2^{\star}} .
\end{aligned}$$

Aufgabe 6.26: Die Druckerhöhung bei Strahlapparaten in der Mischstrecke kann man dazu nutzen, um einen Raum mit erhöhtem Druck (Konverterraum) gegenüber einem zweiten Raum mit niedrigerem Druck (Umgebung) abzusperren. Dieses ventillose Absperrelement nutzt die Impulsänderung eines Treibstrahles. Die Sperrwirkung hält nur solange an, wie der Treibstrahl in Betrieb ist und die Größe seines Impulses einen von den Randbedingungen abhängigen Mindestwert übersteigt. Das Absperrelement ist also an einen ständigen Energieverbrauch gebunden.
Einer Stahlkonverteranlage werden die Zuschläge über eine Rohrstrecke zugeführt. Bestimmen Sie für das ventillose Absperrelement dieser Rohrstrecke in Abhängigkeit von den geometrischen Größen D, L, D_A, vom Widerstandsbeiwert ζ der Saugstrecke, vom Kesselzustand p_{0A}, T_{0A} des Treibstrahles und von den thermischen Gaseigenschaften c_p und R für $v_B = 0$ (der Stickstoff-Treibstrahl saugt keine zusätzliche Luft an) die Größen p_B, v_C, ρ_C, p_C und die Druckdifferenz $p_C - p_u$! Stellen Sie $p_C - p_u$ über $v_B \in [0, 15\,\text{m/s}]$ für $\dot{V}_A = 1300\,\text{m}^3/\text{h}$ und $p_C - p_u$ über $\dot{V}_A \in [700, 1300\,\text{m}^3/\text{h}]$ und $v_B = 0$ m/s grafisch dar!

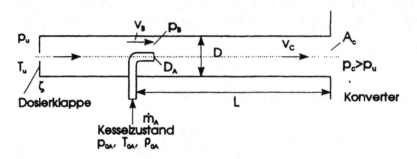

Gegeben:

$$p_{0A} = 1.825 \cdot 10^5 \,\text{Pa}, \qquad T_{0A} = 290 \,\text{K}, \qquad D_A = 0.036 \,\text{m},$$

$$p_u = 1.01285 \cdot 10^5 \,\text{Pa}, \qquad T_u = 290 \,\text{K}, \qquad \zeta = 3,$$

$$\lambda = 0.02, \qquad k = 1.0 \,\text{mm}, \qquad L = 4.5 \,\text{m},$$

$$D = 0.5 \,\text{m}, \qquad R = 287 \,\text{J/(kgK)}, \qquad \kappa = 1.4,$$

$$c_p = 1004 \,\text{J/(kgK)}, \qquad \nu = 1.43 \cdot 10^{-5} \,\text{m}^2/\text{s}, \qquad A_C = A_A + A_B.$$

Lösung:

Das Treibgas strömt aus einem großen Vorratsbehälter, dessen Zustand zeitunabhängig ist. Beim Austritt aus der Düse entspannt es sich auf den Druck p_B im Mischquerschnitt, falls das Druckverhältnis $\frac{p_B}{p_{0A}} \geq \frac{p_A^\star}{p_{0A}}$ unterkritisch ist oder auf $p_A^\star > p_B$, falls $\frac{p_B}{p_{0A}} < \frac{p_A^\star}{p_{0A}}$ überkritisch ist. Im unterkritischen Fall, der hier vorliegt, gilt:

$$p_A = p_B, \quad \rho_A = \rho_{0A}\left(\frac{p_B}{p_{0A}}\right)^{\frac{1}{\kappa}}, \quad T_A = T_{0A}\left(\frac{p_B}{p_{0A}}\right)^{\frac{\kappa-1}{\kappa}}$$

und

$$v_A = \sqrt{2c_p(T_{0A} - T_A)}. \qquad (6.59)$$

Im überkritischen Fall gelten die Beziehungen:

$$p_A = p_A^\star = p_{0A}\left(\frac{2}{\kappa+1}\right)^{\frac{\kappa}{\kappa-1}},$$

$$\rho_A = \rho_A^\star = \rho_{0A}\left(\frac{2}{\kappa+1}\right)^{\frac{1}{\kappa-1}},$$

$$T_A = T_A^\star = T_{0A}\left(\frac{2}{\kappa+1}\right), \qquad (6.60)$$

$$v_A = c_A^\star = \sqrt{\frac{2\kappa}{\kappa+1}RT_{0A}}.$$

In beiden Fällen hängt der Druck p_B in der Mischebene nur von v_B, bzw. vom angesaugten Massenstrom $\dot{m}_B$ und den saugseitigen Widerständen ab. Da die Druckdifferenz gering sein wird, berechnen wir die Strömung saugseitig bis zur Mischebene mit den hydrodynamischen Gleichungen. Es gilt

$$p_B = p_u - \frac{\rho_B}{2}v_B^2\left[1 + \left(\frac{A_B}{A_C}\right)^2\zeta\right].$$ (6.61)

Die Strömung im Mischrohr müssen wir allerdings gasdynamisch betrachten. Ist $p_A > p_B$, dann treten in der Mischstrecke Verdichtungsstöße auf, die sich bis zum Ende des Mischrohres abbauen. Die den Vorgang beschreibenden Gleichungen sind
die Kontinuitätsgl.

$$\rho_A v_A A_A + \rho_B v_B A_B = \rho_C v_C A_C = \dot{m}_C,$$ (6.62)

der Impulssatz mit Wandreibung

$$\rho_A v_A^2 A_A + \rho_B v_B^2 A_B = \rho_C v_C^2 A_C + p_C A_C - p_A A_A - p_B A_B + W,$$ (6.63)

mit

$$\frac{W}{\dot{m}_C} = \frac{\lambda L}{2D}v_C \quad \text{und} \quad \lambda = 0.0055 + 0.15\left(\frac{k}{D}\right)^{\frac{1}{3}} \quad \text{nach Moody}$$

und die Energiegl.

$$\dot{m}_A\left(v_A + \frac{2\kappa}{\kappa-1}\frac{p_A}{\rho_A}\right) + \dot{m}_B\left(v_B + \frac{2\kappa}{\kappa-1}\frac{p_B}{\rho_B}\right) = \dot{m}_C\left(v_C + \frac{2\kappa}{\kappa-1}\frac{p_C}{\rho_C}\right).$$ (6.64)

Mit den Massenverhältnissen

$$n_A = \frac{\dot{m}_A}{\dot{m}_C}, \quad n_B = \frac{\dot{m}_B}{\dot{m}_C} \quad \text{und} \quad n_A + n_B = 1$$ (6.65)

lassen sich die Gln.(6.62) bis (6.64) wie folgt darstellen:

$$\frac{1}{\rho_C} = \frac{v_C A_C}{\dot{m}_C},$$ (6.66)

$$n_A v_A + n_B v_B = v_C\left(1 + \frac{\lambda L}{2D}\right) + \frac{p_C A_C}{\dot{m}_C} - \frac{p_A A_A}{\dot{m}_C} - \frac{p_B A_B}{\dot{m}_C},$$ (6.67)

$$n_A\left(v_A^2 + \frac{2\kappa}{\kappa-1}\frac{p_A}{\rho_A}\right) + n_B\left(v_B^2 + \frac{2\kappa}{\kappa-1}\frac{p_B}{\rho_B}\right) = v_C^2 + \frac{2\kappa}{\kappa-1}\frac{p_C}{\rho_C}.$$ (6.68)

Für ein vorgegebenes v_B bestimmen wir mit den aufgestellten Gln.(6.61), (6.66) bis (6.68) die Größen p_B, v_C, ρ_C und p_C. Das aus den Gln.(6.66) bis (6.68) bestehende Gleichungssystem läßt sich mit den Abkürzungen

$$K_1 = n_A\left(v_A^2 + \frac{2\kappa}{\kappa-1}\frac{p_A}{\rho_A}\right) + n_B\left(v_B^2 + \frac{2\kappa}{\kappa-1}\frac{p_B}{\rho_B}\right),$$

$$K_2 = n_A v_A + n_B v_B + \frac{p_A A_A}{\dot{m}_C} + \frac{p_B A_B}{\dot{m}_C}$$

in eine quadratische Gleichung für v_C

$$v_C^2 - 2v_C\frac{\kappa K_2}{\kappa\left(1+\frac{\lambda L}{D}\right)+1} = -\frac{\kappa-1}{\kappa\left(1+\frac{\lambda L}{D}\right)+1}K_1$$

überführen, deren Lösung

$$v_C = \frac{\kappa K_2}{\kappa\left(1+\frac{\lambda L}{D}\right)+1} - \sqrt{\left[\frac{\kappa K_2}{\kappa\left(1+\frac{\lambda L}{D}\right)+1}\right]^2 - \frac{(\kappa-1)K_1}{\kappa\left(1+\frac{\lambda L}{D}\right)+1}} \qquad (6.69)$$

ist. Nun sind die Größen

$$\rho_C = \frac{\dot{m}_C}{v_C A_C}, \quad T_C = \frac{p_C}{R\rho_C} \quad \text{und} \quad p_C = \left[K_2 - v_C\left(1+\frac{\lambda}{2D}\right)\right]\frac{\dot{m}_C}{A_C} \qquad (6.70)$$

berechenbar. Die Gleichungen lassen sich für verschiedene Betriebspunkte nicht direkt, sondern wegen der $\lambda-$ Berechnung nur iterativ auswerten. Die Auswertung erfolgt deshalb numerisch mit dem Fortran-Programm INJEKT1. Das Absperrelement dichtet maximal einen Druck $p_C = 1.01953 \cdot 10^5$ Pa gegenüber $p_u = 1.01285 \cdot 10^5$ Pa ab. Die maximale Druckdifferenz beträgt also 653 Pa.

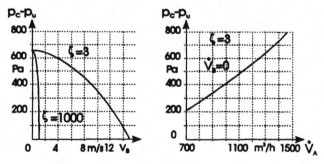

$\zeta = 3$ entspricht der geöffneten Dosierklappe und $\zeta = 1000$ der geschlossenen.

Lösungen und Lösungshinweise

Hydrostatik

Antworten zu den Fragen

1.1 In jeder Kaffeekanne läßt sich der Flüssigkeitsstand nur auf h_0 erhöhen. Füllt man mehr Flüssigkeit ein, dann läuft sie aus der Kannenschnauze aus. Folglich ist $m_1 = m_2$; beide Kannen fassen die gleiche Flüssigkeitsmasse.

Satz: In verbundenen Röhren steht das Fluid auf gleichem Niveau.

Die Römer hatten diese Erfahrung noch nicht gemacht. Sie verlegten ihre 'Wasserleitungen' als offene Gerinne auf gemauerten Rundbögen (Aquädukte). Ihr Argument war: Bei unterirdischer Verlegung ergäben sich Staue. Wasser könne nur abwärts fließen.

Der Aqua Marcia ist 100 km lang. Der Luftweg zwischen seinem Anfang und seinem Ende beträgt hingegen nur 50 km.

1.2 Beide Eimer sind gleichschwer. Der Holzklotz in dem einen Eimer verdrängt eine Wassermasse, deren Eigengewicht identisch ist mit dem Eigengewicht des Holzklotzes. Das verdrängte Wasser fließt über den Eimerrand, während der Holzklotz in das Wasser eintaucht.

1.3 Im kräftefreien Raum nimmt die Wassermasse m die Gestalt einer Kugel an. Die Kugel hat bei gleichem Volumen die kleinste Oberfläche und damit die niedrigste Oberflächenenergie $W = \sigma A$. Die Oberflächenspannung σ der Flüssigkeit hängt von der Temperatur ab.

1.4 Das Barometer von Torricelli besteht aus einem 1 m langen einseitig zugeschmolzenen Glasrohr, das mit Quecksilber gefüllt ist. Mit dem offenen Ende taucht man das Glasrohr in ein mit Quecksilber gefülltes Gefäß und richtet das Glasrohr senkrecht auf. Das Quecksilber kann aus dem Glasrohr nicht vollständig auslaufen; vielmehr bleibt es in einer Höhe von $h \approx 760$ mm stehen. In dem vom Quecksilber im Rohr freigegebenen Raum hat sich ein Vakuum eingestellt. Die Höhe der Quecksilbersäule ist ein Maß für den äußeren Luftdruck, der sich zu $p = g\,\rho_{Hg}\,h = 100964.9$ Pa ergibt.

1.5 Der Druck ist auf den Bodenplatten beider Gefäße gleich groß infolge der gleichen Wasserstandshöhen. Da die Bodenplatten gleichgroße Flächen besitzen, ist das Moment $M_1 = p_1 A a = p_2 A a = M_2$, bzw. $F_1 = F_2$ oder $\frac{F_1}{F_2} = 1$. Die Bodenkraft F kann also kleiner oder größer sein als das Gewicht der gesamten Flüssigkeit in dem Gefäß. Diese Tatsache bezeichnet man als hydrostatisches Paradoxon.

1.6 Wir gehen davon aus, daß der Druck p im Rohr größer als der Umgebungsdruck p_u ist. Der linke Schenkel des U-Rohrmanometers sei mit der Wandanbohrung (Meßstelle) der Rohrleitung verbunden. Auf ihn wirkt der Druck p. Der rechte Schenkel des Manometers sei offen. Auf ihn wirkt p_u.

Wir setzen $\rho_M > \rho_W$ voraus. Die Manometerflüssigkeit ist um den Betrag Δh ausgelenkt. Das Manometer sei gegenüber der Meßstelle so ausgerichtet, daß auf dem Höhenniveau z_1, Bild, im linken Schenkel der zu messende Druck p anliegt.

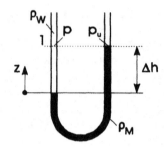

Unter diesen Voraussetzungen folgt aus der Druckgleichheit auf dem Niveau $z = 0$:

$$p + g\,\rho_W\,\Delta h = p_u + g\,\rho_M\,\Delta h \quad \text{oder} \quad p - p_u = g\,\Delta h(\rho_M - \rho_W).$$

Wäre $\rho_M \leq \rho_W$, dann erzeugt die Meßflüssigkeit keine Sperrwirkung und das Wasser würde über das U-Rohrmanometer aus der Rohrleitung austreten. Eine Messung der Druckdifferenz $p - p_u$ wäre in diesem Fall nicht möglich. Folglich muß stets ρ_M hinreichend groß gegenüber ρ_W sein. Große Druckdifferenzen lassen sich auf diese Weise nicht messen.

1.7 Der Sog eines Schornsteins hängt vom Unterschied der Luftdichte ρ_L außerhalb des Schornsteins und der Gasdichte ρ_G innerhalb des Schornsteins und der Schornsteinhöhe ab. Je größer $\rho_L - \rho_G$ ist, desto größer ist bei dem betreffenden Schornstein der Sog.

1.8 Ein Schornstein hat keinen Sog, wenn er längere Zeit außer Betrieb ist. Dann nämlich ist sein Mauerwerk abgekühlt, und die Luft innerhalb und außerhalb des Schornsteins hat gleiche Temperatur.

1.9 In einer ruhenden newtonschen Flüssigkeit existieren keine Schubspannungen. Die Normalspannungen in den drei Koordinatenrichtungen sind gleich groß. Folglich wird der Spannungszustand nur durch p beschrieben.

Lösung der Aufgaben

1.1 Um die 'Magdeburger Halbkugeln' zu trennen, bedarf es 16 Pferde, acht auf jeder Seite, die eine Kraft $F = (p_u - p_i)\frac{d^2\pi}{4} = 11593.4\,\text{N}$ aufbringen müssen.

1.2 Das vom Kanu verdrängte Wassergewicht ist gleich dem Auftrieb. Die unter Wasser befindliche Querschnittsfläche des Kanus beträgt $A = R^2\pi - (R - t)\sqrt{2Rt - t^2}$. Danach ergibt sich die zulässige Gewichtskraft

$$F_G = \rho_w \left[R^2\alpha - (R-t)\sqrt{2Rt - t^2} \right] L \quad \text{mit} \quad \alpha = \arccos\left(\frac{R - t}{R}\right), \quad 0 < t \leq R < h\,.$$

1.3 Der Druck $p_2 = 1.9 \cdot 10^5$ Pa, und die Steighöhen in den Manometerröhren betragen

$$h_1 = \frac{(p_1 - p_u)}{g\rho_w} = 1.02\,\text{m}, \quad h_2 = \frac{(p_1 - p_u)}{g\rho_w}\left(\frac{d_1}{d_2}\right)^2 = 9.17\,\text{m}\,.$$

1.4 Die Auftriebskraft des flüssigen Gußeisens auf den Oberkasten beträgt

$$F = g\rho_G h \frac{\pi}{4}(d_2^2 - d_1^2) = 1.9478\,\text{kN}\,.$$

1.5 Auf beide Seiten der Behälterklappe wirken Flächenlasten. Die resultierende Kraft beträgt

$$F = \frac{3}{2}g\rho_w bh^2 \sin\alpha = 458.76\,\text{kN} \quad \text{und ihr Angriffspunkt} \quad x_F = \frac{4}{9}h = 1.333\,\text{m}\,.$$

1.6 Der Umgebungsdruck hat auf die Öffnungskraft F keinen Einfluß, wenn wir mit Überdrücken rechnen. Ist F_s die Kraft, die das Wasser auf die Kugelschale ausübt, dann gilt das Kräftegleichgewicht $F = F_s + m_s g$. F_s läßt sich auf zwei Arten bestimmen.

1. Wäre eine Halbkugel statt der Halbkugelschale vorhanden, die ganz mit Wasser umgeben ist, so ergäbe sich die Auftriebskraft zu $F_{auf} = \frac{4}{3}\pi r_o^3 \frac{1}{2}g\rho$. Im vorliegenden Fall fehlt aber die Bodenkraft $F_{Bo} = g\rho h\pi r_o^2$. Infolgedessen ist $F_s = g\rho h\pi r_o^2 - \frac{4}{3}\pi r_o^3 \frac{1}{2}g\rho = g\rho\pi r_o^2\left(h - \frac{2}{3}r_o\right)$ und

$$F = m_s g + g\rho\pi r_o^2\left(h - \frac{2}{3}r_o\right) = 9408\,\text{N}\,.$$

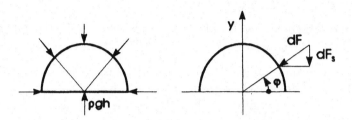

2. Die Kraft F_s folgt auch unmittelbar aus dem Druckintegral über die Kugelschalenoberfläche

$$F_s = 2\pi g\rho r_o^2 \int_0^{\frac{\pi}{2}} \left[\frac{h}{2}\sin(2\varphi) - r_o \sin^2 \varphi \cos\varphi\right] \mathrm{d}\varphi = \pi g\rho r_o^2 \left(h - \frac{2}{3}r_o\right).$$

1.7 Die einzelnen Kräfte, die am Schwimmer wirken, sind: die Auftriebskraft

$$F_{auf} = g\rho_w H_o \frac{3}{4}(A_1 - A_{st}) \approx g\rho_w H_o \frac{3}{4} A_1 \, ,$$

und die Druckkraft auf das Ventil

$$F_D = g\rho_w H(A_2 - A_{st}) \approx g\rho_w H A_2 \, .$$

Aus dem Kräftegleichgewicht folgt:

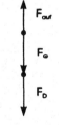

$$F_{auf} = F_G + F_D = F_G + g\rho_w H A_2 = g\rho_w \frac{3}{4} A_1 H_o$$

und damit

$$H_o = \frac{4}{3A_1}\left(\frac{F_G}{\rho_w g} + H A_2\right) = 0.413\,\mathrm{m}\,.$$

1.8 Aus der Druckverteilung am Walzenwehr

$$p(\varphi') = g\rho R_o\left(\frac{h}{R_o} - 1 + \sin\varphi'\right)$$

erhalten wir das Kraftdifferential $\mathrm{d}F = p(\varphi')R_o b\mathrm{d}\varphi'$. Das Differential zerlegen wir in die x- und y-Komponente.

Mit den Beziehungen

$$\sin\vartheta = \frac{h}{R_o} - 1$$

$$\vartheta = arc\sin\left(\frac{h}{R_o} - 1\right) = 30°$$

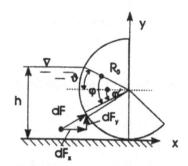

lauten die Integrale dieser Komponenten:

$$F_x = g\rho b R_o^2 \int_{-\vartheta}^{\frac{\pi}{2}} \left[\left(\frac{h}{R_o} - 1\right)\cos\varphi' + \sin\varphi'\cos\varphi'\right]d\varphi'$$

$$= g\rho b R_o^2\left[\left(\frac{h}{R_o} - 1\right)(1 + \sin\vartheta) + \frac{1}{4}(1 + \cos(2\vartheta))\right] = 441450\,\mathrm{N}\,,$$

$$F_y = g\rho b R_o^2 \int_{-\vartheta}^{\frac{\pi}{2}} \left[\left(\frac{h}{R_o} - 1\right)\sin\varphi' + \sin^2\varphi'\right]d\varphi'$$

$$= g\rho b R_o^2\left[\left(\frac{h}{R_o} - 1\right)\cos\vartheta + \frac{1}{2}\left(\frac{\pi}{2} + \vartheta\right) - \frac{1}{4}\sin(2\vartheta)\right] = 495874.9\,\mathrm{N},$$

und die Resultierende $F = \sqrt{F_x^2 + F_y^2} = 663847.2$ N.

1.9 Ausgehend von der allgemeinen Gl.(1.4) in Zylinderkoordinaten

$$\vec{e}_r\frac{\partial p}{\partial r} + \vec{e}_\varphi\frac{1}{r}\frac{\partial p}{\partial\varphi} + \vec{e}_z\frac{\partial p}{\partial z} = \vec{e}_r\, r\,\omega^2\,\rho_{Hg}\,,$$

angewandt auf die Manometerflüssigkeit im horizontalen Schenkel des U-Rohres, folgt für $p(r)$ die Dgl.

$$\frac{dp}{dr} = r\,\omega^2\,\rho_{Hg}\,.$$

Das Integral dieser Gleichung

$$p\left(R + \frac{L}{2}\right) - p\left(R - \frac{L}{2}\right) = g\,\rho_{Hg}\,h = \frac{\omega^2}{2}\rho_{Hg}\left[\left(R + \frac{L}{2}\right)^2 - \left(R - \frac{L}{2}\right)^2\right]$$

hat die Lösung $\omega = \sqrt{\frac{g\,h}{R\,L}}$. Daraus ergibt sich die Fahrgeschwindigkeit des Waggons zu

$$v = \omega\,R = \sqrt{\frac{g\,h\,R}{L}} = \sqrt{\frac{9.81\cdot 0.02\cdot 200}{0.2}} = 14\,\mathrm{m/s} = 50.4\,\mathrm{km/h}\,.$$

1.10 Die Schallgeschwindigkeit, Gl.(1.17), der Luft ist

$$c_L = \sqrt{\kappa\,R\,T} = \sqrt{1.4 \cdot 287 \cdot 293} = 343.1\,\text{m/s}$$

und die Schallgeschwindigkeit des Wassers, Gl.(1.16), beträgt

$$c_w = \sqrt{\frac{E}{\rho}} = \sqrt{\frac{2105 \cdot 10^6}{10^3}} = 1450.8\,\text{m/s}\,.$$

1.11 Der Schornstein ist oben offen, demzufolge herrscht in 100 m Höhe Druckgleichheit zwischen dem Druck im Schornstein und der Umgebung.

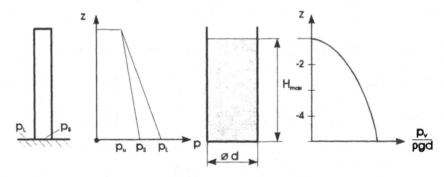

Druckverteilung im Schornstein   Schüttgutsilo mit Druckverteilung
und außerhalb desselben

Da das Gas im Schornstein wärmer ist, als die Umgebungsluft, unterscheiden sich die Dichten

$$\rho_G = \frac{p_u}{R_G T_G} = \frac{1.01 \cdot 10^5}{260 \cdot 473.15} = 0.821\,\text{kg/m}^3 \quad \text{und}$$

$$\rho_L = \frac{p_u}{R_L T_L} = \frac{1.01 \cdot 10^5}{287 \cdot 293.15} = 1.2\,\text{kg/m}^3\,.$$

Die Veränderlichkeit der Dichten mit der Höhe z können wir vernachlässigen. Für den Sog $p_L - p_S = \Delta p_S$ erhalten wir

$$\Delta p_S = g\,H(\rho_L - \rho_G) = 9.81 \cdot 100(1.2 - 0.821) = 372.3\,\text{Pa}\,.$$

1.12 Die inhomogene lineare gewöhnliche Dgl. für die Druckspannung p_v in vertikaler Richtung, Gl.(1.12), läßt sich durch Trennung der Veränderlichen lösen [WeMe94]. Die Lösung der homogenen Gleichung lautet:

$$p_v\big|_{hom} = C\,e^{4\mu_0 k_a \frac{z}{d}}\,, \quad \text{C ist Integrationskonstante}\,;$$

und die partikuläre Lösung ist

$$p_v\big|_{part} = \frac{g\,\rho\,d}{4\,\mu_o\,k_a}\,.$$

Die allgemeine Lösung setzt sich additiv aus der homogenen und der partikulären Lösung zusammen. Als Randbedingung wählen wir $p_v = 0$ für $z = 0$. Mithin ergibt sich

$$p_v = \frac{g\,\rho\,d}{4\,\mu_o\,k_a}\left(1 - e^{-4\mu_o k_a \frac{z}{d}}\right) \quad \text{für } z \geq 0\,.$$

Im vorangegangenen Bild ist p_v aufgetragen. Nach dieser Gleichung beträgt die maximale Füllhöhe H_{max} im Silo

$$H_{max} = -\frac{d}{4\mu_o k_a}\ln\left(1 - \frac{4\mu_o k_a}{g\rho d}p_{vmax}\right) = -\frac{3}{4\cdot 0.25}\ln\left(1 - \frac{2\cdot 10^4}{9.81\cdot 800\cdot 3}\right) = 5.68\,\text{m}\,.$$

1.13 Die Schubspannungsverteilung, Gl.(1.18), der laminaren Rohrströmung

$$\tau = -\eta\frac{\mathrm{d}v}{\mathrm{d}r} = \frac{\Delta p}{2L}r$$

fällt linear mit r zur Rohrmitte auf den Wert Null ab. An der Wand ist $\tau_{max} = \tau_W = \frac{\Delta p}{2L}R$. Δp ist der Druckabfall im Rohr der Länge L.

Ähnlichkeit der Fluide

Antworten zu den Fragen

2.1 Auf Grund der verschiedenen Nullpunkte der beiden Temperaturskalen folgt für das Produkt von Maßzahl · Maßeinheit am Beispiel von $100°C$ in beiden Maßsystemen

$$\frac{100°C}{373.15°K} = \left\{\frac{100}{373.15}\right\}\left[\frac{274.15°K}{1°K}\right] \neq 1\,.$$

Die Temperatur ist in beiden Maßsystemen nicht invariant gegenüber der Änderung der Maßeinheit.

2.2 Die Maßeinheiten $1\,\text{Pa} = 1\,\text{N/m}^2$ sind kohärent.

2.3 Zwei Strömungsfelder (Modell M und Original O) sind ähnlich, wenn ihre Geometrien durch einen konstanten Maßstabsfaktor m verknüpft sind (geometrische Ähnlichkeit), z.B. $\frac{L_O}{L_M} = m$, $\frac{A_O}{A_M} = m^2$,.. und die den Strömungsvorgang bestimmenden Kennzahlen beider Strömungsfelder zu entsprechenden Zeiten gleich sind (physikalische Ähnlichkeit), z.B. $Re_O = Re_M$, $c_{WO} = c_{WM},...$

2.4 Die Kennzahlen charakterisieren die physikalische Ähnlichkeit, d.h., das Verhältnis zweier Kräfte oder Energien in beiden Strömungsfeldern (Modell M und Original O) ist gleich, z.B. $Re_O = Re_M, Ma_O = Ma_M, ..$ Die Re-Zahl ist das Verhältnis von Trägheitskraft/Zähigkeitskraft, und die Ma-Zahl ist das Verhältnis von Trägheitskraft/elastischer Kraft.

2.5 Der Maßstabsfaktor $m = \frac{l_O}{l_M}$ kennzeichnet die geometrische Ähnlichkeit.

2.6 Eine Grenzschicht ist eine dünne körpernahe Reibungsschicht, die sich bei allen Umströmungsproblemen mit $Re > 10^4$ ausbildet. Bei Durchströmvorgängen tritt sie nur im Einlauf auf. Innerhalb der Grenzschicht sind Trägheits- und Zähigkeitskräfte von gleicher Größenordnung. Außerhalb der Grenzschicht, in der sogenannten Außenströmung, dominieren die Trägheitskräfte. Das Grenzschichtmodell stammt von Prandtl.

2.7 Die kritischen Re-Zahlen sind:

$$Re_{krit} = \left. \frac{v_\infty d}{\nu} \right|_{krit} = 1800 \text{ bis } 2300 \quad \text{für die Durchströmung},$$

$$Re_{krit} = \left. \frac{v_\infty l}{\nu} \right|_{krit} = 3 \cdot 10^5 \text{ bis } 2 \cdot 10^6 \quad \text{für die Umströmung},$$

$$Re_{krit} = \left. \frac{v_\infty d}{\nu} \right|_{krit} = 30 \text{ bis } 50 \quad \text{für die Freistrahlen}.$$

Lösung der Aufgaben

2.1 Die den Vorgang beschreibenden Kennzahlen sind Re und c_w. Es gilt $c_{wO} = c_{wM}$. Aus $Re_O = \frac{v_O d_O}{\nu_O} = Re_M = \frac{v_M d_M}{\nu_M}$ folgt der Modelldurchmesser

$$d_M = d_O \frac{v_O \, \nu_M}{v_M \, \nu_O} = 0.01 \frac{120}{3.6 \cdot 0.3 \cdot 13.9} = 0.08 \,\text{m},$$

und aus der geometrischen Ähnlichkeit folgt die Modellrauhigkeit

$$k_M = k_O \frac{d_M}{d_O} = 0.02 \frac{0.08}{0.01} = 0.16 \,\text{mm}.$$

Der Mach-Zahl Einfluß ist bei der vorliegenden Geschwindigkeit vernachlässigbar. Der c_w-Beiwert wird zur Lösung der Aufgabenstellung nicht direkt benötigt. Die Beziehung $c_{wO} = c_{wM}$ erlaubt die Bestimmung der Widerstandskraft pro Drahtlänge am Original, falls im Modellversuch c_{wM} gemessen wurde.

2.2 Aus $Re_M = Re_O$ folgt

$$v_M = v_O \frac{d_O \, \nu_M}{d_M \, \nu_O} = 5 \frac{0.1 \cdot 10^{-6}}{0.005 \cdot 50 \cdot 10^{-6}} = 2 \,\text{m/s}.$$

Aus $c_{wM} = c_{wO}$ folgt

$$\Delta p_{vO} = \Delta p_{vM} \frac{\rho_O \, v_O^2}{\rho_M \, v_M^2} = 8 \cdot 10^5 \frac{840 \cdot 25}{1000 \cdot 4} = 4.2 \cdot 10^5 \mathrm{Pa} \,.$$

2.3 Der Modellmaßstab beträgt $m = \frac{d_O}{d_M} = 3$. Aus $Re_M = Re_O$ folgt

$$v_M = v_O \frac{d_O \, \nu_M}{d_M \, \nu_O} = \frac{6}{3.6} \cdot \frac{3 \cdot 0.14 \cdot 10^{-4}}{0.13 \cdot 10^{-5}} = 53.8 \, \mathrm{m/s} \,.$$

Aus $c_{wO} = \frac{F_{wO}}{A_O \rho_O v_O^2} = c_{wM}$ erhalten wir die Widerstandskraft des Originals

$$F_{wO} = F_{wM} \frac{A_O \, \rho_O \, v_O^2}{A_M \, \rho_M \, v_M^2} = 14 \cdot 9 \cdot 796 \frac{1.666^2}{53.8^2} = 96.11 \, \mathrm{N} \,.$$

2.4 Die Strömungsaufgabe hängt von den Kennzahlen Fr, c_w und Re ab. Der Widerstand an den Brückenpfeilern wird hauptsächlich durch den Wellenwiderstand geprägt. Der Modellmaßstab beträgt $m = \frac{b_O}{b_M} = 25$. Aus der Gleichheit der Froude-Zahlen $Fr_O = Fr_M$ erhalten wir die Fließgeschwindigkeit der Modellströmung

$$v_M = v_O \sqrt{\frac{b_M}{b_O}} = 3 \cdot \sqrt{\frac{1}{25}} = 0.6 \, \mathrm{m/s} \,.$$

Auf die Gleichheit der Re-Zahlen muß verzichtet werden. Die Ähnlichkeit ist daher nicht vollständig.

Der Abstand zwischen den Pfeilern beträgt im Modell $b_M = \frac{b_O}{m} = 0.72 \, \mathrm{m}$. Der Wasserstand ergibt sich aus

$$\dot{V}_M = h_M \, b_M \, v_M = 0.2 \, \mathrm{m}^3/\mathrm{s}$$

zu $h_M = 0.463 \, \mathrm{m}$ am Modell, und am Original ist $h_O = 11.57 \, \mathrm{m}$.

2.5 Aus der Beziehung zwischen den Froude-Zahlen $Fr_O = Fr_M$ erhalten wir die Schleppgeschwindigkeit des Modells

$$v_M = v_O \sqrt{\frac{l_M}{l_O}} = \frac{37}{3.6} \sqrt{\frac{1}{30}} = 1.87 \, \mathrm{m/s} \,.$$

Über $Re_M = Re_O = 3.95 \cdot 10^8$ läßt sich formal die Zähigkeit $\nu_M = \nu_O \frac{l_M v_M}{l_O v_O} = 8 \cdot 10^{-9} \, \mathrm{m}^2/\mathrm{s}$ der Modellflüssigkeit bestimmen. Da es keine Flüssigkeit mit einer derartig geringen Zähigkeit gibt, müssen wir auf die vollständige Ähnlichkeit verzichten. Die Modellgeschwindigkeit muß der Fr-Zahl Bedingung genügen, da der Wellenwiderstand am Schiff bei vorgegebener Reisegeschwindigkeit gegenüber dem Reibungswiderstand dominiert. Wegen $\rho_O = \rho_M$ und $c_{wO} = \frac{F_{wO}}{A_O \rho_O v_O^2} = c_{wM}$ erhalten wir für den Widerstand am Original

$$F_{wO} = F_{wM} \frac{A_O\, v_O^2}{A_M\, v_M^2} = 1.5 \cdot 900 \cdot \frac{10.277^2}{1.87^2} = 40.52\,\text{kN}.$$

2.6 Bei 5 Größenarten und 10 Meßwerten je Größenart ergeben sich 10^4 Meßpunkte. Die 5 Größenarten bilden 2 Kennzahlen. Folglich sind nur noch 10 Meßpunkte erforderlich. Ohne Anwendung der Ähnlichkeitstheorie sind 10^4 Meßpunkte erforderlich und unter Anwendung der Ähnlichkeitstheorie nur noch 10 Meßpunkte.

Kinematik der Fluide

Antworten zu den Fragen

3.1 Bei der Lagrangeschen Beschreibung wird der Lebensweg, d.h. der Ort, die Geschwindigkeit, die Beschleunigung und weitere Eigenschaften eines ausgewählten Fluidelementes mit dem Namen $\vec{x_0}; t_0$ zeitabhängig verfolgt. Die Betrachtung gleicht dem Standpunkt eines Beobachters, der vom Ufer die Bewegung eines Kanus im Fluß verfolgt.

Bei der Eulerschen Betrachtung interessiert man sich für die Eigenschaften der Fluidelemente, die zu verschiedenen Zeiten sich jeweils in dem ausgewählten Raumpunkt $\vec{x}$ befinden. Diese Betrachtungsweise gleicht der eines Anglers, der sich nur auf die Fluidelemente in einer ε-Umgebung seines im Wasser stillstehenden Angelhakens konzentriert, in der Hoffnung, daß ein Fisch anbeißt.

3.2 Die Strömung in einem Gerinne kann man durch das Aufstreuen von kleinen Schwebeteilchen (Bärlappsamen) auf die Flüssigkeitsoberfläche sichtbar machen. Eine Bahnlinie erhält man durch die Langzeitfotografie eines Teilchens. Das Stromlinienbild ergibt sich durch eine Kurzzeitfotografie vieler Teilchen.

3.3 Das Stromlinienbild ist eine Momentaufnahme vom Strömungsfeld. Mehrere Stromlinienbilder in der richtigen Reihenfolge betrachtet, vermitteln eine Vorstellung vom zeitlichen Strömungsablauf (jeder Fernsehfilm besteht aus einer Folge von Stromlinienbildern).

Aufnahmen von einzelnen Bahnlinien gestatten keine zeitliche Zuordnung der betrachteten Fluidteilchen untereinander. Sie sind ungeeignet für die Darstellung eines komplexen Strömungvorganges.

3.4 Für die Entstehung von Drehung (rot $\vec{v} \neq 0$) im Fluid ist in den meisten Fällen die molekulare Reibung verantwortlich (Strömung realer Fluide).

3.5 Zwei Zustände sind möglich.

Die Strömung auf dieser Fläche ist drehungsfrei, d.h., es liegt ein zirkulationsfreies ideales Fluid vor.

Auf der betrachteten Fläche treten gleichgroße Beträge der Drehung mit unterschiedlichem Vorzeichen auf, so daß ihre Summe verschwindet.

3.6 Die Strömungsgeschwindigkeit v ist die Teilchengeschwindigkeit, während die Schallgeschwindigkeit c die Ausbreitungsgeschwindigkeit einer kleinen Druckstörung im Fluid ist (Informationsgeschwindigkeit). Die Schallgeschwindigkeit wird durch die Elastizität des Fluides bestimmt; sie ist eine Stoffeigenschaft. Demgegenüber ist v eine kinematische Größe.

Lösung der Aufgaben

3.1 Komponentendarstellung der Beschleunigung in kartesischen Koordinaten:

$$b_j = \frac{\partial v_j}{\partial t} + v_i \frac{\partial v_j}{\partial x_i} \quad i, j \text{ unabhängig } 1, 2, 3$$

und ausgeschrieben:

$$b_1 = \frac{\partial v_1}{\partial t} + v_1 \frac{\partial v_1}{\partial x_1} + v_2 \frac{\partial v_1}{\partial x_2} + v_3 \frac{\partial v_1}{\partial x_3},$$

$$b_2 = \frac{\partial v_2}{\partial t} + v_1 \frac{\partial v_2}{\partial x_1} + v_2 \frac{\partial v_2}{\partial x_2} + v_3 \frac{\partial v_2}{\partial x_3},$$

$$b_3 = \frac{\partial v_3}{\partial t} + v_1 \frac{\partial v_3}{\partial x_1} + v_2 \frac{\partial v_3}{\partial x_2} + v_3 \frac{\partial v_3}{\partial x_3}.$$

Matrixschreibweise:

$$(b_j) = \left(\frac{\partial v_j}{\partial t}\right) + \left(V_{ij}\right)^T (v_i)$$

mit dem Strömungstensor $(V_{ij}) = \left(\frac{\partial v_j}{\partial x_i}\right)$.

3.2 Die Gleichung der Bahnlinie und die der Stromlinie

$$x_2 = \frac{x_{01} \, x_{02}}{x_1}$$

sind identisch. da die Strömung stationär ist.
Die Strömung ist quellfrei und drehungsfrei,
denn nach Gl.(3.18) ist
$\text{div}\,\vec{v} = \frac{\partial v_1}{\partial x_1} + \frac{\partial v_2}{\partial x_2} = a - a = 0$, und nach
Gl.(3.12) ist $\text{rot}\,\vec{v} = \vec{e}_3\left(\frac{\partial v_2}{\partial x_1} - \frac{\partial v_1}{\partial x_2}\right) = 0$.

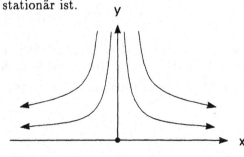

Es handelt sich um die ebene reibungsfreie Staupunktströmung.

3.3 Für $t \to \infty$ nähert sich das Fluidelement der $(x_3 = 0)$-Ebene. Die Geschwindigkeits- und Beschleunigungskomponenten in Lagrangeschen Koordinaten:

$$
\begin{aligned}
v_1 &= a\, x_{01}\, e^{at}, & b_1 &= a^2\, x_{01}\, e^{at}, \\
v_2 &= a\, x_{02}\, e^{at}, & b_2 &= a^2\, x_{02}\, e^{at}, \\
v_3 &= -2\, a\, x_{03}\, e^{-2at}, & b_3 &= 4\, a^2\, x_{03}\, e^{at}
\end{aligned}
$$

und in den Eulerschen Koordinaten:

$$
\begin{aligned}
v_1 &= a\, x_1, & b_1 &= a^2\, x_1, \\
v_2 &= a\, x_2, & b_2 &= a^2\, x_2, \\
v_3 &= -2\, a\, x_3, & b_3 &= 4\, a^2\, x_3.
\end{aligned}
$$

Die Beschleunigungskomponenten ergeben sich aus $b_j = \frac{\partial v_j}{\partial t} + v_i \frac{\partial v_j}{\partial x_i}$ zu

$$
b_1 = 0 + v_1\, a + 0 + 0 = a^2\, x_1, \quad b_2 = a^2\, x_2, \quad b_3 = 4\, a^2\, x_3.
$$

Da die Strömumg drehungsfrei ist, denn es ist rot $\vec{v} = 0$, existiert das Geschwindigkeitspotential

$$
\Phi = \frac{a}{2}\left(x_1^2 + x_2^2 - 2x_3^2\right) + C.
$$

3.4 Über die Dgl. der Stromlinie $\mathrm{d}\vec{x} \times \vec{v} = 0$ erhält man die Stromliniengleichung in Polarkoordinaten $r = C e^{-\frac{a}{b}\varphi}$.

3.5 Für die Bahnlinie in Parameterdarstellung gilt:

$$
\begin{aligned}
r(t) &= a(t - t_0) + r_0, \\
\varphi(t) &= \varphi_0 + \frac{b}{a}\ln\left(\frac{a(t - t_0)}{r_o} + 1\right)
\end{aligned}
$$

bzw.

$$
\frac{r}{r_0} = e^{\frac{a}{b}(\varphi - \varphi_0)}.
$$

Die Bahnlinie ist eine logarithmische Spirale.
Die Stromlinie ist eine Archimedische Spirale

$$
r = r_0 + \frac{a}{b}\left[a(t - t_0) + r_0\right]\varphi - \frac{a}{b}r_0\varphi_0.
$$

3.6 Das Geschwindigkeitsfeld $\vec{v}$ ist in Eulerschen Koordinaten gegeben. Da die Strömung stationär ist, sind Bahn- und Stromlinien identisch. Aus der Dgl. der Bahnlinie $\frac{\mathrm{d}\vec{x}}{\mathrm{d}t} = \vec{v}$ bzw. ihrer Komponentendarstellung

$$
\frac{\mathrm{d}x_1}{\mathrm{d}t} = \frac{2}{x_1} \quad \text{und} \quad \frac{\mathrm{d}x_2}{\mathrm{d}t} = \frac{2x_2}{x_1^2}
$$

ergeben sich durch Integration die Gleichungen

$$x_1 = \sqrt{4t + x_{01}^2}, \qquad x_2 = \frac{x_{02}}{x_{01}}\sqrt{4t + x_{01}^2}$$

der Bahnlinie in Lagrangeschen Koordinaten mit $x_{01} = 1$ m und $x_{02} = 3$ m. Eliminieren wir t, so erhalten wir die Gleichung in Eulerscher Darstellung $x_2 = 3x_1$. Das ist aber auch die Gleichung der Stromlinie, die das Integral der Dgl. $d\vec{x} \times \vec{v} = 0$ ist.

Um den Weg von $x_{01} = 1$ m bis $x_{02} = 3$ m zurückzulegen, benötigt das Fluidteilchen $t = 2$ s.

Reibungsfreie hydrodynamische Strömung

Antworten zu den Fragen

5.1 Die theoretische Saughöhe einer Kolbenpumpe beträgt
$H = \frac{p_u}{\rho g} = \frac{10^5}{10^3 \cdot 9.81} = 10.19\,m$, bei einem Umgebungsdruck von $p_u = 10^5\,Pa$. Praktisch wird diese Höhe nicht ganz erreicht.

5.2 Eine quasistationäre Behälterentleerung vollzieht sich gegenüber einer instationären Entleerung sehr langsam. Das wesentliche Merkmal der quasistationären Entleerung ist, daß wie im stationären Fall die Ausflußgeschwindigkeit eine Funktion der momentanen Flüssigkeitsspiegelhöhe im Behälter ist. Bei der instationären Behälterentleerung erreicht die momentane Ausflußgeschwindigkeit nicht die zur momentanen Spiegelhöhe gehörige stationäre Ausflußgeschwindigkeit. Die durch die schnelle Ventilöffnung entstehenden Wellen innerhalb der Behälterflüssigkeit können während des Ausflußvorganges keinen stationären oder quasistationären Zustand herbeiführen.

5.3 In Gl.(4.6) formen wir das Oberflächenintegral $\int_O \rho\vec{v} \cdot d\vec{o}$ mit Hilfe des Gaußschen Integralsatzes

$$\int_O d\vec{o} \cdot () = \int_V \mathrm{div}()\,dV$$

in ein Volumenintegral um. Da das Volumen, über das integriert wird, endlich und beliebig ist, folgt aus

$$\int_V \left[\frac{\partial\rho}{\partial t} - \mathrm{div}(\rho\vec{v})\right]dV = 0$$

die Gl.(4.7).

5.4 Die Kontinuitätsgleichung der stationären Strömung lautet in integraler Form

$$\dot{m} = \text{const}.$$

5.5 Die Bernoulli-Gleichung der reibungsfreien stationären inkompressiblen Strömung lautet

$$p + \frac{\rho}{2} v^2 + g \rho z = \text{const} \quad \text{längs einer Stromlinie}.$$

5.6 Tritt Kavitation in einer Rohrleitung auf, dann ist die Fluiddichte nicht konstant und folglich gilt nicht mehr die Bernoulli-Gleichung.

5.7 Die Kavitation in einer Falleitung läßt sich dadurch verhindern, daß man am unteren Ende der Leitung durch ein Ventil bzw. eine Düse den Austrittsquerschnitt stark reduziert gegenüber dem Leitungsquerschnitt.

5.8 Ein Flüssigkeitsstrom wird durch eine Düse auf eine große Geschwindigkeit v_1 beschleunigt, so daß der Druck p_1 im Mischquerschnitt des Strahlapparates niedriger als der Umgebungsdruck p_u ist. Auf Grund der Druckdifferenz $p_u - p_1$ kann aus der Umgebung ein zweiter Wasserstrom angesaugt werden. Eine technische Einrichtung dieser Art ist die Wasserstrahlpumpe. Mit ihr lassen sich sehr niedrige Drücke p_1 erzeugen.

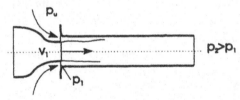

5.9 Die Falldauer der Bombe beträgt $t = \sqrt{\frac{2H}{g}} = \sqrt{\frac{2 \cdot 3000}{9.81}} = 24.73$ s. Die Bombe hat demzufolge die Fallgeschwindigkeit $v = g\,t = 242.6$ m/s beim Aufschlagen auf die Wasseroberfläche. Im Staupunkt stellt sich der Überdruck von

$$p = \frac{\rho}{2} v^2 = 500 \cdot 242.6^2 = 294.29\,\text{bar}$$

ein.

5.10 Das laminare Geschwindigkeitsprofil einer Rohrströmung ist ein Rotationsparaboloid. Das turbulente Geschwindigkeitsprofil ist gegenüber dem laminaren Geschwindigkeitsprofil völliger. Es besitzt bei gleichem Volumenstrom eine kleinere maximale Geschwindigkeit, aber dafür einen steileren Anstieg des Geschwindigkeitsprofils an der Wand, so daß für die Wandschubspannung $\tau_{wl} < \tau_{wt}$ gilt.

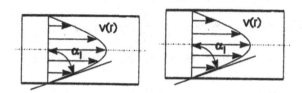

5.11 Der Druckverlust einer laminaren Rohrströmung ist linear von der über dem Querschnitt gemittelten Geschwindigkeit abhängig, d.h. $\Delta p_{vl} \sim v$. Demgegenüber ist im turbulenten Fall $\Delta p_{vt} \sim v^2$.

5.12 Der Druckverlust einer laminaren Rohrströmung hängt nicht von der Wandrauhigkeit ab.

5.13 Eine Oberfläche ist hydraulisch glatt, wenn die mittleren Rauhigkeitserhebungen ganz innerhalb der laminaren Unterschicht liegen, d.h., es muß

$$\frac{\sqrt{\frac{\tau_w}{\rho}} \cdot k}{\nu} < 5$$

gelten. k ist die Rauhigkeitserhebung in m.

5.14 Im Bereich der laminaren Strömung, d.h. für $0 \leq Re \leq 2300$ ist $\lambda = f(Re) = \frac{64}{Re}$.
Im Bereich $Re > 2300$ und hydraulisch glatter Wand ist $\lambda = f(Re)$.
Im Übergangsbereich $65 < Re \cdot \frac{k}{d} < 1300$ ist $\lambda = f\left(Re, \frac{k}{d}\right)$,
und für hydraulisch rauhe Rohre, $Re \cdot \frac{k}{d} > 1300$, ist $\lambda = f\left(\frac{k}{d}\right)$.

5.15 Mit einem Diffusor verzögert man eine Strömung in der Absicht, kinetische Energie in Druckenergie umzusetzen. Erweitert ein Diffusor zu stark seinen Querschnitt, so löst sich die Strömung von der Wand ab. Die dadurch entstehenden Wirbelverluste reduzieren den gewünschten Druckanstieg des Diffusors. Diffusoren verwendet man z.B. im Abstrom von Wasserturbinen.

Lösung der Aufgaben

5.1 Die Zeitdauer der Erwärmung des Wassers beträgt

$$\Delta t = \frac{c_p V \rho}{\overset{\bullet}{Q}} \Delta T = \frac{4182 \cdot 50 \cdot 10^3}{60 \cdot 10^3} \cdot 1 = 3485\,\text{s} = 58\,\text{min}.$$

5.2 Das z-Niveau legen wir in die Ebene 4. Zunächst müssen wir v_4 bestimmen. Nach Bernoulli ist:

$$v_4 = \sqrt{2g(H - h)} = v_1 = v_2 = v_3 = \sqrt{2 \cdot 9.81(3 - 1)} = 6.264\,\text{m/s}.$$

Die Drücke im Flüssigkeitsheber sind:

$$p_1 = p_u - \frac{\rho}{2}v_1^2 = 80381\,\text{Pa} = 0.8038\,\text{bar}, \quad p_2 = p_u - g\rho H = 70571\,\text{Pa} = 0.7057\,\text{bar}$$

und $p_3 = p_1$. Aus dem zulässigen Druckminimum in 2, $p_2 = p_D \approx 0$ bar, folgt

$$h_{max} = \frac{1}{g\rho}\left(p_u - p_D - \frac{\rho}{2}v_4^2\right) = 8.19\,\text{m}, \quad \dot{V} = 1.968 \cdot 10^{-3}\,\text{m}^3/\text{s}$$

und $H_{max} = 10.19$ m.

5.3 Der Überdruck im Behälter beträgt $p_b = 2.3554$ bar, $\dot{V}_2 = 0.001326\,\text{m}^3/\text{s}$.

5.4 Der Druck im Zustrom des Flügels beträgt $p_1 = p_u + g\rho h = 104905$ Pa; die maximale Geschwindigkeit $v_2 = \sqrt{v^2 + \frac{2}{\rho}(p_1 - p_D)} = 33.25$ m/s darf am Flügel nicht überschritten werden.

5.5 Aus dem Druckgleichgewicht am U-Rohrmanometer

$$p_\infty + g\rho_M \Delta h = p_\infty + \frac{\rho_W}{2}v_\infty^2 + g\rho_W \Delta h$$

folgt $v_\infty = \sqrt{2g\Delta h\left(\frac{\rho_M}{\rho_W} - 1\right)} = \sqrt{2 \cdot 9.81 \cdot 0.127(1.4 - 1)} = 1$ m/s.

5.6 Für den betrachteten Zeitpunkt t ergibt die Bernoulli-Gleichung zwischen dem offenen Gefäß a, Spiegel 1 und dem unteren Behälter c:

$$p_u + g\rho z_1 = p_c + \frac{\rho}{2}v_d^2.$$

Der Druck $p_c = p_u + g\rho z_1 - \frac{\rho}{2}v_d^2$ teilt sich dem oberen Behälter b über die Verbindungsleitung e mit. Zwischen Behälter b und der Fontäne besteht der Zusammenhang

$$p_c + g\rho z_2 = p_u + g\rho z_1 + \frac{\rho}{2}v_f^2 = p_u + g\rho(z_1 + h_F).$$

Das Wasser tritt aus der Düse mit der Geschwindigkeit v_f aus. Mit $v_d = v_f \frac{A_f}{A_d}$ erhalten wir aus obiger Gleichung

$$v_f = \sqrt{\frac{2gz_2}{1 + \left(\frac{A_f}{A_d}\right)^2}} = 13.83\,\text{m/s} \quad \text{und} \quad \dot{V} = v_f A_f = 4.346 \cdot 10^{-3}\,\text{m}^3/\text{s} = 4.34\,\text{l/s}.$$

Die Steighöhe der Fontäne beträgt $h_F = \frac{v_d^2}{2g} = 9.75$ m.

Die Fontäne versagt, wenn das Wasser aus dem oberen Behälter b über das Becken a in den unteren Behälter c geflossen ist. Um die Fontäne erneut zu betreiben, muß das Wasser aus dem Behälter c in den Behälter b gehoben werden, d.h., die potentielle Energie des Wassers muß erhöht werden, damit die Fontäne arbeitsfähig wird.

5.7 Die Ausflußgeschwindigkeit ist $v_x = \sqrt{2g(H-h)} = 8.86$ m/s.

Für einen ausfließenden Fluidtropfen gilt nach dem Newtonschen Grundgesetz mit den Anfangsbedingungen:

$$\frac{\mathrm{d}^2 x}{\mathrm{d}t^2} = 0, \quad \frac{\mathrm{d}x}{\mathrm{d}t} = v_x, \quad x = 0$$

$$\frac{\mathrm{d}^2 z}{\mathrm{d}t^2} = -g, \quad \frac{\mathrm{d}z}{\mathrm{d}t} = 0, \quad z = h\,.$$

Die Teilchenbahn lautet in Parameterdarstellung

$$x = t\sqrt{2g(H-h)}, \qquad z = -g\frac{t^2}{2} + h\,.$$

Aus der parameterfreien Darstellung $z = -\frac{x^2}{4(H-h)} + h$ folgt für $z = 0$ die maximale Spritzweite des Wassers zu $x_0 = 2\sqrt{h(H-h)} = 4$ m.

5.8 Der Absolutdruck in der Mündung des Rohres beträgt $p_0 = 0.54863$ bar.

5.9 Zur Lösung der Aufgabe setzen wir eine Bernoulli-Gl. für den Luftstrom unter Vernachlässigung der potentiellen Energie an und eine Bernoulli-Gl. für den Kraftstoffstrom unter Berücksichtigung der potentiellen Energie. Für den Druck p in der Düse erhalten wir

$$p = p_u - \frac{\rho_F}{2}v_F^2 - g\rho_F H = 99415.2\,\mathrm{Pa}\,.$$

Die Geschwindigkeit des Luftstromes in der Düse beträgt

$$v = \sqrt{\frac{2}{\rho_L}\left(g\rho_F H + \frac{\rho_F}{2}v_F^2\right)} = 31.22\,\mathrm{m/s}\,.$$

Der Kraftstoff läuft mit $v_F = \frac{\dot{V}_F}{A_2} = 1$ m/s zu.

5.10 Aus $\Phi = v_0 r_0 \varphi$ folgt mit $v_\varphi = v(r) = \frac{1}{r}\frac{\partial\Phi}{\partial\varphi} = v_0\frac{r_0}{r}$ die Geschwindigkeitsverteilung des Potentialwirbels. In der Potentialströmung hat die Bernoullische Konstante auf allen Stromlinien den gleichen Wert. Folglich gilt für zwei Punkte an der Oberfläche auf unterschiedlichen Radien

$$p_u + \frac{\rho}{2}v^2(r \to \infty) = p_u + \frac{\rho}{2}v^2(r) + g\rho z\,.$$

Wegen $v(r \to \infty) = 0$ erhalten wir für die Spiegelabsenkung

$$z = -\frac{v_0^2}{2g}\left(\frac{r_0}{r}\right)^2,$$

und insbesondere ist $z(r = r_0) = -\frac{v_0^2}{2g} = -0.0127$ m.

5.11 Infolge der Wandhaftung rotiert das Wasser im Behälter wie ein fester Körper. Nach Gl.(4.17) gilt für den radialen Druckgradienten auf dem Niveau $z = 0$

$$\frac{1}{\rho}\frac{dp}{dr} = \frac{v^2}{r} \quad \text{mit} \quad v = \omega r .$$

Mit der Randbedingung $p(r = 0, z = \frac{h}{2}) = p_u + g\rho\frac{h}{2}$ ergibt sich die Druckverteilung

$$p(r) = \rho\omega^2\frac{r^2}{2} + p_u + g\,\rho\frac{h}{2} .$$

An der Behälterwand beträgt der Druck $p(r = R, z = \frac{h}{2}) = p_u + \rho\omega^2\frac{R^2}{2} + g\rho\frac{h}{2} = 3.049 \cdot 10^5$ Pa.

5.12 Die Bernoulli-Gleichung der reibungsfreien instationären Strömung

$$g\rho H = \frac{\rho}{2}v_2^2 + \rho\frac{dv_2}{dt}\int_{s_1}^{s_2}\frac{A_2}{A(s)}\,ds$$

führt auf die Dgl.

$$\frac{d\frac{v_2}{v_0}}{dt} = \left[1 - \left(\frac{v_2}{v_0}\right)^2\right]\frac{v_0}{2L_G}$$

mit $L_G = \frac{A_2}{A_1}H + L = 200.01$ m und $v_0 = \sqrt{2gH} = 14$ m/s.

Die zeitliche Geschwindigkeitszunahme am Austritt 2 beträgt

$$\frac{v_2(t)}{v_0} = \tanh\left(\frac{v_0 t}{2L_G}\right) .$$

$\frac{v_2}{v_0} = 0.97$ stellt sich nach $t_s = 60$ s ein.

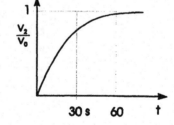

Während dieser Zeit ist das Wasservolumen

$$V = \int_0^{t_s} v_2(t)\,A_2\,dt = 2L_G A_2 \ln\left[\cosh\left(\frac{v_0 t_s}{2L_G}\right)\right] = 56.87\,\text{m}^3$$

ausgeflossen. Der Wasserspiegel ist um $h = 0.569$ m gesunken.

5.13 Wir betrachten eine beliebige Spiegellage $z_1 < H$ zum Zeitpunkt $t > 0$. Hierfür lautet die Bernoulli-Gl.

$$\frac{dv_1}{dt}\int_{s_1}^{s_2}\frac{A_1}{A(s)}ds + \frac{v_1^2}{2}(\delta^2 - 1) = g\,z_1 .$$

Mit dem Integral $\int_{s_1}^{s_2} \frac{A_1}{A(s)} ds = z_1 + \delta L$ über s erhalten wir die Dgl.

$$(z_1 + \delta L)\frac{dv_1}{dt} + \frac{v_1^2}{2}(\delta^2 - 1) = g\,z_1 .$$

Da v_1 nicht unmittelbar von t abhängt, dafür aber von z_1, ist $\frac{dv_1}{dt} = \frac{dv_1}{dz_1}\frac{dz_1}{dt} = -\frac{1}{2}\frac{dv_1^2}{dz_1}$. Die gesuchte Beziehung $\frac{v_1}{v_0} = f\left(\frac{z_1}{H}\right)$ folgt nun über die Lösung der Dgl.

$$(z_1 + \delta L)\frac{dv_1^2}{dz_1} - v_1^2(\delta^2 - 1) = -2g z_1 \quad \text{mit} \quad \delta = \frac{A_1}{A_2} .$$

Wir führen die dimensionslosen Größen $w = \left(\frac{v_1}{v_0}\right)^2$ mit $v_0^2 = 2gH$ und $\eta = \frac{z_1}{H}$ ein. Es ergibt sich für w

$$\frac{dw}{d\eta} - \frac{w}{\eta + \frac{\delta L}{H}}(\delta^2 - 1) = -\frac{\eta}{\eta + \frac{\delta L}{H}}$$

eine inhomogene gewöhnliche lineare Dgl., deren homogene Lösung

$$w\big|_{hom} = C\left(\eta + \frac{\delta L}{H}\right)^{\delta^2 - 1} , \quad C \text{ Integrationskonstante}$$

ist. Die inhomogene Lösung unserer Dgl. erhalten wir über die Variation der Konstanten [WeMe94]. Die Rechnung ergibt

$$w(\eta) = -\frac{1}{2 - \delta^2}\left(\eta + \frac{\delta L}{H}\right) + \frac{1}{1 - \delta^2}\frac{\delta L}{H} + K_1\left(\eta + \frac{\delta L}{H}\right)^{\delta^2 - 1} .$$

Die Anfangsbedingung $w = 0$ für $\eta = 1$ legt die Konstante K_1 fest. Wir erhalten schließlich das Resultat

$$\left(\frac{v_1}{v_0}\right)^2 = \frac{1}{(\delta^2 - 2)}\left(\frac{z_1}{H} + \frac{\delta L}{H}\right)\left[1 - \left(\frac{\frac{z_1}{H} + \frac{\delta L}{H}}{1 + \frac{\delta L}{H}}\right)^{(\delta^2 - 2)}\right]$$

$$+ \frac{1}{(\delta^2 - 1)}\frac{\delta L}{H}\left[\left(\frac{\frac{z_1}{H} + \frac{\delta L}{H}}{1 + \frac{\delta L}{H}}\right)^{(\delta^2 - 1)} - 1\right] .$$

Im Sonderfall $L = 0$ ist

$$\left(\frac{v_1}{v_0}\right)^2 = \frac{1}{(\delta^2 - 2)}\frac{z_1}{H}\left[1 - \left(\frac{z_1}{H}\right)^{(\delta^2 - 2)}\right] .$$

Die Ausflußgeschwindigkeit ist stets

$$\left(\frac{v_2}{v_0}\right) = \delta\left(\frac{v_1}{v_0}\right).$$

5.14 Das z-Niveau legt man in die Gleichgewichtslage der beiden Flüssigkeits-spiegel, siehe Bild. Ausgehend von der Bernoulli-Gl.

$$p_u + \frac{\rho}{2}v_1^2 + g\rho z_1 = p_u + \frac{\rho}{2}v_2^2 + g\rho z_2 + \rho \int\limits_{s_1}^{s_2} \frac{\partial v}{\partial t}ds \,,$$

den Beziehungen $v_2^2 = v_1^2$ wegen $D_1 = D_2$, $z_2 = -z_1$ und $\int\limits_{s_1}^{s_2} \frac{\partial v}{\partial t}ds = L_1 \frac{dv_1}{dt}$ läßt sich die Dgl.

$$\frac{d^2 z_1}{dt^2} + \frac{2g}{L_1}z_1 = 0$$

mit $L_1 = a + e + \left(\frac{A_1}{A_L}\right)(b + c + d)$ angeben.

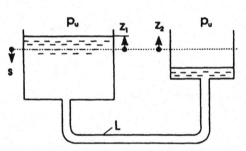

Die Lösung, die den Anfangsbe-dingungen $z_1(t = 0) = h_1$ und $\frac{z_1(t = 0)}{dt} = 0$ genügt, lautet

$$z_1(t) = h_1 \cos\left(t\sqrt{\frac{2g}{L_1}}\right)$$

mit der gesuchten Schwingungs-dauer

$$T = \frac{2\pi}{\omega} = 2\pi\sqrt{\frac{L_1}{2g}} = 2\pi\sqrt{\frac{19.1}{2 \cdot 9.81}} = 6.2\,\mathrm{s}\,.$$

5.15 Um die Schwingungsdifferentialgleichung aufzustellen, betrachten wir den ausgelenkten Zustand im obigen Bild. Ausgehend von der Bernoulli-Gleichung

$$p_u + \frac{\rho}{2}v_1^2 + g\rho z_1 = p_u + \frac{\rho}{2}v_2^2 + g\rho z_2 + \rho \int_{s_1}^{s_2} \frac{\partial v}{\partial t}\,ds$$

mit

$$v(s,t) = v_1\frac{A_1}{A(s)}, \quad z_2 = -z_1\frac{A_1}{A_2}, \quad v_2 = -v_1\frac{A_1}{A_2},$$

$$v_1 = -\frac{dz_1}{dt} \quad \text{und} \quad L_1 = a + e\frac{A_1}{A_2} + \frac{A_1}{A_L}(b + c + d)$$

erhalten wir die nichtlineare gewöhnliche Dgl. 2. Ordnung

$$\left[L_1 - z_1\left[\left(\frac{A_1}{A_2}\right)^2 - 1\right]\right]\frac{d^2z_1}{dt^2} - \frac{1}{2}\left(\frac{dz_1}{dt}\right)^2\left[\left(\frac{A_1}{A_2}\right)^2 - 1\right] = -gz_1\left(1 + \frac{A_1}{A_2}\right).$$

5.16 Für den Gefäßquerschnitt und die Ausflußdauer erhält man

$$A(z_1) = \frac{A_2}{v_1}\sqrt{2gz_1 + v_1^2}, \quad \text{bzw.} \quad r(z_1) = \sqrt{\frac{A_2}{\pi v_1}}\sqrt{2gz_1 + v_1^2}$$

mit $z_1(t) = -v_1 t + H_0$ und $t_A = \frac{H_0}{v_1} = 200$ s. Nach der Hälfte der Ausflußzeit sind noch 35.35 Prozent des Ausgangsvolumens im Behälter. Das Gesamtvolumen beträgt

$$V_0 = \frac{A_2}{3gv_1}\left[(2gH_0 + v_1^2)\sqrt{2gH_0 + v_1^2} - v_1^3\right] = 0.06556\,\text{m}^3$$

und das Teilvolumen nach $0.5 \cdot t_A$ Sekunden $V_T = 0.02318\,\text{m}^3$.

5.17 Die Bernoulli-Gleichung der quasistationären reibungsfreien Strömung setzen wir für den Zeitpunkt $t > 0$ an, in dem sich der Oberspiegel auf dem Niveau $z = z_1$ mit $0 < z_1 < z_0$ befindet.
Für die Behälterform 1 gilt:

$$p_G(z_1) = p_R + \frac{\rho}{2}v_2^2\left[1 - \left(\frac{A_2}{A_B}\right)^2\right] - g\,\rho\,z_1,$$

$$z_1(t) = z_0 - v_2\frac{A_2}{A_1}t, \quad A_1 = A_B,$$

$$p_G(t) = p_R + \frac{\rho}{2}v_2^2\left[1 - \left(\frac{A_2}{A_1}\right)^2\right] - g\,\rho\left(z_0 - v_2\frac{A_2}{A_1}t\right),$$

$$t_{Au} = z_0\frac{A_1}{A_2 v_2} = 8\frac{2}{0.05} = 320\,\text{s} = 5.33\,\text{min.},$$

$$z_{1gr} = \frac{p_R}{g\rho} + \frac{v_2^2}{2g}\left[1 - \left(\frac{A_2}{A_1}\right)^2\right] = 20.438\,\text{m}.$$

Für die Behälterform 2 gilt:

$$p_G(z_1) = p_R + \frac{\rho}{2}v_2^2\left[1 - \frac{1}{\left(1 + \frac{z_1}{z_0}\right)^2}\right] - g\,\rho\,z_1,$$

$$z_1(t) = -z_0 + 2z_0\sqrt{1 - \frac{v_2 t}{2z_0}},$$

$$p_G(t) = p_R + \frac{\rho}{2} v_2^2 \left[1 - \frac{1}{4\left(1 - \frac{v_2 t}{2 z_0}\right)} \right] + g \rho z_0 \left(1 - 2\sqrt{1 - \frac{v_2 t}{2 z_0}} \right),$$

$$t_{Au} = 1.5 \cdot \frac{z_0}{v_2} = 12\,\text{s},$$

$$z_{1gr} = \frac{p_R}{g\rho} + \frac{3 v_2^2}{8g} = 20.425\,\text{m}.$$

Der $p_G(t)$-Verlauf beider Zahlenbeispiele unterscheidet sich nur unwesentlich. Dagegen ist der Behälter im Fall 2 viel schlanker als im Fall 1, was zu der kurzen Ausblaszeit führt.

5.18 Für den Förderhub $0 \leq \varphi \leq \pi$ gilt:

$$v_F = v_2 = \frac{A_k}{A} \omega r \left(\sin(\omega t) + \frac{r}{2l} \sin(2\omega t) \right) \quad \text{und} \quad v_E = v_1 = 0.$$

Dabei ist das Saugventil geschlossen.
Für den Saughub $\pi \leq \varphi \leq 2\pi$ gilt:

$$v_E = v_1 = -\frac{A_k}{A} \omega r \left(\sin(\omega t) + \frac{r}{2l} \sin(2\omega t) \right) \quad \text{und} \quad v_F = v_2 = 0.$$

Das Druckventil ist geschlossen.
Für die zeitliche Druckverteilung im Querschnitt 2 gilt:

$$p_2(t) = p_u + \rho g H_F + \rho L_F \frac{A_k}{A} \omega^2 r \left(\cos(\omega t) + \frac{r}{l} \cos(2\omega t) \right).$$

Für die zeitliche Druckverteilung im Querschnitt 1 erhalten wir:

$$p_1(t) = p_u - \frac{\rho}{2} \left(\frac{A_k}{A} \right)^2 \omega^2 r^2 \left(\sin(\omega t) + \frac{r}{2l} \sin(2\omega t) \right)^2 - g\rho H_S$$

$$+ \rho L_S \frac{A_k}{A} \omega^2 r \left[\cos(\omega t) + \frac{r}{l} \cos(2\omega t) \right].$$

Der minimale Druck beim Saughub stellt sich nach $\frac{\mathrm{d}p_1}{\mathrm{d}t} = 0$ bei $\omega t = \pi$ ein. Der Dampfdruck legt die maximale Saughöhe

$$H_S < H_{Smax} = \frac{p_u - p_D}{\rho g} - \left(1 - \frac{r}{l} \right) \frac{L_S A_k}{g A} \omega^2 r$$

fest.

5.19 Mit der Erweiterung $z = z_0 + x \tan \alpha$ des Rechteckdiffusors erhalten wir für den benetzten Umfang $U(x) = 2(b + 2z)$ und für die Fläche $A(x) = 2bz = 2b(z_0 + x \tan \alpha)$. Das Diffusorkriterium ergibt:

$$\frac{b}{b + 2(z_0 + x \tan \alpha)} \tan \alpha \leq \tan \vartheta_{krit}.$$

Das Kriterium muß für $\forall x \in [0, L]$ erfüllt sein. Also ist

$$\tan \alpha \leq \frac{b + 2z_0}{b} \tan \vartheta_{krit} \quad \text{bzw.} \quad \alpha \leq \frac{b + 2z_0}{b} \vartheta_{krit}$$

und mit $z_0 = \frac{A_0}{2b} = 0.15\,\text{m}$ folgt $\tan \alpha \leq 2.5 \tan \vartheta_{krit} \rightarrow \alpha \approx 10°$ und $\frac{A_A}{A_0} = \left(1 + \frac{L}{z_0} \tan \alpha\right) = 1.583$.

5.20 Die Größe des Geschwindigkeitsabbaues im Diffusor ist vorgegeben. Die Dichte der Luft ist bei der geringen Geschwindigkeitsänderung konstant. Aus $\overset{\bullet}{V} = v_1 A_1 = v_2 A_2$ folgt der Diffusoraustrittsquerschnitt zu

$$A_2 = \pi(R_{a1}^2 - R_{i1}^2)\frac{v_1}{v_2} = \pi R_{a2}^2 = 0.04712\,\text{m}^2 \quad \text{bzw.} \quad R_{a2} = 0.1225\,\text{m}.$$

Durch das Diffusorkriterium $\frac{1}{U}\frac{dA}{dx} \leq \tan \vartheta_{krit}$ wird die Länge L des Diffusors minimiert. Mit

$$U = 2\pi(R_a + R_i), \quad R_a = R_{a1} + x \tan \alpha, \quad R_i = R_{i1} - x \tan \beta$$

und $A = \pi(R_a^2 - R_i^2)$ folgt

$$\frac{dA}{dx} = 2\pi\left(R_a \frac{dR_a}{dx} - R_i \frac{dR_i}{dx}\right) = 2\pi(R_a \tan \alpha + R_i \tan \beta),$$

und mit

$$\tan \alpha = \frac{R_{a2} - R_{a1}}{L} \quad \text{und} \quad \tan \beta = \frac{R_{i1}}{L}$$

erhalten wir

$$\frac{1}{R_{a1} + x \tan \alpha + R_{i1} - x \tan \beta}\left[(R_{a1} + x \tan \alpha)\frac{R_{a2} - R_{a1}}{L}\right.$$
$$\left. + (R_{i1} - x \tan \beta)\frac{R_{i1}}{L}\right] \leq \tan \vartheta_{krit}.$$

Der Diffusoreintritt, $x = 0$, ist bezüglich der Strömungsablösung gefährdet. Für ihn erfüllen wir das Kriterium. Für L ergibt sich die Abschätzung

$$L \geq \frac{1}{(R_{a1} + R_{i1}) \tan \vartheta_{krit}}\left[R_{a1}(R_{a2} - R_{a1}) + R_{i1}^2\right] = 0.453\,\text{m}.$$

Für den Diffusoraustritt gilt wegen $R_{i1} - L \tan \beta = 0$ und $R_{a1} + L \tan \alpha = Ra_2$

$$\frac{R_{a2} - R_{a1}}{\tan \vartheta_{krit}} \leq L = 0.322\,\text{m} < 0.453\,\text{m}\,.$$

5.21 Die Aufgabenstellung erlaubt die Anwendung der Gl.(4.40), die im Inertialsystem (Absolutsystem) gilt. Wir legen daher das Kontrollvolumen mit den Oberflächen O_1 und O_2 ebenfalls in das Absolutsystem. Die äußere Oberfläche O_1 umschließt das Radialrad am Außenumfang. Die innere Oberfläche O_2 berandet den Eintritt des Radialrades. Ausgespart werden muß die Antriebswelle. Folglich besteht O_2 aus den Anteilen O_{2a} und O_{2i}. Nur an der Oberfläche O_{2i} wirkt das Drehmoment M_D.

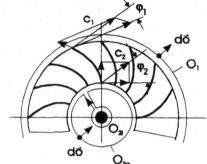

Die Kräfte an den Oberflächen O_{2a} und O_1 sind Druckkräfte, die kein Moment erzeugen. Die Reibung vernachlässigen wir. Das Integral $\int_O \vec{x} \times \vec{c} \rho \vec{c} \cdot d\vec{o}$ der Drehimpulsänderung ist an den Oberflächen O_1 und O_{2a} von Null verschieden. In Gl.(4.40) ersetzen wir $\vec{v}$ durch $\vec{c}$.

Mit dieser Umbezeichnung passen wir uns der in der Literatur der Strömungsmaschinen üblichen Bezeichnung an, die Absolutgeschwindigkeit durch c zu kennzeichnen. Neben dieser Geschwindigkeit hat man am drehenden Radialrad auch zwischen Umfangsgeschwindigkeit u und der Relativgeschwindigkeit w zu unterscheiden. Die letztere ist die Strömungsgeschwindigkeit vom drehenden System aus registriert.

Der Drehimpulssatz des Absolutsystems, angewendet auf die stationäre reibungsfreie Strömung des Radialrades (ohne Feldkraft), lautet nun

$$\vec{M}_D = \int_{O_1} \vec{x} \times \vec{c}\,\mathrm{d}\dot{m} - \int_{O_{2a}} \vec{x} \times \vec{c}\,\mathrm{d}\dot{m}\,.$$

Das Vorzeichen des letzten Terms resultiert aus der Richtung des vektoriellen Oberflächenelementes in Bezug auf die Richtung der Strömungsgeschwindigkeit. $\vec{M}_D$ steht senkrecht auf der Ebene, die $\vec{x}$ und $\vec{c}$ aufspannen. Da die Strömungsgrößen an O_1 und O_{2a} konstant sind, erhalten wir mit den Komponenten

$$c_{1\varphi} = c_1 \cos \varphi_1 \quad \text{und} \quad c_{2\varphi} = c_2 \cos \varphi_2$$

der Absolutgeschwindigkeit in Umfangsrichtung

$$M_D = \dot{m}\left(R_1 c_{1\varphi} - R_2 c_{2\varphi}\right)$$

die sogenannte Eulersche Turbinengleichung (Kreiselradgl.).

5.22 Entlang einer Stromlinie der Relativströmung von 1 nach 2 gilt nach Gl.(4.51) für die stationäre reibungsfreie Strömung

$$\frac{\rho}{2}w_2^2 + p_2 + g\rho z_2 - \frac{\omega^2 R^2}{2}\rho = \frac{\rho}{2}w_1^2 + p_1 + g\rho z_1 \,.$$

Wegen $d = $ const ist $w_1 = w_2$. Mit $z_1 = z_2 = 0$ und $p_2 = p_u$ erhalten wir $p_1 = p_u - \frac{\rho}{2}\omega^2 R^2 = 50000$ Pa. Entlang einer Stromlinie im Absolutsystem von $0 \rightarrow 1$ gilt

$$p_u + \frac{\rho}{2}c_0^2 + g\rho H = p_1 + \frac{\rho}{2}c_1^2 + g\rho z_1 \,.$$

Mit dieser Gleichung und $z_1 = 0$, $c_0 = 0$ und $w_1 = c_1$ ergibt sich die Relativgeschwindigkeit im Rohr zu

$$w_1 = w_2 = \sqrt{2gH + \omega^2 R^2} = 17.21\,\text{m/s}\,.$$

Das Moment M_D der Turbine erhalten wir aus der Anwendung der Eulerschen Turbinengleichung

$$M_D = \overset{\bullet}{m}\, Rc_2 = \overset{\bullet}{m}\, R(w_2 - u_2) = \overset{\bullet}{m}\, R(w_2 - R\omega)$$

mit dem Massenstrom $\overset{\bullet}{m} = \rho w_1 A_1 = 1.352$ kg/s. Es ist

$$M_D = \rho R A_1 \sqrt{2gH + \omega^2 R^2}\left(\sqrt{2gH + \omega^2 R^2} - R\omega\right) = 4.873\,\text{Nm}\,.$$

Für $\omega = 0$ wirkt das maximale Moment

$$M_{Dmax} = 2\rho R A_1 gH = 7.705\,\text{Nm}\,.$$

Die Leistung der Turbine ist

$$P = M_D \omega = 97.46\,\text{Nm/s}\,.$$

Dieses Resultat läßt sich an Hand einer Leistungsbilanz kontrollieren. Das Wasser im Behälter stellt die hydraulische Leistung $\overset{\bullet}{m}\, gH$ zur Verfügung. Diese bereitgestellte Leistung ist gleich der Maschinenleistung P und der Leistung $\overset{\bullet}{m}\, \frac{c_2^2}{2}$ des mit der Absolutgeschwindigkeit c_2 abströmenden Wassers. Die Leistungsbilanz erlaubt die Definition des Wirkungsgrades

$$\eta = \frac{\overset{\bullet}{m}\, gH - \overset{\bullet}{m}\, \frac{c_2^2}{2}}{\overset{\bullet}{m}\, gH} = 1 - \frac{c_2^2}{2gH} = 0.735\,.$$

Reibungsbehaftete hydrodynamische Strömung

Lösung der Aufgaben

5.25 Der Durchmesser der Rohrleitung ergibt sich aus dem Druckverlust $\Delta p_v = \frac{\lambda L}{d} \frac{\rho}{2} v^2$ und dem Volumenstrom $\dot{V}$ zu

$$d = \left(\frac{8\lambda L \, \dot{V}^2}{\pi^2 g h_v}\right)^{0.2} = 0.0492 \, \text{m} \approx 50 \, \text{mm} \, .$$

5.26 Zunächst berechnen wir den reibungsfreien Ausfluß. Das z-Niveau legen wir in die Austrittsebene. Mit der Bernoulli-Gleichung für stationäre reibungsfreie Strömung erhalten wir

$$v_2 = \sqrt{2gh} = 1.4 \, \text{m/s} \quad \text{und} \quad \dot{V}_{ideal} = v_2 A_2 = 4.4 \cdot 10^{-6} \, \text{m}^3/\text{s} \, .$$

Die reibungsbehaftete Strömung fließt laminar, da ausgehend vom reibungsfreien Fall $Re_1 = 1400$ und $Re_2 = 2800$ betragen. In laminarer Rohrströmung ist $\lambda = \frac{64}{Re}$ unabhängig von der Rohrrauhigkeit. Über

$$p_u + g\rho h = p_u + \frac{\rho}{2}v_2^2 + \Delta p_v \quad \text{und} \quad \Delta p_v = \frac{\rho}{2}v_2^2\left[\left(\frac{A_2}{A_1}\right)^2\left(\frac{\lambda_1 l_1}{d_1} + \zeta_{1,1}\right) + \frac{\lambda_2 l_2}{d_2} + \zeta_{2,2}\right]$$

erhalten wir für die gesuchte Austrittsgeschwindigkeit v_2 eine quadratische Gleichung, deren Lösung $v_2 = a\left(-1 + \sqrt{1 + \frac{b}{a^2}}\right)$ mit den Abkürzungen

$$a = \frac{32\nu\left(\frac{l_2}{d_2^2} + \frac{d_2^2}{d_1^4}l_1\right)}{1 + \zeta_{2,2} + \left(\frac{d_2}{d_1}\right)^4 \zeta_{1,1}} \quad \text{und} \quad b = \frac{2gh}{1 + \zeta_{2,2} + \left(\frac{d_2}{d_1}\right)^4 \zeta_{1,1}}$$

ist. Hieraus erhält man die Geschwindigkeit $v_2 = 0.1025 \, \text{m/s}$, den Volumenstrom

$$\dot{V}_{real} = 3.22 \cdot 10^{-7} \, \text{m}^3/\text{s} \quad \text{und} \quad \frac{\dot{V}_{real}}{\dot{V}_{ideal}} = 0.0732 \, .$$

5.27 Die Fließgeschwindigkeit $v = \frac{\dot{V}}{\frac{A}{2}} = 1.273$ m/s ergibt sich aus dem Durchsatz. Über die Bernoulli-Gleichung der reibenden stationären Strömung

$$p_u + \frac{\rho}{2}v^2 + g\rho h = p_u + \frac{\rho}{2}v^2 + \Delta p_v \, ,$$

die Beziehung für den Druckverlust $\Delta p_v = \frac{\lambda L}{d_{gl}}\frac{\rho}{2}v^2$ und den gleichwertigen Durchmesser $d_{gl} = \frac{4A}{2U} = d$ erhalten wir das erforderliche Rohrgefälle

$$\frac{h}{L} = \frac{v^2\lambda}{2gd_{gl}}.$$

Der λ-Beiwert hängt von $Re = \frac{vd_{gl}}{\nu} = 1.27 \cdot 10^6$ und der relativen Rauhigkeit $\frac{d}{k} = 500$ ab. Dem Colebrook-Diagramm, Seite 196, entnehmen wir $\lambda = 0.0235$. Damit beträgt der Höhenunterschied $h = 1.94\,\mathrm{m} \approx 2\,\mathrm{m}$.

5.28 Mit der Fontänenhöhe h_{id} liegt die Größe der erforderlichen Düsenaustrittsgeschwindigkeit v_3 fest. Es gilt $v_3 = \sqrt{2g\frac{h}{\varepsilon}} = 22.15\,\mathrm{m/s}$. Der Druckverlust in der Leitung beträgt

$$\Delta p_v = \frac{\rho}{2}v_1^2\left(\zeta + \frac{\lambda L}{d}\right) = 10155\,\mathrm{Pa}.$$

Aus der Leistungsbilanz über die Pumpe

$$\dot{V}\left(p_1 + \frac{\rho}{2}v_1^2 + \rho e_1\right) + \dot{V}\,\Delta p_P = \dot{V}\left(p_2 + \frac{\rho}{2}v_2^2 + \rho e_2\right)$$

folgt wegen $v_1 = v_2 = v_0$ und $\Delta p_{PH} = \Delta p_P - \rho(e_2 - e_1)$ (die der hydraulischen Leistung entsprechende Druckerhöhung Δp_{PH} ist gleich der gesamten Druckerhöhung Δp_P der Pumpe abzüglich der Verluste innerhalb der Pumpe) die hydraulische Druckerhöhung der Pumpe zu

$$\Delta p_{PH} = g\rho\left(h_3 - h_o + \frac{h}{\varepsilon}\right) + \Delta p_v = 260309\,\mathrm{Pa} = 2.6\,\mathrm{bar}.$$

Die Zahlenwerte ergeben sich mit $\lambda = 0.0203$ aus dem Colebrook-Diagramm. Die erforderliche hydraulische Pumpenleistung beträgt $P = \Delta p_{PH}\,\dot{V} = 11.32\,\mathrm{kW}$.

5.29 Um den Druckabfall pro 1 m Rohrlänge zu bestimmen, benötigen wir den gleichwertigen Durchmesser $d_{gl} = \frac{4A}{U}$. Die Rechnung ergibt $d_{gl} = 0.06736$ m. Über Re und $\frac{d}{k}$ entnehmen wir dem λ-Diagramm $\lambda = 0.0385$. Es stellt sich der Druckverlust $\frac{\Delta p_v}{L} = \frac{\lambda}{d_{gl}}\frac{\rho}{2}v^2 = 1360.0$ Pa/m ein.

5.30 Die Rechnung ist wegen des von der Re-Zahl abhängigen λ-Beiwertes iterativ zu führen. Als Startwert benutzen wir $v_{max} = \sqrt{2gh} = 14$ m/s der reibungsfreien Strömung. Mit den Gleichungen

$$v = \sqrt{\frac{2gh}{1 + \frac{\lambda L}{d}}} \quad \text{und} \quad \frac{1}{\sqrt{\lambda}} = 1.74 - 2\lg\left(2\frac{k}{d} + \frac{18.7}{Re\sqrt{\lambda}}\right)$$

ergibt die Iteration

für das Rohr 1: $v = 10.64\,\text{m/s}$, $\lambda = 0.01463$, $\dot{V} = 0.084\,\text{m}^3/\text{s}$

und für das Rohr 2: $v = 9.95\,\text{m/s}$, $\lambda = 0.016$, $\dot{V} = 0.122\,\text{m}^3/\text{s}$.

Also ist das zweite Rohr mit $D = 0.125$ m Durchmesser auszuwählen.

5.31 Das z-Niveau legen wir in die Ebene 3. Mit der Bernoulli-Gleichung erhalten wir

$$2\,g\,h_2 = v_2^2\Big(1 + \zeta_{1,2} + \frac{\lambda_2 l_2}{d_2}\Big) + v_1^2\Big(\zeta_E + \frac{\lambda_1 l_1}{d_1}\Big) \tag{6.71}$$

und analog

$$2\,g\,h_3 = v_3^2\Big(1 + \zeta_{kr} + \zeta_v + \zeta_{1,3} + \frac{\lambda_3 l_3}{d_3}\Big) + v_1^2\Big(\zeta_E + \frac{\lambda_1 l_1}{d_1}\Big). \tag{6.72}$$

Die Kontinuitätsgl. verlangt $v_3 A_3 + v_2 A_2 = v_1 A_1$. Es soll ζ_v so eingestellt werden, daß $\dot{V}_2 = \dot{V}_3$ gilt. In diesem Fall ist $\dot{V}_1 = 2\,\dot{V}_2 = 2\,\dot{V}_3$. Wir können also $v_1 = 2\frac{v_2 A_2}{A_1}$ ersetzen. Aus Gl.(6.72) läßt sich

$$v_2 = \sqrt{\frac{2gh_2}{\Big[1 + \zeta_{1,2} + \frac{\lambda_2 l_2}{d_2} + 4\Big(\frac{A_2}{A_1}\Big)^2\Big(\zeta_E + \frac{\lambda_1 l_1}{d_1}\Big)\Big]}} \tag{6.73}$$

bestimmen, und aus Gl.(6.72) erhalten wir mit obigem v_1 und $v_3 = v_2\frac{A_2}{A_3}$ den gesuchten Widerstandsbeiwert des Ventils

$$\zeta_v = \frac{2gh_3 A_3^2}{v_2^2 A_2^2} - 1 - \zeta_{kr} - \zeta_{1,3} - \frac{\lambda_3 l_3}{d_3} - 4\Big(\frac{A_3}{A_1}\Big)^2\Big(\zeta_E + \frac{\lambda_1 l_1}{d_1}\Big). \tag{6.74}$$

Gemäß der in der Aufgabenstellung vorgegebenen $Re = 1.8 \cdot 10^5$-Zahl entnehmen wir aus dem Colebrook-Diagramm $\lambda_1 = \lambda_2 = \lambda_3 = \lambda = 0.016$ für hydraulisch glatte Rohre.

Ein anderer Weg besteht darin, zunächst v_2, v_3 und v_1 der reibungsfreien Strömung zu bestimmen, um damit

v_2	$=$	$\sqrt{2gh_2}$	$= 10.85\,\text{m/s}$	$\to$	$Re_2 = 3.8 \cdot 10^5$	$\to$	λ_2	$= 0.01375$
v_3	$=$	$\sqrt{2gh_3}$	$= 14\,\text{m/s}$	$\to$	$Re_3 = 4.8 \cdot 10^5$	$\to$	λ_3	$= 0.0132$
v_1	$=$	$\frac{1}{A_1}(v_2 A_2 + v_3 A_3)$	$= 6.21\,\text{m/s}$	$\to$	$Re_1 = 4.3 \cdot 10^5$	$\to$	λ_1	$= 0.0135$

die λ-Beiwerte abzuschätzen. Sie liegen in der gleichen Größenordnung wie oben angegeben. In erster Näherung erhalten wir mit diesen Werten nach Gl.(6.73) $v_2 = 5.15$ m/s. Damit korrigieren wir die λ-Beiwerte zu $\lambda_2 = \lambda_3 = 0.016$ und $\lambda_1 = 0.016$. In zweiter Näherung folgt $v_2 = 4.91$ m/s und $\dot{V}_2 = A_2 v_2 = 9.63 \cdot 10^{-3}\,\text{m}^3/\text{s}$. Nach Gl.(6.74) ergibt sich schließlich $\zeta_v = 1.149$.

Eine dritte Näherung ist nicht erforderlich.
Bei geschlossenem Ventil gilt

$$v_2 = \sqrt{\dfrac{2gh_2}{\left[1 + \zeta_{1,2} + \frac{\lambda_2 l_2}{d_2} + \left(\frac{A_2}{A_1}\right)^2 \left(\zeta_E + \frac{\lambda_1 l_1}{d_1}\right)\right]}}$$

mit $v_1 = \frac{v_2 A_2}{A_1} = 1.24$ m/s und $\lambda_1 = 0.0185$. Die Zahlenrechnung ergibt $v_2 = 4.976$ m/s und $\dot{V}_2 = A_2 v_2 = 9.77 \cdot 10^{-3}$ m³/s. Der Volumenstrom $\dot{V}_2$ nimmt gegenüber dem Fall mit geöffnetem Ventil nur unbedeutend zu.

5.32 Auf Grund des gegebenen Volumenstromes $\dot{V}$ können für die Saug- und die unverzweigte Druckleitung die Geschwindigkeiten und Druckverluste bestimmt werden. Mit $d_1 = d_3$ folgt

$$v_1 = v_3 = \frac{\dot{V}}{A_1} = 4\,\text{m/s} \rightarrow Re_1 = Re_3 = \frac{v_1 d_1}{\nu} = 4 \cdot 10^5 \rightarrow \lambda_1 = \lambda_3 = 0.0135.$$

Wir führen hier den rechnerischen Gesamtdruck $p_g = p + \frac{\rho}{2}v^2 + g\rho z$ ein. Damit folgt aus der Bernoulli-Gl., angesetzt zwischen dem Niveau 0 und 1,

$$p_u = p_1 + \frac{\rho}{2}v_1^2 + g\rho z_1 + \Delta p_{v01} = p_{g1} + \Delta p_{v01}$$

mit $\Delta p_{v01} = \frac{\rho}{2}v_1^2 \left(\zeta_F + \zeta_K + \frac{\lambda_1 l_1}{d_1}\right) = 30800$ Pa.
Nach dem Gesamtdruck p_{g1} umgestellt, ergibt obige Gleichung:

$$p_{g1} = p_u - \Delta p_{v01} = 69200\,\text{Pa}. \tag{6.75}$$

Der statische Druck am Eintritt in die Pumpe beträgt

$$p_1 = p_u - \frac{\rho}{2}v_1^2 - g\rho z_1 - \Delta p_{v01} = 12150\,\text{Pa}.$$

Druckseitig lassen sich folgende Gleichungen für den Gesamtdruck aufstellen:

$$p_{g2} = p_2 + \frac{\rho}{2}v_3^2 + g\rho z_2 = p_3 + \frac{\rho}{2}v_3^2 + g\rho z_3 + \Delta p_{v23} = p_{g3} + \Delta p_{v23} \tag{6.76}$$

mit $\Delta p_{v23} = \frac{\rho}{2}v_3^2 \left(\zeta_{v3} + \frac{\lambda_3 l_3}{d_3}\right) = 62000$ Pa,

$$p_{g3} = p_u + g\rho(z_4 - z_3) + \frac{\rho}{2}v_4^2 + g\rho z_3 + \Delta p_{v34} = p_{g4} + \Delta p_{v34} \tag{6.77}$$

mit $\Delta p_{v34} = \frac{\rho}{2}v_4^2\left(\zeta_{v4} + \zeta_T + \frac{\lambda_4 l_4}{d_4}\right)$
und

$$p_{g3} = p_u + \frac{\rho}{2}v_5^2 + g\rho z_5 + \Delta p_{v35} = p_{g5} + \Delta p_{v35} \qquad (6.78)$$

mit $\Delta p_{v35} = \frac{\rho}{2}v_5^2\left(\zeta_K + \zeta_T + \frac{\lambda_5 l_5}{d_5}\right)$.

An der Verzweigung muß die Kontinuitätsgl.

$$v_4 = \frac{\dot{V}}{A_4} - v_5 \qquad (6.79)$$

erfüllt sein. Gl.(6.77) und (6.78) gleichgesetzt, ergibt

$$p_u + g\rho z_4 + \frac{\rho}{2}v_4^2 K_4 = p_u + g\rho z_5 + \frac{\rho}{2}v_5^2 K_5 \qquad (6.80)$$

mit den Abkürzungen

$$K_4 = 1 + \zeta_{v4} + \zeta_T + \frac{\lambda_4 l_4}{d_4} = 10.6\,,$$

$$K_5 = 1 + \zeta_K + \zeta_T + \frac{\lambda_5 l_5}{d_5} = 10.6\,.$$

Indem wir in Gl.(6.80) v_4 durch Gl.(6.79) ersetzen, ergibt sich für v_5 die quadratische Gl.

$$v_5^2(K_4 - K_5) - 2v_5 K_4 \frac{\dot{V}}{A_4} = 2g(z_5 - z_4) - K_4\left(\frac{\dot{V}}{A_4}\right)^2. \qquad (6.81)$$

Da im vorliegenden Fall $K_4 = K_5$ ist, berechnet sich v_5 letztlich aus einer linearen Gleichung zu

$$v_5 = \frac{\dot{V}}{2A_4} - \frac{g(z_5 - z_4)}{K_4 \frac{\dot{V}}{A_4}} = 7.48\,\text{m/s}\,.$$

Alle noch unbekannten Geschwindigkeiten und Volumenströme ergeben sich aus den vorstehenden Gleichungen zu:

$$v_4 = 8.516\,\text{m/s},\quad \dot{V}_4 = A_4 v_4 = 0.0167\,\text{m}^3/\text{s}\quad \text{und}\quad \dot{V}_5 = A_5 v_5 = 0.0147\,\text{m}^3/\text{s}\,.$$

Die Druckverluste in den beiden Strängen 4 und 5 betragen:

$$\Delta p_{v34} = 366240.0\,\text{Pa}\quad \text{und}\quad \Delta p_{v35} = 268203.0\,\text{Pa}\,.$$

Schließlich bestimmen wir die Gesamtdrücke

$$p_{g5} = p_u + \frac{\rho}{2}v_5^2 + g\rho z_5 = 755815.2\,\text{Pa} = 7.558\,\text{bar},$$

$$p_{g4} = p_u + \frac{\rho}{2}v_4^2 + g\rho z_4 = 675811.1\,\text{Pa} = 6.758\,\text{bar},$$

$$p_{g2} = p_{g5} + \Delta p_{v23} + \Delta p_{v35} = 1086003\,\text{Pa} = 10.86\,\text{bar}$$

und den Druck

$$p_2 = p_{g2} - \frac{\rho}{2}v_3^2 - g\rho z_2 = 1028953\,\text{Pa} = 10.29\,\text{bar}\,.$$

Die erforderliche hydraulische Druckerhöhung der Pumpe ist

$$\Delta p_{PH} = p_{g2} - p_{g1} = 1016803\,\text{Pa} = 10.17\,\text{bar}$$

gleich der Differenz der Gesamtdrücke nach und vor der Pumpe. Im vorliegenden speziellen Fall ist sogar $\Delta p_{PH} = p_2 - p_1$. Die hydraulische Leistung und die Antriebsleistung der Pumpe ergeben sich jetzt zu:

$$P_H = \overset{\bullet}{V}\,\Delta p_{PH} = 31928\,\text{W} = 32\,\text{kW} \quad \text{und} \quad P_P = \frac{P_H}{\eta_P} = 39910\,\text{W} = 40\,\text{kW}\,.$$

Schließlich müssen wir noch nachprüfen, ob λ_4 und λ_5 richtig gewählt wurden. Aus $Re_4 = 4.26\cdot 10^5$ folgt $\lambda_4 = 0.0136$, und aus $Re_5 = 3.7\cdot 10^5$ folgt $\lambda_5 = 0.0134$. Die Abweichung zu den vorgegebenen Werten ist vernachlässigbar.

5.33 Das Verhältnis von mittlerer zu maximaler Geschwindigkeit beträgt

$$\frac{v_m}{v_{max}} = 2\int_0^1 \xi(1-\xi)^{\frac{1}{n}}\mathrm{d}\xi = \frac{2n^2}{(n+1)(2n+1)} \quad \text{mit} \quad \xi = \frac{r}{R}\,.$$

Das Integral löst man mittels partieller Integration.
Die mittlere Geschwindigkeit stellt sich im Abstand

$$\frac{r_m}{R} = 1 - \left(\frac{v_m}{v_{max}}\right)^n$$

ein, siehe Tabelle.

Re	n	v_m/v_{max}	r_m/R
$1\cdot 10^5$	7	0.8166	0.7577
$6\cdot 10^5$	8	0.8366	0.76
$1.2\cdot 10^6$	9	0.8526	0.762
$2\cdot 10^6$	10	0.8658	0.7633

Mißt man $v(r)$ im Abstand $R - r_m$ von der Wand, so erhält man die über den Querschnitt gemittelte Geschwindigkeit, mit der sich der gesuchte Volumenstrom $\dot{V} = v_m \pi R^2$ ergibt.

5.34 Die vollausgebildete laminare Ringrohrströmung besitzt nur die Geschwindigkeitskomponente $v_z = v(r)$. Folglich reduzieren sich die Komponenten der Navier-Stokesschen Gl.(4.27) auf

$$\frac{\partial p}{\partial \varphi} = 0, \quad \frac{\partial p}{\partial r} = 0 \quad \text{und}$$

$$0 = -\frac{1}{\rho}\frac{\partial p}{\partial z} + \nu\left(\frac{\mathrm{d}^2 v}{\mathrm{d}r^2} + \frac{1}{r}\frac{\mathrm{d}v}{\mathrm{d}r}\right). \tag{6.82}$$

Da p unabhängig von φ und r ist, muß $\frac{\partial p}{\partial z} = -\frac{\Delta p_v}{L}$ eine Konstante sein. Wir suchen die Lösung der gewöhnlichen linearen Dgl.

$$\frac{\mathrm{d}^2 v}{\mathrm{d}r^2} + \frac{1}{r}\frac{\mathrm{d}v}{\mathrm{d}r} = \frac{1}{r}\frac{\mathrm{d}}{\mathrm{d}r}\left(r\frac{\mathrm{d}v}{\mathrm{d}r}\right) = -\frac{\Delta p_v}{\eta L}, \tag{6.83}$$

die den Randbedingungen $v(r = R_a) = 0$ und $v(r = R_i) = 0$ genügt. Es ist

$$v(r) = -\frac{\Delta p_v}{4\eta L}r^2 + C_1 \ln r + C_2. \tag{6.84}$$

Die Konstanten C_1 und C_2 sind durch die Randbedingungen festgelegt. Es folgt

$$v(r) = \frac{\Delta p_v}{4\eta L}\left(R_a^2 - r^2\right) + \frac{\Delta p_v}{4\eta L}\frac{\left(R_a^2 - R_i^2\right)}{\ln\left(\frac{R_a}{R_i}\right)}\left(\ln r - \ln R_a\right), \quad R_i \le r \le R_a. \tag{6.85}$$

Der Volumenstrom durch das Ringrohr ergibt sich zu

$$\dot{V} = 2\pi \int_{R_i}^{R_a} r\, v(r)\mathrm{d}r = v_m \pi \left(R_a^2 - R_i^2\right). \tag{6.86}$$

Diese Gleichung führt nach der Integration auf die mittlere Geschwindigkeit

$$v_m = \frac{\Delta p_v}{8\eta L} K \tag{6.87}$$

mit

$$K = R_a^2 - R_i^2 - \frac{1}{\ln\left(\frac{R_a}{R_i}\right)}\left[R_a^2 - R_i^2 - 2R_i^2\ln\left(\frac{R_a}{R_i}\right)\right].$$

Der Druckverlust im Ringrohr ist

$$\Delta p_v = \frac{\lambda L}{d_{gl}} \frac{\rho}{2} v_m^2 \,. \tag{6.88}$$

Der gleichwertige Durchmesser ist $d_{gl} = \frac{4A}{U} = 2(R_a - R_i)$. Ersetzen wir in Gl.(6.87) mit Gl.(6.88) Δp_v, dann läßt sich diese Gl. nach λ umstellen. Es folgt

$$\lambda = \frac{64(R_a - R_i)^2}{K\,Re} \quad \text{mit} \quad Re = \frac{v_m d_{gl}}{\nu} \,,$$

das Widerstandsgesetz der laminaren Ringrohrströmung.

5.35 Aus der x-Komponente der Navier-Stokesschen Gl.(4.26) ergibt sich die Dgl. des stationär fließenden laminaren Rieselfilmes

$$\frac{\mathrm{d}^2 v(y)}{\mathrm{d}y^2} = -\frac{g}{\nu} \,.$$

Wir suchen eine Lösung dieser gewöhnlichen linearen Dgl., die den Randbedingungen

$$v(y = 0) = 0 \quad \text{und} \quad \tau\Big|_{y=d} = \eta \frac{\mathrm{d}v}{\mathrm{d}y}\Big|_{y=d} = 0$$

genügt. Die Lösung ergibt sich durch Integration zu

$$v(y) = \frac{g}{\nu} y \Big(d - \frac{y}{2} \Big), \quad 0 \le y \le d \,.$$

Die mittlere, die maximale Geschwindigkeit, der Volumenstrom und die Wandschubspannung betragen:

$$v_m = \frac{\dot{V}}{bd} = \frac{b}{bd} \int_0^d v(y)\mathrm{d}y = \frac{gd^2}{3\nu} = 2.94\,\mathrm{m/s} \,,$$

$$v_{max} = \frac{gd^2}{2\nu} = 4.41\,\mathrm{m/s} \,,$$

$$\dot{V} = \frac{gbd^3}{3\nu} = 8.829 \cdot 10^{-3}\,\mathrm{m^3/s} = 8.829\,\mathrm{l/s} \,,$$

$$\tau_w = \tau(y = 0) = \eta \frac{\mathrm{d}v}{\mathrm{d}y}\Big|_{y=0} = \eta \frac{g}{\nu}(d - y)|_{y=0} = \rho\,g\,d = 25.016\,\mathrm{N/m^2} \,.$$

5.36 Die Dgl. ist bis auf das Vorzeichen diejenige des Rieselfilmes

$$\frac{\mathrm{d}^2 v(y)}{\mathrm{d}y^2} = \frac{g}{\nu}$$

mit den Randbedingungen

$$v(y = 0) = v_0 \quad \text{und} \quad \tau\big|_{y=d} = \eta \frac{dv}{dy}\Big|_{y=d} = 0.$$

Das Vorzeichen der Gewichtskraft hängt von der Richtung der Erdbeschleunigung gegenüber dem benutzten Koordinatensystem ab. Die den Randbedingungen genügende Lösung der Dgl. lautet:

$$v(y) = v_0 + y\frac{g}{\nu}\left(\frac{y}{2} - d\right), \quad 0 \le y \le d.$$

Der Filmrand hat die Geschwindigkeit

$$v(y = h) = v_0 - \frac{gd^2}{2\nu},$$

der pro Plattenbreite mitgerissene Volumenstrom beträgt

$$\dot{V} = 1\int_0^d v(y)\,dy = v_0 d - \frac{gd^3}{3\nu}.$$

Für $v_0 > \frac{gd^2}{3\nu}$ ist $\dot{V} > 0$.

5.37 Die Strömung in dem rotierenden Ringspalt besitzt ohne Sekundäreinflüsse nur die Geschwindigkeitskomponente $v_\varphi(r)$. Wegen $v_z \equiv v_r \equiv 0$ folgt aus der Kontinuitätsgl.(3.20) $\frac{\partial v_\varphi}{\partial \varphi} = 0$. Die drei Komponenten der Bewegungsgl.(4.27) reduzieren sich auf

$$\frac{1}{\rho}\frac{\partial p}{\partial r} = \frac{v_\varphi^2}{r}, \quad \frac{\partial p}{\partial z} = 0 \quad \text{und} \quad \frac{d^2 v_\varphi}{dr^2} + \frac{1}{r}\frac{dv_\varphi}{dr} - \frac{v_\varphi}{r^2} = 0.$$

p ist unabhängig von φ und z unter Vernachlässigung der Schwerkraft. Wir vereinbaren jetzt $v_\varphi \equiv v$. Die Dgl.

$$\frac{dp}{dr} = \frac{\rho}{r}v^2 \tag{6.89}$$

und die Eulersche Dgl.

$$\frac{d^2 v}{dr^2} + \frac{1}{r}\frac{dv}{dr} - \frac{v}{r^2} = 0 \tag{6.90}$$

sind entkoppelt. Wir suchen die Lösung der Dgl.(6.90), die die Randbedingungen $v(r = R_a) = 0$ und $v(r = R_i) = v_0 = \omega R_i$ mit $\omega = 2\pi n$ erfüllt. Gl.(6.90) läßt sich mit dem Ansatz $v = r^\lambda$ lösen. Die charakteristische Gl. für λ hat die Lösungen $\lambda_1 = 1$ und $\lambda_2 = -1$. Als Lösung der Dgl.(6.90) erhalten wir

$v(r) = C_1 r + \frac{C_2}{r}$. Die Konstanten ergeben sich aus den Randbedingungen. Für die Geschindigkeitsverteilung im Ringspalt folgt

$$v(r) = \frac{\omega R_i^2}{R_a^2 - R_i^2}\left(\frac{R_a^2}{r} - r\right), \quad R_i \leq r \leq R_a. \tag{6.91}$$

Mit der Wandschubspannung

$$\tau_{r\varphi}|_w = \eta\left(\frac{dv}{dr} - \frac{v}{r}\right)\Big|_w = \tau_{r\varphi}(r = R_i) = -2\eta\frac{\omega R_i^2 R_a^2}{(R_a^2 - R_i^2)r^2}\Big|_w = -2\eta\frac{\omega R_a^2}{R_a^2 - R_i^2}$$

ergeben sich Moment und Reibleistung des Viskosimeters zu:

$$M = |\tau_{r\varphi}|_w|2\pi R_i H R_i = 4\eta\pi H\frac{\omega R_a^2 R_i^2}{R_a^2 - R_i^2} = 0.003275\,\mathrm{Nm}$$

und

$$P_R = M\omega = 0.0686\,\mathrm{W}.$$

Die Taylor-Zahl

$$Ta = \frac{\omega R_i}{\nu}(R_a - R_i)\sqrt{\frac{R_a - R_i}{R_i}} = 101.25$$

liegt innerhalb des von [Sch65] angegebenen Intervalls $41.3 < Ta < 400$. Folglich herrscht im Ringspalt eine instabile laminare Strömung mit Taylor-Wirbeln (Sekundärströmung). Taylor-Wirbel sind abwechselnd rechts und links drehende Wirbel, welche den Ringraum zwischen den beiden Zylindern ganz ausfüllen. Das Auftreten der Taylor-Wirbel bedeutet nicht, daß die Strömung turbulent ist. Die Turbulenzgrenze wird erst bei $Ta > 400$ überschritten. Da $v(r)$ nach Gl.(6.91) bekannt ist, könnte man nun durch Integration der Dgl.(6.89) den Druck in Abhängigkeit vom Radius bestimmen. Wir führen die einfache Rechnung hier nicht aus.

Anmerkung: Läßt man in Gl.(6.91) $R_a \to \infty$ streben, so erhält man die laminare Geschwindigkeitsverteilung $\vec{v} = \vec{e}_\varphi\frac{\omega R_i^2}{r}$ für $R_i \leq r < \infty$ des drehenden Kreiszylinders in einer ebenen zähen Flüssigkeit. Wie man leicht nachrechnet, ist rot $\vec{v} = 0$ in jedem Punkt des Strömungsfeldes.

5.38 Die Strömung unter dem Stufenlager ohne Randeinflüsse ist eben und stationär. Folglich verschwinden die Geschwindigkeitskomponenten $v_2 \equiv v, v_3 \equiv w$. Nach der Kontinuitätsgl.(3.19) ist $v_1 \equiv u$ nicht von $x_1 \equiv x$ abhängig. Es gilt $v_1 = v_1(x_2)$. Das Gleichungssystem von Navier-Stokes (4.26) in kartesischen Koordinaten reduziert sich mit $x_1 \equiv x$. $x_2 \equiv y$ und $v_1 \equiv v$ auf

$$\frac{d^2v}{dy^2} = \frac{1}{\eta}\frac{dp}{dx} \tag{6.92}$$

mit den Randbedingungen

$$v(y = 0) = v_0 \quad \text{und} \quad v(y = h) = 0. \tag{6.93}$$

Das System (6.92), (6.93) hat die Lösung

$$v(y) = \frac{1}{2\eta}\frac{dp}{dx}y(y - h) + v_0\left(1 - \frac{y}{h}\right) \quad \text{für} \quad 0 \le y \le h, \quad 0 \le x \le L. \tag{6.94}$$

Für ein beliebiges $x \in [0, L]$ erhalten wir für den Volumenstrom

$$\dot{V} = b\int_0^h v(y)\,dy = \frac{b}{2}h\left(v_0 - \frac{h^2}{6\eta}\frac{dp}{dx}\right).$$

Der Volumenstrom muß für jedes $x \in [0, L]$ verschwinden, da die Leiste das Wegfließen des Öles verhindert. Aus dieser Forderung folgt eine Gleichung für den Druckgradienten

$$\frac{dp}{dx} = 6\eta\frac{v_0}{h^2}.$$

Die sich mit der Randbedingung $p(x = 0) = 0$ ergebende Druckverteilung (Überdruck)

$$p(x) = 6\,\eta\,v_0\frac{x}{h^2}$$

ändert sich linear. Der maximale Druck stellt sich für $x = L$ ein, $p_{max} = 192000$ Pa = 1.92 bar (Überdruck). Das Integral über die Druckverteilung ergibt die Tragkraft des Lagers

$$F_D = b\int_0^L p(x)\,dx = 3\,b\,\eta\,v_0\frac{L^2}{h^2} = 960\,\text{N}.$$

In der Geschwindigkeitsverteilung (6.94) läßt sich jetzt $\frac{dp}{dx}$ ersetzen. Es folgt

$$v(y) = v_0\left[1 + \frac{y}{h}\left(3\frac{y}{h} - 4\right)\right].$$

Über die Schubspannung

$$\tau = \eta\frac{dv}{dy} = 2\eta\frac{v_0}{h}\left(3\frac{y}{h} - 2\right),$$

die an der unteren Wand $\tau_w = -4\,\eta\frac{v_0}{h}$ annimmt, bestimmen wir schließlich die Schleppkraft

$$F_s = |\tau_w|\,L\,b = 4\,\eta\,L\,b\frac{v_0}{h} = 12.8\,\text{N}.$$

Impulssatz

Lösung der Aufgaben

5.42 Aufgrund ihres Eigengewichtes und der Bodenreibung nimmt die Tragkraftspritze den Ansaugimpuls auf. Die Austrittsimpulskraft des Wassers aus dem C-Strahlrohr beträgt

$$F_H = \dot{m}\, v_2 = \rho\, A_2\, v_2^2 = 70.68\,\text{N}.$$

Zur Berechnung der Kupplungskraft F_D wählen wir das Impulsgebiet wie unten gezeichnet. Mit

$$v_1 = \frac{v_2 A_2}{A_1} = 0.937\,\text{m/s} \quad \text{und} \quad p_1 = p_u + \frac{\rho}{2}\left(v_2^2 - v_1^2\right) = 212060\,\text{Pa} = 2.12\,\text{bar}$$

folgt aus dem Kräftegleichgewicht am Impulsgebiet

$$F_D = \dot{m}\,(v_2 - v_1) - (p_1 - p_u)A_1 = -497\,\text{N}.$$

Die Düse würde in Richtung des austretenden Wasserstrahles mitgerissen, wäre sie nicht durch die Kupplung mit dem Schlauch verbunden.

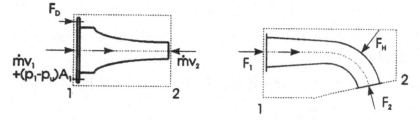

5.43 Wir betrachten die Platte im ausgelenkten Zustand. Die Austrittsimpulskraft des Wassers aus der Düse beträgt $F_I = \dot{m}\,v = 102$ N. Diese Impulskraft wirkt horizontal auf die Platte im Abstand l vom Drehpunkt. Das Momentengleichgewicht

$$F_s \frac{a}{2} \sin\alpha = F_I\, l = \dot{m}\,v\, l$$

ergibt den Winkel $\alpha = 21.61°$, um den die Platte ausgelenkt wird.

5.44 Zunächst bestimmen wir die über den Querschnitt 2 (obiges Bild) gemittelte Geschwindigkeit

$$v_2 = \frac{\dot{V}}{A_2} = \frac{2b}{A_2} \int_0^{h_2} v_{max}\left[1 - \left(\frac{z}{h_2}\right)^2\right]dz = \frac{2}{3}v_{max} = 1.333\,\text{m/s}$$

und die Ungleichförmigkeitsfaktoren für Impuls nach Gl.(4.18)

$$\gamma = \frac{1}{v_2^2 A_2} \int v^2() \, dA = \frac{9}{4h_2} \int_0^{h_2} \left[1 - \left(\frac{z}{h_2}\right)^2\right]^2 dz = \frac{6}{5}$$

und Energie nach Gl.(4.19)

$$\beta = \frac{1}{v_2^3 A_2} \int v^3() \, dA = \frac{27}{8h_2} \int_0^{h_2} \left[1 - \left(\frac{z}{h_2}\right)^2\right]^3 dz = \frac{54}{35}.$$

Der Strömungszustand am Rohreintritts- und am Rohraustrittsquerschnitt sowie die angreifenden Kräfte, umseitiges Bild, sind dann mit und ohne (Näherung, Index "n ") Ungleichförmigkeitsfaktor:

$$v_1 = \frac{2h_2}{3h_1} v_{max} = 0.8 \, \text{m/s}, \quad \dot{m} = \frac{4}{3} b h_2 \rho v_{max} = 800 \, \text{kg/s},$$

$$p_2 = p_1 + \frac{\rho}{2}(v_1^2 - \beta v_2^2) = 198949.3 \, \text{Pa}, \quad p_{2n} = p_1 + \frac{\rho}{2}(v_1^2 - v_2^2) = 199431.5 \, \text{Pa}$$

$$F_1 = \dot{m} \, v_1 + (p_1 - p_u)A_1 = 100640 \, \text{N}$$

und

$$F_2 = \gamma \, \dot{m} \, v_2 + (p_2 - p_u)A_2 = 60649.2 \, \text{N}, \quad F_{2n} = \dot{m} \, v_2 + (p_2 - p_u)A_2 = 60725.3 \, \text{N}.$$

Das Kräftegleichgewicht ergibt die Komponenten und die Resultierende der Haltekraft des Krümmers:

$$F_{Hx} = F_1 - F_2 \cos \vartheta = 79896.75 \, \text{N}, \quad F_{Hy} = F_2 \sin \vartheta = 56991.61 \, \text{N},$$

$F_H = 98140.4 \, \text{N}$ und näherungsweise

$$F_{Hxn} = 79870.72 \, \text{N}, \quad F_{Hyn} = 57063.1 \, \text{N}, \quad F_{Hn} = 98160.73 \, \text{N}.$$

Die Lösung ohne Berücksichtigung der Ungleichförmigkeitsfaktoren ist im vorliegenden Fall brauchbar, da die Unterschiede zur exakten Lösung unbedeutend sind.

5.45 Das Kräftegleichgewicht an der Rakete ist mit der Trägheitskraft, der Schwerkraft und dem Schub zu bilden. Es gilt

$$M(t)g + M(t)\frac{dv}{dt} = \dot{m}_A \, v_A$$

mit $M(t) = M_0 - \dot{m}_A \, t$.

Danach betragen die Beschleunigung und die Geschwindigkeit der Rakete:

$$b = \frac{dv}{dt} = \frac{\overset{\bullet}{m}_A\, v_A}{\left(M_0 - \overset{\bullet}{m}_A\, t\right)} - g$$

und

$$v(t) = v(t=0) + \int_0^t \left(\frac{\overset{\bullet}{m}_A\, v_A}{\left(M_0 - \overset{\bullet}{m}_A\, \xi\right)} - g \right) d\xi = v_0 + v_A \ln\left(\frac{1}{1 - \frac{\overset{\bullet}{m}_A t}{M_0}} \right) - g\,t\,.$$

Mit verschwindender Anfangsgeschwindigkeit $v_0 = 0$ betragen nach 10 Sekunden:

$$b(t=10) = 73.52\,\text{m/s}^2 \quad \text{und} \quad v(t=10) = 621.1\,\text{m/s}\,.$$

5.46 Nach Bernoulli ist im Freistrahl $v_2 = v_3 = v_1 = v$. Die Kontinuitätsgl. führt damit auf $A_1 = A_2 + A_3$. Die Impulsbilanz in x-Richtung

$$\rho\, v^2\, A_1 - \rho\, v^2\, A_2 \cos\vartheta = F_H$$

liefert eine Gleichung für F_H. Die Impulsbilanz in y-Richtung

$$\rho\, v^2\, A_2 \sin\vartheta = \rho\, v^2\, A_3 \quad \rightarrow \quad A_3 = A_2 \sin\vartheta$$

liefert eine Beziehung für A_3. Mit der Kontinuitätsgl. folgt

$$A_2 = \frac{A_1}{1 + \sin\vartheta} = 2.0944 \cdot 10^{-4}\,\text{m}^2 \quad \text{und} \quad A_3 = 1.0472 \cdot 10^{-4}\,\text{m}^2\,.$$

Der Volumenstrom $\overset{\bullet}{V}_1$ teilt sich im Verhältnis $\frac{\overset{\bullet}{V}_2}{\overset{\bullet}{V}_3} = 2$. Schließlich wird $F_H = 13.278$ N.

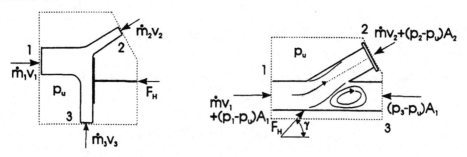

5.47 Die Geschwindigkeiten und der Massenstrom betragen:

$$v_1 = \frac{\overset{\bullet}{V}}{A_1} = 12.73\,\text{m/s}, \quad v_2 = \frac{\overset{\bullet}{V}}{A_2} = 19.89\,\text{m/s}, \quad \overset{\bullet}{m} = \overset{\bullet}{V}\, \rho = 10^4\,\text{kg/s}\,.$$

Die Drücke p_2 und p_3 ergeben sich zu:

$$p_2 = p_1 + \frac{\rho}{2}v_1^2 - \frac{\rho}{2}v_2^2(1 + \zeta_{v,2}) = 564393.5\,\text{Pa} = 5.644\,\text{bar}$$

$$\text{und}\quad p_3 = p_1 + \frac{\rho}{2}v_1^2 = 881030\,\text{Pa} = 8.8103\,\text{bar}\,.$$

Das Kräftegleichgewicht am Impulsgebiet bilden wir mit dem Überdruck. Die x- und die y-Komponente der Haltekraft der Verzweigung betragen:

$$F_{Hx} = \left[\,\dot{m}\,v_2 + (p_2 - p_u)A_2\right]\cos\alpha - \dot{m}\,v_1 + (p_3 - p_1)A_1 = 310760\,\text{N}$$

und

$$F_{Hy} = \left[\,\dot{m}\,v_2 + (p_2 - p_u)A_2\right]\sin\alpha = 216186.2\,\text{N}\,.$$

Die Resultierende $F_H = \sqrt{F_{Hx}^2 + F_{Hy}^2} = 378556.6$ N greift unter dem Winkel $\gamma = 34.82^o$ an.

5.48 Da die Kräfte F_M und F_A auf die Teilfläche ht zu beziehen sind, wählen wir das Impulsgebiet wie nebenstehend skizziert.

An der inneren Oberfläche O_i des Impulsgebietes wirken die Schaufelkräfte F_M und F_A entgegen der y- und x-Richtung. An der äußeren Impulsoberfläche O_a liefern nur die Kräfte an den Stirnflächen einen Beitrag zum Kräftegleichgewicht.

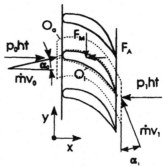

Kontinuitäts- und Bernoulli-Gleichung ergeben:

$$v_1 = v_0\frac{\cos\alpha_0}{\sin\alpha_1} = 8.66\,\text{m/s}\quad,\quad \frac{\dot{m}}{ht} = v_0\,\rho\,\cos\alpha_0 = 4330\,\text{kg/s}$$

und

$$p_1 = p_0 + \frac{\rho}{2}\left(v_0^2 - v_1^2\right) = 275002\,\text{Pa}\,.$$

Das Kräftegleichgewicht in x-Richtung legt

$$\frac{F_A}{ht} = p_0 - p_1 + \frac{\dot{m}}{ht}(v_0\cos\alpha_0 - v_1\sin\alpha_1) = 24997.8\,\text{N/m}^2$$

fest, und das Kräftegleichgewicht in y-Richtung ergibt für

$$\frac{F_M}{ht} = \frac{\dot{m}}{ht}(v_0 \sin \alpha_0 + v_1 \cos \alpha_1) = 43298.1 \, \text{N/m}^2.$$

5.49 Nach der Kontinuitätsgl. ist $v_2 = v_1 \frac{A_1}{A_2} = 2.5$ m/s. Um den Druck p_2 zu bestimmen, legen wir das Impulsgebiet so, daß keine Schnittreaktion mit der Rohrwand entsteht (linkes Bild). In diesem Fall erscheint die Kraft F_H, mit der die Querschnittserweiterung gehalten werden muß, nicht im Kräftegleichgewicht. Der Impulssatz ergibt für den Absolutdruck

$$p_2 = p_1 + \rho v_2(v_1 - v_2) = 168750 \, \text{Pa}.$$

Die Bernoulli-Gl.

$$\frac{\rho}{2}v_1^2 + p_1 = p_2 + \frac{\rho}{2}v_2^2 + \Delta p_{v12}$$

erlaubt unmittelbar die Bestimmung des Druckverlustes Δp_{v12} und des dazugehörigen Widerstandsbeiwertes $\zeta_{w,1}$:

$$\Delta p_{v12} = \frac{\rho}{2}v_1^2\left(1 - \frac{A_1}{A_2}\right)^2 = \frac{\rho}{2}v_1^2\zeta_{w,1} = 28125.2 \, \text{Pa}, \quad \zeta_{w,1} = \left(1 - \frac{A_1}{A_2}\right)^2 = 0.563.$$

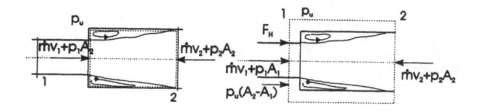

Um die Kraft F_H auf die Querschnittserweiterung zu bestimmen, wählen wir die im rechten Bild eingezeichnete Gestalt des Impulsgebietes. Das Impulsgebiet schneidet jetzt die Rohrwand am linken und rechten Rand. Wie sich F_H auf die beiden Ränder verteilt, ist statisch unbestimmt. Wir tragen

$$F_H = \dot{m}\,(v_2 - v_1) + (p_2 - p_u)A_2 - (p_1 - p_u)A_1 = 1178 \, \text{N}$$

am linken Rand an.

5.50 Die Kontinuitätsgl. ergibt:

$$v_1 = \frac{v_2}{n} = 10 \, \text{m/s} \quad \text{und} \quad v_e = \frac{v_2}{\alpha n} = 15.97 \, \text{m/s} \quad \text{mit} \quad n = \frac{A_1}{A_2}$$

und mit der Kontraktionszahl $\alpha = 0.6 + 0.1n + 0.3n^4 = 0.62617$. Mit den Bernoulli-Gln.

$$p_2 - p_e = \frac{\rho}{2}v_2^2\left(\frac{1}{\alpha^2 n^2} - 1\right), \quad p_e - p_1 = \frac{\rho}{2}\frac{v_2^2}{n^2}\left(1 + \zeta_{w,1} - \frac{1}{\alpha^2}\right) \qquad (6.95)$$

erhalten wir

$$p_2 - p_1 = \frac{\rho}{2}\frac{v_2^2}{n^2}\left(1 - n^2 + \zeta_{w,1}\right). \qquad (6.96)$$

Das Impulsgebiet schneidet nirgends die Rohrwand. Nach dem Impulssatz ist

$$p_1 - p_e = \rho\frac{v_2^2}{n^2}\left(\frac{1}{\alpha} - 1\right). \quad (6.97)$$

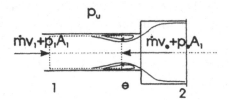

Gl.(6.95) und Gl.(6.97) ergeben

$$p_2 - p_1 = \frac{\rho}{2}\frac{v_2^2}{n^2}\left[2\left(1 - \frac{1}{\alpha}\right) - n^2 + \frac{1}{\alpha^2}\right]. \qquad (6.98)$$

Gl.(6.98) läßt sich nach

$$p_1 = p_2 - \frac{\rho}{2}\frac{v_2^2}{n^2}\left[2\left(1 - \frac{1}{\alpha}\right) - n^2 + \frac{1}{\alpha^2}\right] = 85305.0\,\text{Pa} = 0.853\,\text{bar}$$

umstellen, und die Gln.(6.96) und (6.98) ergeben eine Beziehung für den Widerstandsbeiwert

$$\zeta_{w,1} = \left(1 - \frac{1}{\alpha}\right)^2 = 0.3564$$

bzw. für den Druckverlust

$$\Delta p_{ve1} = \zeta_{w,1}\frac{\rho}{2}v_1^2 = 17820.0\,\text{Pa}.$$

Im Grenzfall $A_2 \to \infty$ strebt $n \to 0$ und p_1 gegen

$$p_1 = p_2 - \frac{\rho}{2}v_1^2\left[2\left(1 - \frac{1}{\alpha}\right) + \frac{1}{\alpha^2}\right] = 82180.0\,\text{Pa} = 0.822\,\text{bar}.$$

Schließen wir den plötzlichen Querschnittssprung durch das Impulsgebiet ein wie in Aufgabe 5.49, so ergibt das Kräftegleichgewicht für die Haltekraft die Gleichung

$$F_H = \overset{\bullet}{m}(v_2 - v_1) + (p_2 - p_u)A_2 - (p_1 - p_u)A_1 = 1097.2\,\text{N}.$$

5.51 Der Wasserstrahl trifft mit der Geschwindigkeit $v_a = \sqrt{v_0^2 - 2ga}$ auf die Platte. Nach dem Impulssatz ist

$$F = \overset{\bullet}{m}\, v_a = \rho A_0 v_0 \sqrt{v_0^2 - 2ga}\,.$$

Diese Gleichung lösen wir nach der gesuchten Geschwindigkeit v_0 auf:

$$v_0 = \sqrt{ga + \sqrt{(ga)^2 + \left(\frac{F}{\rho A_0}\right)^2}} = 8.614\,\text{m/s}\,.$$

Um die Platte im Gleichgewicht zu halten, ist die hydraulische Leistung $P = \overset{\bullet}{V}\, \frac{\rho}{2}v_0^2 = 627.46$ W erforderlich.

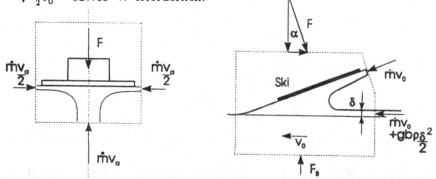

5.52 Da die Reibung unberücksichtigt bleibt, muß die Resultierende F senkrecht auf dem Ski stehen (obiges Bild). Aus dem Kräftegleichgewicht in horizontaler Richtung erhalten wir für

$$F = \overset{\bullet}{m}\, v_0 \frac{(1 + \cos\alpha)}{\sin\alpha} + \frac{g\rho b\delta^2}{2\sin\alpha} = 1947.4\,\text{N}\,.$$

Der rechte Term in dieser Gleichung rührt vom Schwerkrafteinfluß her, der aber vernachlässigbar ist. Die Kraft F_B auf den Seegrund ergibt sich aus dem Gleichgewicht in vertikaler Richtung

$$F_B = F\cos\alpha + \overset{\bullet}{m}\, v_0 \sin\alpha = 1946.8\,\text{N}\,.$$

5.53 Am eingezeichneten Impulsgebiet lassen sich folgende Gleichungen aufstellen:

$$\text{die Kontinuitätsgl.} \quad v_2 = v_1 \frac{h_1}{h_2}\,, \tag{6.99}$$

$$\text{die Energiegl. an der Oberfläche} \quad \frac{\rho}{2}v_1^2 + g\rho h_1 = \frac{\rho}{2}v_2^2 + g\rho h_2 \tag{6.100}$$

und

die Impulsgl. $\dot{m}\,v_1 + g\rho h_1^2\dfrac{b}{2} - F_s = \dot{m}\,v_2 + g\rho h_2^2\dfrac{b}{2}\,.$ (6.101)

Mit Gl.(6.99) ersetzen wir v_2 in Gl.(6.100). Für h_2 ergibt sich dann die kubische Gleichung

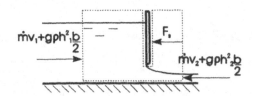

$$h_2^3 - h_2^2\left(\frac{v_1^2}{2g} + h_1\right) = -v_1^2\frac{h_1^2}{2g}\,.$$

Wir erraten eine Lösung der kubischen Gleichung, nämlich die triviale Lösung $h_2 = h_1$. Dividiert man die kubische Gleichung durch $(h_2 - h_1)$, so ergibt sich die quadratische Gleichung

$$h_2^2 - h_2\frac{v_1^2}{2g} - \frac{v_1^2}{2g}h_1 = 0\,.$$

Die gesuchte Lösung der schießenden Strömung ist

$$h_2 = \frac{v_1^2}{4g}\left(1 + \sqrt{1 + \frac{8gh_1}{v_1^2}}\right) = 0.05633\,\text{m}$$

mit $v_2 = 5.326$ m/s. Der Impulssatz (6.101) ergibt die Kraft auf das Schütz

$$F_s = \rho v_1^2 b h_1\left(1 - \frac{h_1}{h_2}\right) + g\rho\frac{b}{2}(h_1^2 - h_2^2) = 189659.16\,\text{N}\,.\qquad(6.102)$$

Um den Öffnungsspalt h_{sp} des Schützes zu bestimmen, gehen wir davon aus, daß sich die Druckverteilung auf das Schütz näherungsweise nach dem Gesetz der Hydrostatik einstellt. Unter dieser Annahme ist

$$F_s = g\,\rho\,h_s^2\frac{b}{2}\,.\qquad(6.103)$$

Gl.(6.103) und Gl.(6.102) ergeben eine Beziehung für

$$h_s = \sqrt{(h_1^2 - h_2^2) + \frac{2v_1^2}{g}h_1\left(1 - \frac{h_1}{h_2}\right)}\,.$$

Die Spalthöhe des Schützes ist dann

$$h_{sp} = h_1 - h_s = 0.1096\,\text{m}\,.$$

5.54 Wir wenden den Impulssatz im Relativsystem an, in dem der Schwallkopf ruht. Für diese Anordnung ist der Strömungsvorgang stationär. Die Zu- und Abströmgeschwindigkeiten des Wassers betragen jetzt $c - v_2$ und $c - v_1$.

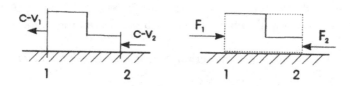

Wir rechnen mit Überdrücken. Mit der Kontinuitätsgl.

$$h_2 b(c - v_2) = h_1 b(c - v_1)$$

ersetzen wir analog zur Beziehung $F_2 = F_1$ in der Impulsgl.(4.8)

$$h_2 \rho b(c - v_2)^2 + g\rho h_2^2 \frac{b}{2} = h_1 \rho b(c - v_1)^2 + g\rho h_1^2 \frac{b}{2}$$

die Differenz $(c - v_1)$. Es entsteht eine quadratische Gleichung für c,

$$(c - v_2)^2 = \frac{g}{2} h_1 \left(1 + \frac{h_1}{h_2}\right),$$

deren Lösung

$$c = v_2 + \sqrt{\frac{g}{2} h_1 \left(1 + \frac{h_1}{h_2}\right)} = 14.13\,\text{m/s}$$

ist. Aus der Kontinuitätsgl. folgt dann

$$v_1 = \frac{1}{h_1} \left[c(h_1 - h_2) + h_2 v_2 \right] = 11.7\,\text{m/s}\,.$$

5.55 Der austretende Wasserstrahl schnürt sich an der scharfkantigen Ausflußöffnung des in den Behälter hineinragenden Rohres (Borda-Mündung) ein. Da das Ausflußrohr sehr kurz ist, legt sich der Wasserstrahl nicht an das Rohr an. Das zylindrische Impulsgebiet erstrecken wir so weit in den Behälter hinein, daß an der linken Stirnfläche die Zuströmgeschwindigkeit Null ist und auf dem mittleren Stromfaden $p = p_B$ gilt.
Entlang des mittleren Stromfadens gilt dann:

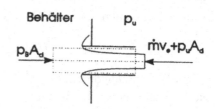

$$p_B = p_u + \frac{\rho}{2} v_e^2 \rightarrow v_e = \sqrt{\frac{2}{\rho}(p_B - p_u)}\,.$$

Das Kräftegleichgewicht ergibt

$$A_d p_B = \dot{m}\, v_e + p_u A_d\,.$$

Die Komponente der zeitlichen Änderung der Bewegungsgröße in Ausflußrichtung am Mantel des Impulsgebietes innerhalb des Behälters ist näherungsweise Null.

Mit $\overset{\bullet}{m}\, v_e = \rho A_e v_e^2 = 2A_e(p_B - p_u)$ erhalten wir aus dem Kräftegleichgewicht

$$(p_B - p_u)A_d = 2A_e(p_B - p_u)$$

bzw. die gesuchte Querschnittskontraktion $\alpha = \frac{A_e}{A_d} = 0.5$. Praktisch ist α der Borda-Mündung etwas größer als 0.5. Für einen abgerundeten Einlauf läßt sich auf diese Weise α nicht bestimmen.

5.56 Wir wenden den Impulssatz im Relativsystem einer Schaufel an, da für dieses System die Strömung stationär ist. Nach der Bernoulli-Gl. strömt das Wasser im Relativsystem mit der Geschwindigkeit $w = c_D - u_0$ auf die Schaufel zu und von ihr ab.

Die Schaufelkraft

$$F = \overset{\bullet}{m}\, w(1 + \cos\beta) = \rho A(c_D - u_0)^2(1 + \cos\beta) = 3894.6\,\text{N}$$

ergibt sich aus dem Kräftegleichgewicht am Impulsgebiet.

Der Wasserstrahl beaufschlagt $\Delta t_1 = \frac{L}{u_0}$ Sekunden eine Schaufel. Danach tritt in den Strahl die nächste Schaufel ein. Die Kraftwirkung auf die nun verdeckte Schaufel bleibt aber noch $\Delta t_2 = \frac{L}{w}$ Sekunden erhalten. Die gesamte Einwirkdauer von F auf eine Schaufel beträgt demnach $\Delta t = \Delta t_1 + \Delta t_2 = \frac{Lc_D}{u_0 w}$ Sekunden.

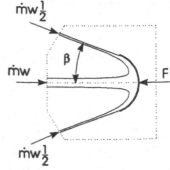

Mit dieser Größe bilden wir eine rechnerische Schaufelzahl

$$z = \frac{\Delta t}{\Delta t_1} = \frac{Lc_D}{u_0 w}\frac{u_0}{L} = \frac{c_D}{c_D - u_0},$$

derjenigen Schaufeln, die im Mittel gleichzeitig beaufschlagt werden. Daraus ergibt sich die aufgenommene hydraulische Leistung der Turbine

$$P_T = Fu_0 z = \rho A(1 + \cos\beta)c_D^3\Big(1 - \frac{u_0}{c_D}\Big)\frac{u_0}{c_D} = K(1 - \xi)\xi = 171.737\,\text{kW}$$

mit der Maschinenkonstanten $K = \rho A(1 + \cos\beta)c_D^3$ und $\xi = \frac{u_0}{c_D}$. Das Maximum von P_T folgt aus der Beziehung

$$\frac{\mathrm{d}P_T}{\mathrm{d}\xi} = K(1 - \xi) - K\xi = 0 \rightarrow \xi_{max} = \frac{u_0}{c_D} = \frac{1}{2}.$$

Ist die Umfangsgeschwindigkeit u_0 des Peltonrades halb so groß wie die Geschwindigkeit c_D mit der der Wasserstrahl aus der Düse austritt, dann ist die Leistungsausbeute maximal. Die maximale hydraulische Leistung beträgt

$$P_{Tmax} = \frac{K}{4} = \rho A \frac{c_D^3}{4}(1 + \cos\beta) = 173.819\,\text{kW}.$$

Das aus der Düse austretende Wasser stellt die Leistung

$$P_D = \frac{\rho}{2}c_D^2\,\dot{V} = \frac{\rho}{2}Ac_D^3 = 174.15\,\text{kW}$$

zur Verfügung. Danach beträgt der hydraulische Wirkungsgrad

$$\eta = \frac{P_T}{P_D} = 2(1 + \cos\beta)\xi(1 - \xi) = 0.986$$

und sein Maximum

$$\eta_{max} = \left(\frac{1 + \cos\beta}{2}\right) = 0.998.$$

5.57 In der Strahlpumpe gilt die Querschnittsbeziehung

$$A_2 = A_t + A_s \rightarrow 1 = a + \frac{A_s}{A_2} \tag{6.104}$$

mit $a = \frac{A_t}{A_2}$ und $\frac{A_s}{A_2} = 1 - a$. Aus der Kontinuitätsgl. folgt

$$v_2 A_2 = v_t A_t + v_s A_s \quad \text{oder} \quad v_2 = av_t + (1 - a)v_s. \tag{6.105}$$

Der Impulssatz, angewendet auf das innerhalb des Mischrohres liegende Impulsgebiet, ergibt

$$F_t + F_s = F_2$$

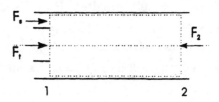

bzw.

$$\dot{m}_t\,v_t + p_1 A_t + \dot{m}_s\,v_s + p_1 A_s = \dot{m}_2\,v_2 + p_2 A_2$$

oder

$$\rho v_t^2 A_t + \rho v_s^2 A_s = \rho v_2^2 A_2 + (p_2 - p_1)A_2. \tag{6.106}$$

Mit den Gln.(6.104) und (6.105) läßt sich der Impulssatz (6.106) in die Form

$$v_t^2 a + v_s^2(1 - a) = [av_t + (1 - a)v_s]^2 + \frac{p_2 - p_1}{\rho} \tag{6.107}$$

überführen. In Gl.(6.107) führen wir das Geschwindigkeitsverhältnis $\xi = \frac{v_s}{v_t}$ ein. Für ξ ergibt sich die quadratische Gleichung

$$\xi^2 - 2\xi = -1 + \frac{p_2 - p_1}{\rho v_t^2 a(1-a)} \,. \tag{6.108}$$

In Gl.(6.108) ist $p_2 = p_u$, und p_1 ist durch die Bernoulli-Gl.

$$p_1 = p_B - \frac{\rho}{2} v_s^2 = p_B - \frac{\rho}{2} v_t^2 \xi^2 \tag{6.109}$$

zu ersetzen. Damit ergibt sich für ξ die quadratische Gleichung

$$\xi^2 + 2\xi K = K - \frac{p_u - p_B}{\rho v_t^2 a(1-a)} K \,, \quad \text{mit} \quad K = \frac{2a(1-a)}{1 - 2a(1-a)} \,,$$

deren Lösung

$$\xi = \frac{v_s}{v_t} = -K + \sqrt{K\left[K + 1 - \frac{p_u - p_B}{\rho v_t^2 a(1-a)}\right]} \tag{6.110}$$

ist. Mit den vorgegebenen Werten erhalten wir:

$$K = 0.470588, \quad \xi = 0.216, \quad v_s = 4.321 \,\text{m/s} \quad \text{und} \quad v_2 = 16.864 \,\text{m/s} \,.$$

Die Volumenströme sind: $\dot{V}_t = 6.283 \cdot 10^{-3} \,\text{m}^3/\text{s}$, $\dot{V}_s = 3.3937 \cdot 10^{-4} \,\text{m}^3/\text{s}$, womit wir $\Psi = \frac{\dot{V}_s}{\dot{V}_t} = 0.054$ erhalten. Nach Gl.(6.109) ist $p_1 = 60664.5$ Pa , und damit ergibt sich für die Druckerhöhung $p_2 - p_1 = 39335$ Pa. Die Erhöhung der inneren Energie in der Mischstrecke infolge Dissipation folgt aus der Leistungsbilanz (4.31) mit $\dot{W}_{t12} = 0$ und $\dot{Q}_{12} = 0$. Da im vorliegenden Fall $e_s = e_t = e_1$ ist, gilt

$$e_2 - e_1 = \Delta e = \frac{\dot{V}_t}{\dot{V}_2} \frac{v_t^2}{2} - \left(1 - \frac{\dot{V}_s}{\dot{V}_2}\right) \frac{v_s^2}{2} - \frac{p_u - p_B}{\rho} - \frac{v_2^2}{2} = 8.696 \,\text{J/kg} \,. \tag{6.111}$$

Wir untersuchen jetzt den Fall $p_B = p_u$. Es ergibt sich:

$$\xi = -K + \sqrt{K(K+1)} = 0.3613, \quad v_s = 7.226 \,\text{m/s}, \quad v_2 = 17.445 \,\text{m/s}$$

und $\Psi = \frac{\dot{V}_s}{\dot{V}_t} = 0.0903$.

Beim minimalen Behälterdruck p_{Bmin} ist $v_s = 0$. Daraus folgt $\xi = 0$. Es wird keine Flüssigkeit mehr angesaugt. Der dazugehörige Behälterdruck, ausgehend von Gl.(6.110), genügt der Gleichung

$$K = \sqrt{K\left[K + 1 - \frac{p_u - p_{Bmin}}{\rho v_t^2 a(1 - a)}\right]}$$

bzw.

$$p_{Bmin} = p_u - \rho v_t^2 a(1 - a) = 36000\,\text{Pa} = 0.36\,\text{bar}\,.$$

Dieser Druck entspricht einer maximalen Saughöhe $h_{max} = 3.67$ m.

5.58 Wir wählen ein rechteckiges Impulsgebiet. Dann ist aber die obere Deckfläche des Impulsgebietes $\overline{CD}$ keine Stromfläche. Über selbige Fläche tritt der Massenstrom

$$\dot{m}_{\overline{CD}} = \rho_\infty b \int_0^{y_0} (v_\infty - v(l,y))\,dy$$

aus. Wir wenden den Impulssatz (4.23) auf das Impulsgebiet an:

$$\int_O \rho \vec{v}\vec{v} \cdot d\vec{o} = -\int_O p\,d\vec{o} + \int_O d\vec{o} \cdot \mathcal{T}\,.$$

Die Integrale sind an der Oberfläche des Impulsgebietes auszuwerten. Sie besitzen die x-Komponenten:

$$\int_O \rho \vec{v}\vec{v} \cdot d\vec{o}\Big|_{x-Komp.} = \rho_\infty b \int_0^{y_0} v(l,y)\big[v(l,y) - v_\infty\big]\,dy\,,$$

$$\int_O p\,d\vec{o}\Big|_{x-Komp.} = 0\,,$$

$$\int_O d\vec{o} \cdot \mathcal{T}\Big|_{x-Komp.} = -F_w\,.$$

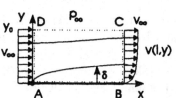

Der an der einseitig benetzten Platte entstehende Widerstand ist dann

$$F_w = \rho_\infty b \int_0^{y_0} v(l,y)\big(v_\infty - v(l,y)\big)\,dy\,.$$

Er läßt sich auch durch die Impulsverlustdicke δ_2 ausdrücken. Aus $F_w = \rho_\infty b v_\infty^2 \delta_2$ folgt

$$\delta_2(l) = \int_0^{y_0} \frac{v(l,y)}{v_\infty}\left(1 - \frac{v(l,y)}{v_\infty}\right)\mathrm{d}y = \int_0^{\infty} \frac{v(l,y)}{v_\infty}\left(1 - \frac{v(l,y)}{v_\infty}\right)\mathrm{d}y \,.$$

Der c_w-Beiwert der einseitig benetzten Platte ist

$$c_w = \frac{F_w}{\frac{\rho_\infty}{2}v_\infty^2 bl} = \frac{2}{v_\infty^2 l}\int_0^{\infty} v(l,y)\left[v_\infty - v(l,y)\right]\mathrm{d}y \,.$$

Die durch die Grenzschicht nach außen abgedrängte Strömung versucht die Platte nach unter wegzudrücken. Die dieser Wirkung entgegen gerichtete Stützkraft F_y berechnen wir näherungsweise aus den integralen Anteilen

$$F_y = \dot{m}_{\overline{DC}} \cdot \frac{1}{l}\int_0^{y_0}\left[v_\infty - v(l,y)\right]\mathrm{d}y = \frac{\rho_\infty b}{l}\left[\int_0^{y_0}\left[v_\infty - v(l,y)\right]\mathrm{d}y\right]^2 \,.$$

Gasdynamik

Antworten zu den Fragen

6.1 Zwei Gase mit einer unterschiedlichen Temperatur und einer unterschiedlichen CO-Konzentration strömen in einen Behälter. Nach dem Einströmvorgang stellt sich nach einer endlichen Zeitdauer eine ortsunabhängige Temperatur und Konzentration des Gemisches infolge der turbulenten Durchmischung ein. Dieser Vorgang des Temperatur- und Konzentrationsausgleiches ist nicht umkehrbar, d.h., man hat noch nie beobachtet, daß sich ohne Änderung des Umgebungszustandes das Gas im Behälter in zwei Volumina mit der jeweiligen Temperatur und Konzentration der Eingangsströme trennt.

6.2 Auf der Erde gibt es keinen realen thermodynamischen Prozeß, der reversibel ist. Der vollkommene reversible Prozeß existiert nur in der Modellvorstellung. Die Kompression und Entspannung eines Gases in einem Zylinder durch einen Kolben (Kolbenmaschine) ist nur dann reversibel, wenn wir die mechanische Reibung zwischen Kolben und Zylinder und die innere Reibung im Gas (Viskosität) vernachlässigen und annehmen, daß der Vorgang sehr langsam abläuft, so daß in jedem Moment der Prozeß eine Folge von Gleichgewichtszuständen durchläuft.

6.3 Die Antriebsenergie des Öltankers wird hauptsächlich zur Überwindung des Wellenwiderstandes sowie der Schiffsrumpfreibung und nur zu einem geringen

Teil zur Überwindung des Luftwiderstandes der Aufbauten benötigt. Die eingesetzte mechanische Energie erhöht daher im wesentlichen die Temperatur des Meeres um einen sehr kleinen Betrag. Auf Grund dessen, daß es auf der Erde kein größeres thermodynamisches System mit niedriger Temperatur als das der Weltmeere gibt, ist die große thermische Energie in den Weltmeeren nennenswert nicht nutzbar.

6.4 Die Zustandsänderung eines ruhenden geschlossenen Systems verläuft adiabat, wenn keine Wärme mit der Umgebung ausgetauscht wird. Nach dem ersten Hauptsatz, Gl.(6.7), trägt dann zu einer Erhöhung der inneren Energie E nur die zugeführte Arbeit W_{12} bei, und es gilt $W_{12} = E_2 - E_1$. Verläuft dieser Prozeß reversibel, dann bezeichnet man die Zustandsänderung als isentrop. Die Isentrope ist also eine reversible Adiabate.

6.5 Strömt ideales Gas in einem Rohr durch eine adiabate Drosselstelle mit dem Druckabfall Δp, so folgt aus dem Energiesatz für stationäre Fließprozesse, Gl.(4.31), bei Vernachlässigung der kinetischen Energie die Konstanz der Enthalpie der Strömung vor und nach der Drossel. Da bei idealem Gas die spezifischen Wärmekapazitäten nur von der Temperatur nicht aber vom Druck abhängen, ist gleichfalls $T_2 = T_1$. Die Temperatur des idealen Gases ändert sich bei einem Drosselvorgang nicht. Demgegenüber nimmt aber die Temperatur des realen Gases beim Drosselvorgang ab, da c_p auch von p abhängt. Diese Erscheinung bezeichnet man als Joule-Thomson-Effekt. Die Messung des Joule-Thomson-Effektes, also die Temperaturänderung bei adiabater Drosselung, bietet die Möglichkeit, die Druckabhängigkeit der Enthalpie experimentell zu bestimmen.

6.6 Ein mit Überschallgeschwindigkeit ($Ma_\infty > 1$) fliegendes Flugobjekt, das wir uns näherungsweise punktförmig vorstellen, verursacht einen Mach-Kegel hinter sich.

Der Mach-Kegel ist die Einhüllende der vom Flugobjekt ausgehenden Schallwellen, die bei der Umströmung auftreten. Befindet sich der Beobachter außerhalb dieses Schallkegels, wie im vorliegenden Fall, dann kann er das Flugobjekt nicht akustisch wahrnehmen.

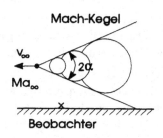

Erst wenn der Schallkegel ihn überstreicht und er sich innerhalb oder auf dessen Rand befindet, hört er das Flugobjekt. Der Öffungswinkel des Kegels nimmt ab und der Dichtesprung über der Kegeloberfläche wird stärker, je größer $Ma_\infty > 1$ ist. Die Intensität des Schallkegels schwindet, d.h. $\alpha \to \pi/2$, mit $Ma_\infty \to 1$.

Für $Ma_\infty < 1$ existiert der Mach-Kegel nicht mehr, und das Flugobjekt ist im gesamten Raum akustisch wahrnehmbar.

6.7 In einer Strömung wird örtlich der kritische Zustand erreicht, wenn die örtliche Geschwindigkeit gleich der örtlichen Schallgeschwindigkeit ist. In diesem Fall kann von der Stelle $Ma = 1$ aus in der Strömung keine Störung mehr stromaufwärts wandern. Im kritischen Zustand nimmt die Stromdichte ihr Maximum an.

6.8 Ein Gas läßt sich aus dem Ruhezustand (Kesselzustand) heraus auf Überschallgeschwindigkeit beschleunigen, wenn

- das Druckgefälle zwischen Kessel und Umgebung $\frac{p_u}{p_0} < \frac{p^\star}{p_0} \approx 0.528$ beträgt,

- der Strömungskanal als Laval-Düse ausgebildet ist und

- das Gas innerhalb der Laval-Düse stetig auf p_u entspannt.

Eine Beschleunigung der Strömung in einem Kanal mit konstantem Querschnitt auf Überschallgeschwindigkeit ist nur möglich, wenn neben der ersten Bedingung dem Gas im Rohr bis zum Erreichen von $Ma = 1$ Wärme zugeführt wird und stromabwärts der Stelle, wo $Ma = 1$ ist, Wärme entzogen wird.

6.9 Eine Laval-Düse arbeitet nicht im Auslegungspunkt, wenn sich das Gas in ihr nicht stetig und nicht vollständig vom Kesselzustand p_0 auf den Druck $p_A = p_u$ im Austrittsquerschnitt A_A der Laval-Düse entspannen kann. In diesem Fall ist das Druckverhältnis $\frac{p_u}{p_0}$ nicht dem Flächenverhältnis $\frac{A^\star}{A_A}$ der Laval-Düse angepaßt.

6.10 Eine Laval-Düse mit dem Flächenverhältnis $\frac{A^\star}{A_A} < 1$ ist für eine Austrittsmach-Zahl $Ma_A > 1$ ausgelegt. Diese stellt sich aber nur dann ein, wenn zu $\frac{A^\star}{A_A} < 1$ ein Druckverhältnis $\frac{p_A}{p_0} < \frac{p^\star}{p_0}$ so existiert, so daß sich das Gas innerhalb der Laval-Düse stetig und vollständig von p_0 auf $p_A = p_u$ entspannen kann. Wird nun der Umgebungsdruck p_u auf $p_{u1} > p_u$ angehoben, so ändert sich das Druckverhältnis $\frac{p_{u1}}{p_0}$, und die Laval-Düse ist mit $\frac{A^\star}{A_A}$ nicht mehr diesem veränderten Druckverhältnis angepaßt. Ihr Austrittsquerschnitt A_A ist jetzt zu groß. Die Folge davon ist, daß sich im Austrittsquerschnitt oder innerhalb des Überschallteils der Laval-Düse ein Verdichtungsstoß einstellt. Durch ihn paßt sich der Druck in der Strömung dem erhöhten Umgebungsdruck an.

6.11 Bei der adiabaten Verdichtung in einem Kolbenverdichter nimmt die Dichte der Luft mit steigendem Druck nach dem Gesetz $\frac{p}{\rho^n} = $ const mit $n \in [1.2, 1.4]$ zu. Für $p \to \infty$ geht auch $\rho \to \infty$. Demgegenüber läßt sich die Dichte der Luft durch die Verdichtung über einen senkrechten Verdichtungsstoß nicht beliebig erhöhen. Nach der Druck-Dichtebeziehung des Stoßes

$$\frac{\rho}{\rho_0} = \frac{\frac{\kappa+1}{\kappa-1} + \frac{p_0}{p}}{1 + \frac{\kappa+1}{\kappa-1}\frac{p_0}{p}}$$

strebt für $p \to \infty$ das Dichteverhältnis $\frac{\rho}{\rho_0} \to \frac{\kappa+1}{\kappa-1} \approx 6$. Die Dichtesteigerung hängt also entscheidend von der Art und Weise ab, wie die Verdichtung erfolgt.

6.12 In einer Überschallströmung entsteht am Pitot-Rohr eine schräge Verdichtungsfront (Mach-Kegel) und unmittelbar auf der Staustromlinie ein senkrechter Verdichtungsstoß. Folglich mißt man mit dem Pitot-Rohr in einer Überschallströmung den Ruhe- oder Kesseldruck des Gases nach dem Stoß. Dieser Kesseldruck ist aufgrund der Entropiezunahme des Stoßes niedriger als der entsprechende Kesseldruck vor dem Stoß.

6.13 Nach einem schiefen oder schrägen Verdichtungsstoß stellt sich in der Regel die schwache Stoßlösung, also eine verminderte Überschallströmung, ein. Die starke Stoßlösung ist der senkrechte Verdichtungsstoß.

6.14 Kreuzen sich zwei schräge Verdichtungsstöße, so entsteht eine Kontaktfläche, längs der zwar der Druck, nicht aber die Geschwindigkeit und die Temperatur gleich sind. Die Neigung der Kontaktunstetigkeit stimmt mit der Strömungsrichtung des Gases nach dem Durchkreuzen der beiden Verdichtungsstöße überein.

Lösung der Aufgaben

6.1 Entsprechend der Clausiusschen Ungleichung ergänzen wir den irreversiblen Verdichtungsprozeß durch einen reversiblen Entspannungsprozeß zu einem Kreisprozeß

$$\int_1^2 \frac{\delta q_{irrev}}{T} + \int_2^1 \frac{\delta q_{rev}}{T} < 0 \, .$$

Erweitert man diese Ungleichung

$$\int_1^2 \frac{\delta q_{irrev}}{T} + \int_2^1 \frac{\delta q_{rev}}{T} + \int_1^2 \frac{\delta q_{rev}}{T} < \int_1^2 \frac{\delta q_{rev}}{T} \, ,$$

so folgt mit

$$\int_2^1 \frac{\delta q_{rev}}{T} + \int_1^2 \frac{\delta q_{rev}}{T} = 0 \quad \text{und} \quad \int_1^2 \frac{\delta q_{rev}}{T} = s_2 - s_1$$

$$s_2 - s_1 > \int_1^2 \frac{\delta q_{irrev}}{T} \, .$$

Findet der Prozeß von 1 nach 2 ohne Wärmeaustausch statt, so ist in $\delta q = \delta q_a + \delta q_i$ die Wärme $\delta q_i > 0$ (durch irreversible Prozesse) und $\delta q_a = 0$. Aus obiger Gleichung folgt dann

$$s_2 - s_1 > \int_1^2 \frac{\delta q_i}{T} > 0\,.$$

Die Entropie eines irreversiblen adiabaten Prozesses nimmt stets zu.

6.2 Nach der thermischen Zustandsgl.(6.4), $p = \frac{M}{\overline{v}}RT = \rho RT$, kann man die Gemischdichte ρ, aber auch die Dichte ρ_i jeder einzelnen Gaskomponente durch die Beziehung $\rho = \frac{M}{\overline{v}}$ bzw. $\rho_i = \frac{M_i}{\overline{v}}$ mit dem von der Gasart unabhängigen molaren Volumen $\overline{v}$ ausdrücken. Da andererseits die Gemischdichte ρ mit den Dichten ρ_i der einzelnen Gaskomponenten über die Gleichung $\rho = \sum_i r_i \rho_i$ zusammen hängt, folgt unmittelbar die Gleichung

$$\frac{M}{\overline{v}} = \sum_i r_i \frac{M_i}{\overline{v}} \quad \text{oder} \quad M = \sum_i r_i M_i\,.$$

Die Massenanteile g_i eines Gemisches lassen sich aus den Raumanteilen r_i bestimmen:

$$g_i = \frac{m_i}{m} = \frac{\rho_i V_i}{\rho V} = r_i \frac{\rho_i}{\rho} = r_i \frac{M_i}{M}\,.$$

Schließlich folgt aus der Zustandsgleichung der i−ten Gaskomponente $p_i V = m_i R_i T$ der Partialdruck $p_i = \rho_i \frac{V_i}{V} R_i T = r_i \rho_i R_i T$ und mit $\rho_i = \frac{M_i}{\overline{v}}$ und $r_i = \frac{\mathcal{R}}{M_i}$ die Beziehung

$$p_i = r_i \frac{M_i}{\overline{v}} \frac{\mathcal{R}}{M_i} T = r_i \frac{\mathcal{R}}{\overline{v}} T\,.$$

Da nun $p = \frac{\mathcal{R}}{\overline{v}}T$ gilt, erhalten wir aus der obigen Gleichung sofort die gesuchte Beziehung $p_i = r_i p$.

6.3 Um die Maxwellschen Relationen herzuleiten, bilden wir zunächst das Differential der freien Energie

$$f(v,T) = e(v,T) - T s(v,T)\,,$$

nämlich

$$\mathrm{d}f(v,T) = \mathrm{d}e(v,T) - s(v,T)\,\mathrm{d}T - T\,\mathrm{d}s(v,T)$$

und ersetzen den dritten Term auf der rechten Gleichungsseite durch den 2. Hauptsatz

$$T\mathrm{d}s(v,T) = \mathrm{d}e(v,T) + p(v,T)\,\mathrm{d}v\,.$$

Aus

$$\mathrm{d}f(v,T) = \frac{\partial f(v,T)}{\partial v}\mathrm{d}v + \frac{\partial f(v,T)}{\partial T}\mathrm{d}T = -p(v,T)\,\mathrm{d}v - s(v,T)\,\mathrm{d}T$$

folgen durch Koeffizientenvergleich

$$\frac{\partial f(v,T)}{\partial v} = -p \quad \text{und} \quad \frac{\partial f(v,T)}{\partial T} = -s$$

die gesuchten Gln.(6.14). Die innere Energie $e(v,T)$ läßt sich nun in Abhängigkeit der fundamentalen Funktion $f(v,T)$ darstellen. Wir erhalten

$$e(v,T) = f(v,T) - T\frac{\partial f(v,T)}{\partial T}\,.$$

Aus

$$\mathrm{d}e(v,s) = \frac{\partial e(v,s)}{\partial s}\mathrm{d}s + \frac{\partial e(v,s)}{\partial v}\mathrm{d}v = T(v,s)\,\mathrm{d}s - p(v,s)\,\mathrm{d}v$$

erhalten wir die Beziehungen (6.10)

$$\frac{\partial e(v,s)}{\partial s} = T \quad \text{und} \quad \frac{\partial e(v,s)}{\partial v} = -p\,.$$

Entsprechend soll jetzt die Enthalpie

$$h(p,T) = g(p,T) + Ts(p,T)$$

in Abhängigkeit der Gibbs-Enthalpie dargestellt werden. Aus

$$\mathrm{d}g(p,T) = \mathrm{d}h(p,T) - T\,\mathrm{d}s(p,T) - s(p,T)\,\mathrm{d}T$$

folgt mit dem 2. Hauptsatz

$$T\mathrm{d}s(p,T) = \mathrm{d}h(p,T) - v(p,T)\,\mathrm{d}p$$

das Differential

$$\mathrm{d}g(p,T) = \frac{\partial g(p,T)}{\partial p}\mathrm{d}p + \frac{\partial g(p,T)}{\partial T}\mathrm{d}T = v(p,T)\,\mathrm{d}p - s(p,T)\,\mathrm{d}T\,.$$

Durch Vergleich erhalten wir die Gln.(6.15)

$$\frac{\partial g(p,T)}{\partial p} = v(p,T) \quad \text{und} \quad \frac{\partial g(p,T)}{\partial T} = -s(p,T)\,.$$

Damit läßt sich die gesuchte Darstellung

$$h(p,T) = g(p,T) - T\frac{\partial g(p,T)}{\partial T}$$

angeben. Die partiellen Ableitungen der Enthalpie $h(p,s)$ ergeben sich aus dem 2. Hauptsatz

$$dh(p,s) = \frac{\partial h(p,s)}{\partial s}ds + \frac{\partial h(p,s)}{\partial p}dp = T(p,s)\,ds + v(p,s)\,dp$$

durch Vergleich zu

$$\frac{\partial h(p,s)}{\partial s} = T \quad \text{und} \quad \frac{\partial h(p,s)}{\partial p} = v\,.$$

6.4 Um die Schallgeschwindigkeit $c(v,T)$ in Abhängigkeit von der fundamentalen Funktion $f(v,T)$ darzustellen, gehen wir von der Definition der Schallgeschwindigkeit, Gl.(1.16), als Ausbreitungsgeschwindigkeit der Druckstörungen aus:

$$c^2 = \frac{1}{\frac{\partial p(p,s)}{\partial p}} = -v^2\frac{\partial p(v,s)}{\partial v}\,. \tag{6.112}$$

Aus den differentiellen Beziehungen

$$\begin{aligned}
dp(v,s) &= \frac{\partial p(v,s)}{\partial v}dv + \frac{\partial p(v,s)}{\partial s}\left[\frac{\partial s(v,T)}{\partial v}dv + \frac{\partial s(v,T)}{\partial T}dT\right]\\
&= dp(v,T) = \frac{\partial p(v,T)}{\partial v}dv + \frac{\partial p(v,T)}{\partial T}dT
\end{aligned}$$

erhalten wir durch Koeffizientenvergleich die Gleichungen

$$\frac{\partial p(v,s)}{\partial v} + \frac{\partial p(v,s)}{\partial s}\frac{\partial s(v,T)}{\partial v} = \frac{\partial p(v,T)}{\partial v} \tag{6.113}$$

und

$$\frac{\partial p(v,s)}{\partial s}\frac{\partial s(v,T)}{\partial T} = \frac{\partial p(v,T)}{\partial T}\,. \tag{6.114}$$

Aus $s(v,T) = -\frac{\partial f(v,T)}{\partial T}$ folgt durch Differentation

$$\frac{\partial s(v,T)}{\partial v} = -\frac{\partial^2 f(v,T)}{\partial v\partial T} \quad \text{und} \quad \frac{\partial s(v,T)}{\partial T} = -\frac{\partial^2 f(v,T)}{\partial T^2}\,. \tag{6.115}$$

In gleicher Weise ergibt sich aus $p(v,T) = -\frac{\partial f(v,T)}{\partial v}$

$$\frac{\partial p(v,T)}{\partial v} = -\frac{\partial^2 f(v,T)}{\partial v^2} \quad \text{und} \quad \frac{\partial p(v,T)}{\partial T} = -\frac{\partial^2 f(v,T)}{\partial v \partial T}. \tag{6.116}$$

Die Gln.(6.113) und (6.115) erlauben die Darstellung

$$\frac{\partial p(v,s)}{\partial v} = -\frac{\partial^2 f(v,T)}{\partial v^2} + \frac{\partial p(v,s)}{\partial s}\frac{\partial^2 f(v,T)}{\partial v \partial T}. \tag{6.117}$$

Analog folgt aus Gl.(6.114)

$$\frac{\partial p(v,s)}{\partial s} = \frac{\partial p(v,T)}{\partial T}\frac{1}{\frac{\partial s(v,T)}{\partial T}} = \frac{\partial^2 f(v,T)}{\partial v \partial T}\frac{1}{\frac{\partial^2 f(v,T)}{\partial T^2}}. \tag{6.118}$$

Mit den Gln.(6.117) und (6.118) nimmt Gl.(6.112) die gesuchte Darstellung an

$$c^2 = v^2\frac{\partial^2 f(v,T)}{\partial v^2} - v^2\left(\frac{\partial^2 f(v,T)}{\partial v \partial T}\right)^2\frac{1}{\frac{\partial^2 f(v,T)}{\partial T^2}}.$$

6.5 Die thermische Zustandsgleichung $\rho = \rho(p,T)$ hat das Differential

$$\begin{aligned}
\mathrm{d}\rho &= \frac{\partial \rho(p,T)}{\partial p}\mathrm{d}p + \frac{\partial \rho(p,T)}{\partial T}\mathrm{d}T = \rho\left[\frac{1}{\rho}\frac{\partial \rho(p,T)}{\partial p}\mathrm{d}p + \frac{1}{\rho}\frac{\partial \rho(p,T)}{\partial T}\mathrm{d}T\right], \\
\mathrm{d}\rho &= \rho\left(K_{isoth}\,\mathrm{d}p - \alpha\,\mathrm{d}T\right)
\end{aligned}$$

mit der tangentialen isothermen Kompressibilitätsfunktion K_{isoth} und der tangentialen Volumenausdehnungsfunktion α. In einer hinreichend kleinen Umgebung des Aufpunktes p_0, T_0 gilt mit $K_{isoth} \approx K_0 = $ const und $\alpha \approx \alpha_0 = $ const

$$\mathrm{d}\rho = \rho_0\left(K_0\,\mathrm{d}p - \alpha_0\,\mathrm{d}T\right).$$

Die Gleichung der Tangentialfläche ist dann

$$\frac{\rho}{\rho_0} = 1 + K_0(p - p_0) - \alpha_0(T - T_0).$$

6.6 Wir erinnern an die Volumenausdehnungs-(1.14), Kompressibilitäts-(1.13) und Spannungsfunktion (6.21)

$$\alpha = \frac{1}{v}\frac{\partial v(p,T)}{\partial T}, \quad K_{isoth} = -\frac{1}{v}\frac{\partial v(p,T)}{\partial p}, \quad \beta = \frac{1}{p}\frac{\partial p(v,T)}{\partial T}.$$

Im Differential

$$dv(p,T) = \frac{\partial v(p,T)}{\partial T}dT + \frac{\partial v(p,T)}{\partial p}dp$$

ersetzen wir

$$dp(v,T) = \frac{\partial p(v,T)}{\partial v}dv + \frac{\partial p(v,T)}{\partial T}dT\,.$$

Vergleicht man nun beide Seiten der folgenden Gl.

$$
\begin{aligned}
dv(p,T) &= \frac{\partial v(p,T)}{\partial T}dT + \frac{\partial v(p,T)}{\partial p}\left[\frac{\partial p(v,T)}{\partial v}dv + \frac{\partial p(v,T)}{\partial T}dT\right] \\
&= \left[\frac{\partial v(p,T)}{\partial T} + \frac{\partial v(p,T)}{\partial p}\frac{\partial p(v,T)}{\partial T}\right]dT + \frac{\partial v(p,T)}{\partial p}\frac{\partial p(v,T)}{\partial v}dv\,,
\end{aligned}
$$

so ergeben sich die Gln.

$$\frac{\partial v(p,T)}{\partial p}\frac{\partial p(v,T)}{\partial v} = 1 \quad \text{und} \quad \frac{\partial v(p,T)}{\partial T} + \frac{\partial v(p,T)}{\partial p}\frac{\partial p(v,T)}{\partial T} = 0\,.$$

Die erste Beziehung ist eine Identität, die zweite Beziehung erweitern wir:

$$\frac{1}{v}\frac{\partial v(p,T)}{\partial T} + \frac{1}{v}\frac{\partial v(p,T)}{\partial p}\frac{1}{p}\frac{\partial p(v,T)}{\partial T}p = 0\,.$$

Aus dieser Gl. ergibt sich mit den obigen Definitionen unmittelbar die gesuchte Beziehung $\alpha = K_{isoth}\,\beta\,p$.

6.7 Nach dem Energiesatz (6.42) ergibt sich die Temperatur im Staupunkt zu $T_0 = T_\infty + \frac{v_\infty^2}{2c_p}$. Sie beträgt in den Flughöhen:
$H = 1000\,\text{m} \quad T_0 = 320.43\,\text{K}$ und $H = 10000\,\text{m} \quad T_0 = 376.71\,\text{K}$.

6.8 Eine Störung, die in H Metern über der Erdoberfläche entsteht, benötigt $t = \frac{H}{c} = 61.52$ s, bis sie die Erdoberfläche erreicht. Die Ausbreitungsgeschwindigkeit der Druckstörung (die Schallgeschwindigkeit) ist $c = \sqrt{\kappa R T} = 325.07$ m/s. Mit der Mach-Zahl $Ma = \frac{v}{c} = 1.282$ ergibt sich der halbe Öffnungswinkel α des Mach-Kegels zu $\sin\alpha = \frac{1}{Ma} \rightarrow \alpha = 51.28°$.

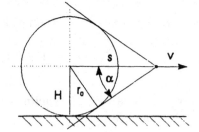

6.9 Die zulässige relative Dichteänderung beträgt $\frac{\rho_0 - \rho}{\rho_0} = 0.02$. Zur Abschätzung der dazugehörigen Geschwindigkeitsänderung Δv nehmen wir eine isentrope Zustandsänderung an. Mithin gilt

$$\frac{\rho_0 - \rho}{\rho_0} = 1 - \left(\frac{T}{T_0}\right)^{\frac{1}{\kappa-1}} = 0.02 \quad \text{und} \quad T = T_0 \cdot 0.98^{(\kappa-1)} = 297.58\,\text{K}.$$

Die dazugehörige Geschwindigkeitsänderung

$$\Delta v = \sqrt{2c_p(T_0 - T)} = 69.7 \sim 70\,\text{m/s}$$

ergibt sich aus dem Energiesatz (6.42). Die Mach-Zahl beträgt $Ma = \frac{\Delta v}{c} = 0.2$ mit der örtlichen Schallgeschwindigkeit $c = 345.78$ m/s.

6.10 Der konvergent-divergente Strömungskanal ermöglicht im Austrittsquerschnitt A_A eine Überschallströmung, falls im Austrittsquerschnitt der Druck entsprechend niedrig ist. Zunächst bestimmen wir die Dichte des Gases im Kessel $\rho_0 = \frac{p_0}{RT_0} = 6.968\,\text{kg/m}^3$. Für das Querschnittsverhältnis $\frac{A^\star}{A} = \frac{0.1}{0.15} = 0.667$ lesen wir im Strömungsdiagramm (Seite 197) den Unterschallzustand, der links von $A^\star$ in A herrscht, ab:

$$Ma^\star = 0.463, \quad \frac{p}{p_0} = 0.88 \to p = 0.88\,\text{MPa}, \quad \frac{\rho}{\rho_0} = 0.913 \to \rho = 6.362\,\text{kg/m}^3,$$

$$\frac{T}{T_0} = 0.964 \to T = 482\,\text{K},$$

und den Überschallzustand, der sich rechts von $A^\star$ in A_A einstellt:

$$Ma_A^\star = 1.563, \quad \frac{p_A}{p_0} = 0.16 \to p_A = 0.162\,\text{MPa}, \quad \frac{\rho_A}{\rho_0} = 0.27 \to \rho_A = 1.881\,\text{kg/m}^3,$$

$$\frac{T_A}{T_0} = 0.593 \to T_A = 296.5\,\text{K}.$$

Über die kritische Schallgeschwindigkeit $c^\star = \sqrt{\frac{2\kappa}{\kappa+1}RT_0} = 409.17$ m/s ergeben sich aus den kritischen Mach-Zahlen die Geschwindigkeiten $v = 189.4$ m/s links vom engsten Querschnitt und $v_A = 639.5$ m/s im Austrittsquerschnitt.

6.11 Aufgrund des Eigengewichtes der Rakete und der Massenträgheitskraft ist ein Schub von $F_S = M_S(g+b) = 5984.38$ N beim Start erforderlich. Das Treibgas soll sich innerhalb der Laval-Düse von p_0 stetig auf p_u entspannen. Die vom austretenden Gasstrahl erzeugte Schubkraft (Impulssatz im Relativsystem) ist $F_S = \dot{m}_A v_A = \rho_A A_A v_A^2$. Diese Gleichung dient zur Bestimmung des Austrittsquerschnittes A_A der Laval-Düse. Gemäß dem Druckverhältnis $\frac{p_u}{p_0} = 0.12$ folgen aus dem Strömungsdiagramm $Ma_A^\star = 1.65$ und die Verhältnisse:

$$\frac{T_A}{T_0} = 0.546 \to T_A = 891.6\,\text{K}, \quad p_A = p_u = 10^5\,\text{Pa},$$

$$\frac{\rho_A}{\rho_0} = 0.22 \rightarrow \rho_A = 0.3912 \, \text{kg/m}^3 \quad \text{mit} \quad \rho_0 = \frac{p_0}{RT_0} = 1.778 \, \text{kg/m}^3 \, .$$

Mit der kritischen Schallgeschwindigkeit $c^* = \sqrt{\frac{2\kappa}{\kappa+1} RT_0} = 739.45$ m/s erhalten wir die Austrittsgeschwindigkeit des Gases $v_A = 1220.1$ m/s. Der Austritts-querschnitt der Laval-Düse ergibt sich aus der Gleichung

$$A_A = \frac{F_S}{\rho_A v_A^2} = 0.01028 \, \text{m}^2 \rightarrow d_A = 0.1144 \, \text{m} \, .$$

Der austretende Massenstrom beträgt $\dot{m}_A = \rho_A v_A A_A = 4.907$ kg/s.
Mit $\frac{A^*}{A_A} = 0.573$ erhalten wir für den engsten Querschnitt der Laval-Düse
$A^* = 0.00589 \, \text{m}^2 \rightarrow d^* = 0.0866$ m. Weiterhin sind nach Gl.(6.43):

$$
\begin{aligned}
p^* &= 0.528 \cdot p_0 = 4.3998 \cdot 10^5 \, \text{Pa} \, , \\
\rho^* &= 0.634 \cdot \rho_0 = 1.1273 \, \text{kg/m}^3 \, , \\
T^* &= 0.833 \cdot T_0 = 1360.29 \, \text{K} \, .
\end{aligned}
$$

6.12 Mit Gl.(6.41) verknüpfen wir einen beliebigen Strömungszustand mit dem Kesselzustand. Nach v^2 aufgelöst, erhalten wir

$$v^2 = \frac{2\kappa}{\kappa-1}\left(\frac{p_0}{\rho_0} - \frac{p}{\rho}\right) = \frac{2\kappa}{\kappa+1}\frac{p_0}{\rho_0}\frac{\kappa+1}{\kappa-1}\left(1 - \frac{p}{p_0}\frac{\rho_0}{\rho}\right) = c^{*2}\frac{\kappa+1}{\kappa-1}\left(1 - \frac{p}{p_0}\frac{\rho_0}{\rho}\right) \, .$$

Mit der Isentrope $\frac{p}{p_0} = \left(\frac{\rho}{\rho_0}\right)^\kappa$ ersetzen wir das Druckverhältnis. Die Gleichung läßt sich nach dem Dichteverhältnis

$$\frac{\rho}{\rho_0} = \left(1 - \frac{\kappa-1}{\kappa+1} Ma^{*2}\right)^{\frac{1}{\kappa-1}}$$

in Abhängigkeit von der kritischen Mach-Zahl auflösen. Andererseits kann man in der ersten Gleichung auch die örtliche Schallgeschwindigkeit ausklammern. Die Rechnung ergibt

$$\frac{\rho}{\rho_0} = \frac{1}{\left(1 + \frac{\kappa-1}{2} Ma^2\right)^{\frac{1}{\kappa-1}}} \, .$$

Beide Gleichungen gleichgesetzt und nach Ma^{*2} aufgelöst, ergeben

$$Ma^{*2} = \frac{\frac{\kappa+1}{2}}{\frac{1}{Ma^2} + \frac{\kappa-1}{2}} \, .$$

Wir führen den Grenzübergang $Ma \to \infty$ aus und erhalten für $\kappa = 1.4$ das Ergebnis

$$Ma_{max}^{\star} = \sqrt{\frac{\kappa + 1}{\kappa - 1}} = 2.45\,.$$

6.13 Der Beweis ist geführt, wenn gezeigt wird, daß $\left(\frac{\rho v}{\rho^{\star} c^{\star}}\right)^2 \le 1$ ist, wobei das Gleichheitszeichen nur für $Ma = 1$ gilt. Benutzen wir die Gleichungen für $\frac{\rho}{\rho_0}$ und $Ma^{\star}$ aus der Aufgabe 6.12, so läßt sich schreiben

$$\left(\frac{\rho v}{\rho^{\star} c^{\star}}\right)^2 = \left(\frac{\rho}{\rho_0}\right)^2 \left(\frac{\rho_0}{\rho^{\star}}\right)^2 Ma^{\star 2} = \left(\frac{\kappa + 1}{2}\right)^{\frac{\kappa+1}{\kappa-1}} \frac{Ma^2}{\left(1 + \frac{\kappa-1}{2} Ma^2\right)^{\frac{\kappa+1}{\kappa-1}}}\,,$$

und

$$\frac{d\left(\frac{\rho v}{\rho^{\star} c^{\star}}\right)^2}{dMa} = 0$$

führt auf die Extremalbeziehung. Die weitere Rechnung zeigt, daß das Extremum (hier Maximum) der Stromdichte bei $Ma = 1$ liegt.

6.14 Beträgt der Druck in der letzten Verdichterstufe $p_{01} = 1.5 \cdot 10^5$ Pa, so ist das Druckverhältnis $\frac{p_u}{p_{01}} = 0.6667$ unterkritisch, und im Dichtspalt herrscht eine Unterschallströmung. Der Spaltquerschnitt beträgt $A_s = D \pi h = 6.283 \cdot 10^{-5}$ m^2. Mit der Kesseldichte $\rho_{01} = \frac{p_{01}}{RT_0} = 1.633$ kg/m^3 des Gases betragen die Dichte des Gases und die Temperatur im Spalt infolge der isentropen Zustandsänderung $\rho_{s1} = \rho_{01} \left(\frac{p_u}{p_{01}}\right)^{\frac{1}{\kappa}} = 1.2224$ kg/m^3 und $T_{s1} = \frac{p_u}{R\rho_{s1}} = 285$ K. Nach dem Energiesatz (6.42) stellt sich im Spalt die Geschwindigkeit $v_{s1} = \sqrt{2c_p(T_0 - T_{s1})} = 265.1$ m/s ein. Der Leckmassenstrom beträgt somit $\dot{m}_1 = \rho_{s1} A_s v_{s1} = 2.0361 \cdot 10^{-2}$ kg/s.

Beträgt in der letzten Verdichterstufe der Druck $p_{02} = 3 \cdot 10^5$ Pa, so ist das Druckverhältnis $\frac{p_u}{p_{02}} = 0.333$ überkritisch, und im Dichtspalt stellt sich der kritische Zustand ein. Mit $\rho_{02} = 3.2665$ kg/m^3 und den kritischen Werten $p^{\star} = p_{02} \cdot 0.528 = 1.584 \cdot 10^5$ Pa, $\rho^{\star} = \rho_{02} \cdot 0.634 = 2.071$ kg/m^3, $c^{\star} = \sqrt{\frac{2\kappa}{\kappa+1} RT_0} = 327.33$ m/s erhalten wir den Leckmassenstrom $\dot{m}_2 = \rho^{\star} A_s c^{\star} = 4.26 \cdot 10^{-2}$ kg/s.

6.15 Zunächst bestimmen wir den Kesselzustand der Ladeluft. Nach dem Energiesatz (6.42) ist $T_0 = T + \frac{v^2}{2c_p} = 335$ K. Mit isentroper Zustandsänderung erhalten wir für den Kesseldruck $p_0 = p\left(\frac{T_0}{T}\right)^{\frac{\kappa}{\kappa-1}} = 3.162 \cdot 10^5$ Pa, und die Luftdichte beträgt $\rho_0 = \frac{p_0}{RT_0} = 3.2889$ kg/m^3. Das Druckverhältnis $\frac{p_u}{p_0} = 0.4744$ ist überkritisch. Im Ventilspalt stellt sich der kritische Zustand ein. Mit

$A_s = d\,\pi\,h_v\,\cos\alpha = 6.283 \cdot 10^{-4}\,\text{m}^2$, $\rho^\star = \rho_0 \cdot 0.634 = 2.085\,\text{kg/m}^3$ und
$c^\star = \sqrt{\frac{2\kappa}{\kappa+1}RT_0} = 335$ m/s beträgt der in den Zylinder eintretende Luftmassen-
strom $\overset{\bullet}{m} = \rho^\star\,c^\star\,A_s = 0.4387\,\text{kg/s}$.

6.16 Zum Zeitpunkt $t_1 = 0$ lauten die Kesselgrößen der Luft $p_{01} = 1$ MPa,
$T_{01} = 290$ K. Im Düsenaustrittsquerschnitt wird die Ausflußgeschwindigkeit
kleiner als die Schallgeschwindigkeit, wenn im Kessel der Druck

$$p_{02} = p_u\left(\frac{\kappa+1}{2}\right)^{\frac{\kappa}{\kappa-1}} = 1.895 \cdot 10^5\,\text{Pa}$$

unterschritten wird. Während des Ausflußvorganges sinkt die Stromdichte,
(6.45). Der zu einem beliebigen Zeitpunkt $t_1 < t \le t_2$ aus dem Kessel austretende Massenstrom

$$A^\star \rho^\star c^\star = A^\star\sqrt{\kappa\left(\frac{2}{\kappa+1}\right)^{\frac{\kappa+1}{\kappa-1}} p_0\,\rho_0} = -V\,\frac{d\rho_0}{dt}$$

ist gleich der zeitlichen Änderung der Luftmasse im Kessel. Mit der Isentropen
$\frac{p_{01}}{\rho_{01}^\kappa} = \frac{p_0}{\rho_0^\kappa}$, die zu jedem Zeitpunkt gilt, integrieren wir die letzte Beziehung.
Dabei sind die Integrationsgrenzen p_{02} und p_{01} für den Kesseldruck zu nehmen.
Für die Ausflußdauer erhalten wir

$$t_2 - t_1 = \sqrt{\frac{\rho_{01}}{p_{01}}}\,\frac{2V}{(\kappa-1)A^\star\sqrt{\kappa\left(\frac{2}{\kappa+1}\right)^{\frac{\kappa+1}{\kappa-1}}}}\left[\left(\frac{p_{01}}{p_{02}}\right)^{\frac{\kappa-1}{2\kappa}} - 1\right] = 28.34\,\text{s}\,.$$

6.17 An dem Impulsgebiet, das wir im Inneren des rechten Rohrabschnittes
anordnen, lassen sich die vier Gleichungen:

$$\text{die Energiegl.}\quad h_0 = \frac{v_1^2}{2} + c_p T_1 = \frac{v_2^2}{2} + \frac{\kappa}{\kappa-1}\frac{p_2}{\rho_2}\,,$$

$$\text{die Kontinuitätsgl.}\quad \overset{\bullet}{m} = \rho_1 v_1 A_1 = \rho_2 v_2 A_2 \rightarrow \frac{1}{\rho_2} = \frac{v_2 A_2}{\overset{\bullet}{m}}\,,$$

$$\text{der Impulsgl.}\quad (p_2 - p_1)A_2 + \overset{\bullet}{m}\,(v_2 - v_1) = 0 \rightarrow p_2 = p_1 + \frac{\overset{\bullet}{m}}{A_2}(v_1 - v_2)\,,$$

$$\text{und die thermische Zustandsgl.}\quad p_2 = R\,\rho_2\,T_2$$

aufstellen. Eliminieren wir in der Energiegl. ρ_2 mit der Kontinuitätsgl. und p_2 mit der Impulsgl., dann ergibt sich v_2 aus einer quadratischen Gleichung zu

$$v_2 = \frac{\kappa}{\kappa+1}\left(v_1 + \frac{A_2}{\dot{m}}p_1\right) - \sqrt{\left[\frac{\kappa}{\kappa+1}\left(v_1 + \frac{A_2}{\dot{m}}p_1\right)\right]^2 - 2\frac{\kappa-1}{\kappa+1}h_0} = 90\,\mathrm{m/s}\,.$$

Damit werden $p_2 = 1.35 \cdot 10^5$ Pa und $T_2 = 292$ K.

6.18 Vor dem Pitot-Rohr bildet sich eine Verdichtungsfront aus. Direkt auf der Staupunktstromlinie erleidet die Luft einen senkrechten Verdichtungsstoß. Mit dem Pitot-Rohr mißt man den Kesseldruck (Ruhedruck) p_{02} des Gases nach dem senkrechten Stoß. Über die örtliche Schallgeschwindigkeit $c_\infty = \sqrt{\kappa R T_\infty} = 335.42$ m/s und die Mach-Zahl Ma_∞ läßt sich die Anströmgeschwindigkeit $v_\infty = Ma_\infty c_\infty = 603.75$ m/s bestimmen. Mit dem Energiesatz (6.42) erhalten wir die Kesseltemperatur der Anströmung $T_0 = T_\infty + \frac{v_\infty^2}{2c_p} = 461.53$ K, die kritische Schallgeschwindigkeit $c^* = \sqrt{\frac{2\kappa}{\kappa+1}RT_0} = 393.11$ m/s und die kritische Mach-Zahl $Ma_\infty^* = Ma_1^* = \frac{v_\infty}{c^*} = 1.536$. Der Kesseldruck der Anströmung ist

$$p_{01} = p_\infty\left(1 + \frac{\kappa-1}{2}Ma_\infty^2\right)^{\frac{\kappa}{\kappa-1}} = 5.746 \cdot 10^5\,\mathrm{Pa}\,.$$

Mit der Beziehung $Ma_2^* = \frac{1}{Ma_1^*} = 0.651$ von Prandtl erhalten wir die kritische Mach-Zahl unmittelbar nach dem Stoß. Die Kesseldruckabwertung über dem Stoß $\frac{p_{02}}{p_{01}} = 0.813$ entnehmen wir für $Ma_1^* = 1.536$ dem Strömungsdiagramm, woraus schließlich der Ruhedruck $p_{02} = 0.813 \cdot p_{01} = 4.67 \cdot 10^5$ Pa folgt, der vom Pitot-Rohr registriert wird.

6.19 Das Verhältnis der Geschwindigkeiten nach und vor dem senkrechten Stoß, Gl.(6.47), erweitern wir mit c^* und multiplizieren die Gl. mit Ma_1^{*2}. Wir erhalten

$$Ma_2^* Ma_1^* = \frac{Ma_1^{*2}}{Ma_1^2}\left[1 + \frac{\kappa-1}{\kappa+1}(Ma_1^2 - 1)\right].$$

In Aufgabe 6.12 haben wir den Zusammenhang

$$Ma_1^{*2} = \frac{\frac{\kappa+1}{2}}{\frac{1}{Ma_1^2} + \frac{\kappa-1}{2}}$$

hergeleitet. Mit dieser Gleichung ersetzen wir in obiger Gleichung Ma_1^{*2}. Wie man unschwer nachrechnet, nimmt damit die rechte Seite obiger Gleichung den Wert 1 an, und es ergibt sich die gesuchte Beziehung $Ma_2^* Ma_1^* = 1$.

6.20 Um die Druck-Dichte-Beziehung (6.50) des senkrechten Verdichtungs-stoßes zu erhalten, lösen wir das Druckverhältnis $\frac{p_2}{p_1} = f_p(Ma_1)$, Gl.(6.47), nach Ma_1^2 auf, nämlich

$$Ma_1^2 = 1 + \frac{\kappa+1}{2\kappa}\left(\frac{p_2}{p_1} - 1\right),$$

und ersetzen damit Ma_1^2 in der Gleichung für das Dichteverhältnis

$$\frac{\rho_2}{\rho_1} = \frac{Ma_1^2}{\left[1 + \frac{\kappa-1}{\kappa+1}(Ma_1^2 - 1)\right]} = \frac{\frac{\kappa+1}{2\kappa}\left(\frac{p_2}{p_1} + \frac{\kappa-1}{\kappa+1}\right)}{\frac{\kappa+1}{2\kappa}\left(1 + \frac{\kappa-1}{\kappa+1}\frac{p_2}{p_1}\right)}.$$

Erweitert man die letzte Gleichung mit $\frac{p_1}{p_2}\left(\frac{\kappa+1}{\kappa-1}\right)$, so ergibt sich die gesuchte Beziehung für das Dichteverhältnis

$$\frac{\rho_2}{\rho_1} = \frac{\frac{\kappa+1}{\kappa-1} + \frac{p_1}{p_2}}{1 + \frac{\kappa+1}{\kappa-1}\frac{p_1}{p_2}}.$$

6.21 Nach der kalorischen Zustandsgleichung (6.38) für vollkommenes Gas kann man für die Entropieerhöhung des senkrechten Verdichtungsstoßes auch

$$s_2 - s_1 = c_v \ln\left[\frac{p_2}{p_1}\left(\frac{\rho_1}{\rho_2}\right)^\kappa\right]$$

schreiben. Mit den Isentropen $\frac{p_1}{\rho_1^\kappa} = \frac{p_{01}}{\rho_{01}^\kappa}$ und $\frac{p_2}{\rho_2^\kappa} = \frac{p_{02}}{\rho_{02}^\kappa}$, die jeweils den Strömungszustand vor und nach dem Stoß mit dem dazugehörigen Kesselzu-stand verknüpfen, gilt

$$s_2 - s_1 = c_v \ln\left[\frac{p_{02}}{p_{01}}\left(\frac{\rho_{01}}{\rho_{02}}\right)^\kappa\right].$$

Die thermische Zustandsgleichung führt unter Beachtung der Energiegleichung, d.h. $T_{01} = T_{02} = T_0$, auf $\frac{p_{01}}{p_{02}} = \frac{p_{01}}{p_{02}}$. Damit erhalten wir

$$s_2 - s_1 = c_v \ln\left(\frac{p_{02}}{p_{01}}\right)^{1-\kappa} \quad \text{oder} \quad \frac{p_{02}}{p_{01}} = e^{-\frac{s_2-s_1}{c_v(\kappa-1)}}.$$

6.22 Die zur Lösung benötigten Gleichungen sind:

die Kontinuitätsgl. $v_2\,\rho_2\,A_2 = v_3\,\rho_3\,A_3\,,$

die Eulergl. $v \, dv + \dfrac{dp}{\rho} = 0$,

die Energiegl. $\dot{Q}_{23} = \dot{m}_3 \left(h_3 + \dfrac{v_3^2}{2} \right) - \dot{m}_2 \left(h_2 + \dfrac{v_2^2}{2} \right)$

und die thermischen Zustandsgln. $p_2 = \rho_2 R T_2$ und $p_3 = \rho_3 R T_3$.

Da in der Brennkammer die Zustandsänderung isobar verläuft, folgt aus der Euler-Gl. $dv = 0$, d.h. $v_3 = v_2 = 200$ m/s. Der Energiesatz ergibt damit

$$\frac{\dot{Q}_{23}}{\dot{m}} = q_{23} = h_3 - h_2 = c_p (T_3 - T_2).$$

Aus der Kontinuitätsgleichung folgt der Austrittsquerschnitt der Brennkammer zu $A_3 = \frac{\rho_2}{\rho_3} A_2$.

Mit den thermischen Zustandsgleichungen und der isobaren Zustandsänderung bestimmen wir $p_3 = p_2 = \rho_2 R T_2 = 5.16 \cdot 10^5$ Pa bzw. $\frac{\rho_2}{\rho_3} = \frac{T_3}{T_2}$.

Aus dem Energiesatz folgt $T_3 = T_2 + \frac{q_{23}}{c_p} = 900$ K und damit $\rho_3 = \rho_2 \frac{T_2}{T_3} = 2$ kg/m³ und $A_3 = 0.75$ m².

6.23 Die örtliche Schallgeschwindigkeit c_A im Austritt der Laval-Düse beträgt $c_A = \sqrt{\kappa R T_A} = 335.42$ m/s $\rightarrow Ma_A = \frac{v_A}{c_A} = 0.519$.

Die dazugehörige kritische Mach-Zahl ist

$$Ma_A^\star = \sqrt{\frac{\frac{\kappa+1}{2}}{\frac{1}{Ma_A^2} + \frac{\kappa-1}{2}}} = 0.5538.$$

Damit bestimmen wir den kritischen Querschnitt $A_2^\star = 0.00766$ m² nach Gl.(6.46), den das Gas nach dem Stoß benötigt ($A_1^\star = A^\star < A_2^\star$).

Für $\frac{A_2^\star}{A_s} = 0.958$ läßt sich aus dem Strömungsdiagramm die Mach-Zahl $Ma_2^\star = 0.813$ unmittelbar nach der Stoßfront ablesen. Die Beziehung von Prandtl $Ma_1^\star = \frac{1}{Ma_2^\star} = 1.23$ legt die kritische Mach-Zahl unmittelbar vor der Stoßfront fest. Mit $Ma_1^\star$ lesen wir aus dem Strömungsdiagramm das Ruhedruckverhältnis $\frac{p_{02}}{p_{01}} = 0.9797$ über dem Stoß ab. Gleichung

$$\frac{p_A}{p_{02}} = \left(1 - \frac{\kappa - 1}{\kappa + 1} Ma_A^{\star 2} \right)^{\frac{\kappa}{\kappa-1}} = 0.832 \rightarrow p_{02} = 1.2014 \cdot 10^5 \, \text{Pa}$$

ergibt den Kesseldruck vor dem Stoß $p_0 = p_{01} = \frac{p_{02}}{0.9797} = 1.2263 \cdot 10^5$ Pa.

Die Kesseltemperatur T_0 folgt aus dem Energiesatz zu $T_{01} = T_{02} = T_0 = T_A + \frac{v_A^2}{2c_p} = 295.1$ K.

Schließlich bestimmen wir mit $\rho_A = \frac{p_A}{R T_A} = 1.244$ kg/m³ den aus der Düse austretenden Massestrom zu $\dot{m}_A = \rho_A v_A A_A = 2.165$ kg/s.

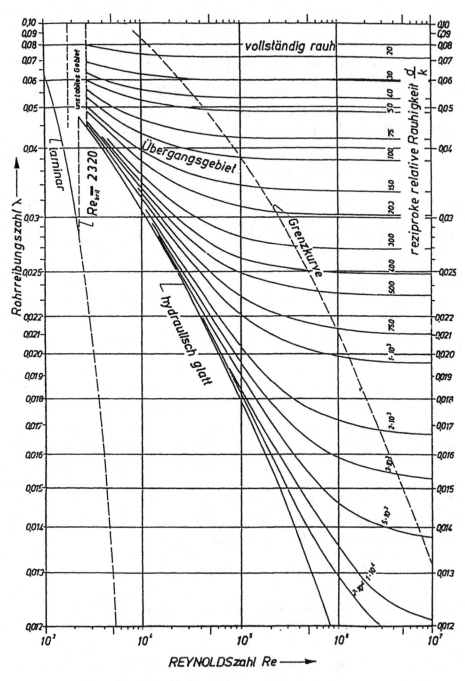

Rohrreibungsbeiwert nach Colebrook

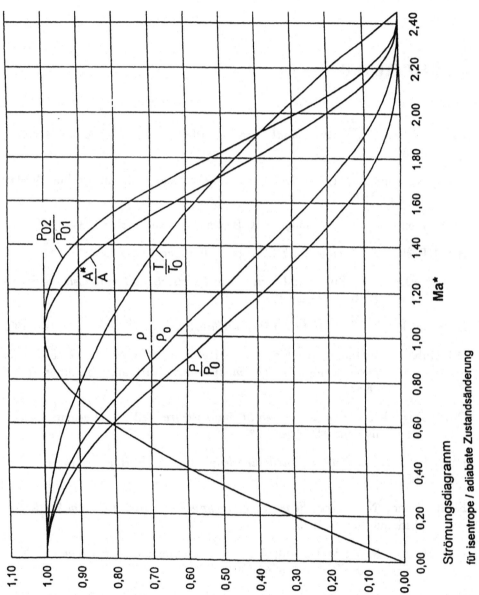

Strömungsdiagramm

für isentrope / adiabate Zustandsänderung

Literatur

[Al88] Albring, W.: *Angewandte Strömungslehre*. Berlin: Akademie-Verlag 1988.

[Au71] Autorenkollektiv *Strömungslehre*. Lehrbriefe 1 bis 3. Berlin: Verlag Technik 1971.

[Ba89] Baehr, E.D.: *Thermodynamik*. Berlin: Springer-Verlag 1989.

[Be65] Becker, E.: *Gasdynamik*. Stuttgart: Teubner-Verlag 1965.

[BePi95] Becker, E.; Piltz, E.: *Übungen zur Technischen Strömungslehre*. Stuttgart: Teubner-Verlag 1995.

[Be93] Becker, E.: *Technische Strömungslehre*. Stuttgart: Teubner-Verlag 1993.

[DiFiHuKl95] Dittmann, A.; Fischer, S.; Huhn, J.; Klinger, J.: *Repetitorium der Technischen Thermodynamik*. Stuttgart: Teubner-Verlag 1995.

[Dö78] Döge, K.: *Übungsunterlagen Strömungslehre*. Teil 1,2. Dresden: Technische Universität Dresden 1978.

[Ec88] Eck, B.: *Technische Strömungslehre*. Bd.1,2. Berlin: Springer-Verlag 1988.

[El73] Elsner, N.: *Grundlagen der Technischen Thermodynamik*. Berlin: Akademie-Verlag 1973.

[FoDo94] Fox, R.W.; McDonald, A.T.: *Introduction to Fluid Mechanics*. New York: John Wiley & Sons 1994.

[Ha69] Hackeschmidt, M.: *Grundlagen der Strömungstechnik*. Leipzig: Deutscher Verlag für Grundstoffindustrie 1969.

[Ha72] Hackeschmidt, M.: *Strömungstechnik Ähnlichkeit Analogie Modelle*. Leipzig: Deutscher Verlag für Grundstoffindustrie 1972.

[Hu95] Hutter, K.: *Fluid- und Thermodynamik*. Berlin: Springer-Verlag 1995.

[Ib94] Iben, H.K.: *Vorlesung Numerik*. Magdeburg: Otto-von-Guericke-Universität Magdeburg 1994.

[Ib95] Iben, H.K.: *Zur Berechnung der stationären hydrodynamischen Strömung in Rohrleitungsnetzen*. Beiträge zu Fluidenergiemaschinen, Bd.2. Sulzbach: Verlag und Bildarchiv W.H. Faragallah 1995.

[Ibe95] Iben, H.K.: *Tensorrechnung*. Leipzig: Teubner-Verlag 1995.

[KlNe94] Kluge, G.; Neugebauer, G.: *Grundlagen der Thermodynamik*. Heidelberg: Spektrum Akademischer Verlag 1994.

[Ma62] Macke, W.: *Mechanik der Teilchen*. Leipzig: Akademische Verlagsgesellschaft Geest & Portig 1962.

[Oe94] Oertel, H. jr.: *Aerothermodynamik*. Berlin: Springer-Verlag 1994.

[OeBö95] Oertel, H. jr.; Böhle, M.: *Übungsbuch Strömungsmechanik*. Berlin: Springer-Verlag 1995.

[Ri96] Rist, D.: *Dynamik realer Gase*. Berlin: Springer-Verlag 1996.

[Sch65] Schlichting, H.: *Grenzschicht-Theorie*. Karlsruhe: Verlag G. Braun 1965.

[Si91] Sigloch, H.: *Technische Fluidmechanik*. Düsseldorf: VDI Verlag 1991.

[Sp89] Spurk, J.H.: *Strömungslehre*. Berlin: Springer-Verlag 1989.

[Sp94] Spurk, J.H.: *Aufgaben zur Strömungslehre*. Berlin: Springer-Verlag 1994.

[StMa92] Stephan, K.; Mayinger, F.: *Thermodynamik*. Bd. 1. Berlin: Springer-Verlag 1992.

[Tr89] Truckenbrodt, E.: *Fluidmechanik*. Bd. 1,2. Berlin: Springer-Verlag 1989.

[Wh94] White, F.M.: *Fluid Mechanics*. New York: Schaum Division McGraw-Hill 1994.

[WeMe94] Wenzel, H.; Meinhold, P.: *Gewöhnliche Differentialgleichungen*. Leipzig: Teubner-Verlag 1994.

[Ze96] Zeidler, E.: *TEUBNER-TASCHENBUCH der Mathematik*. Leipzig: Teubner-Verlag 1996.

Sachregister